JN303997

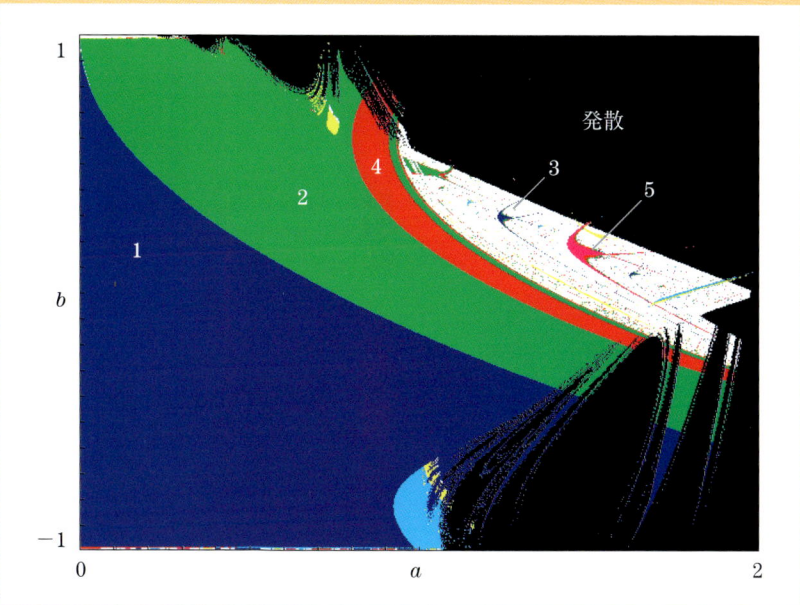

エノン写像（本文図 **9.8**）

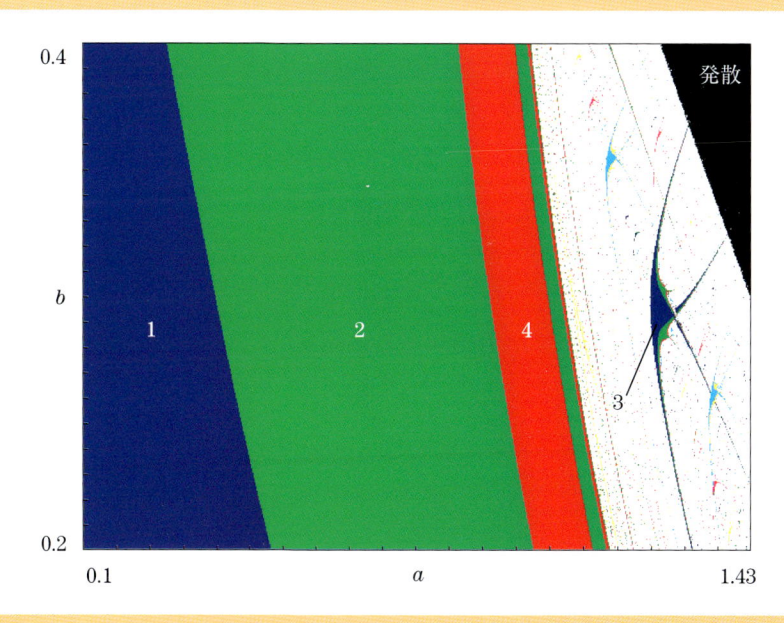

エノン写像（2）（本文図 **9.9**）

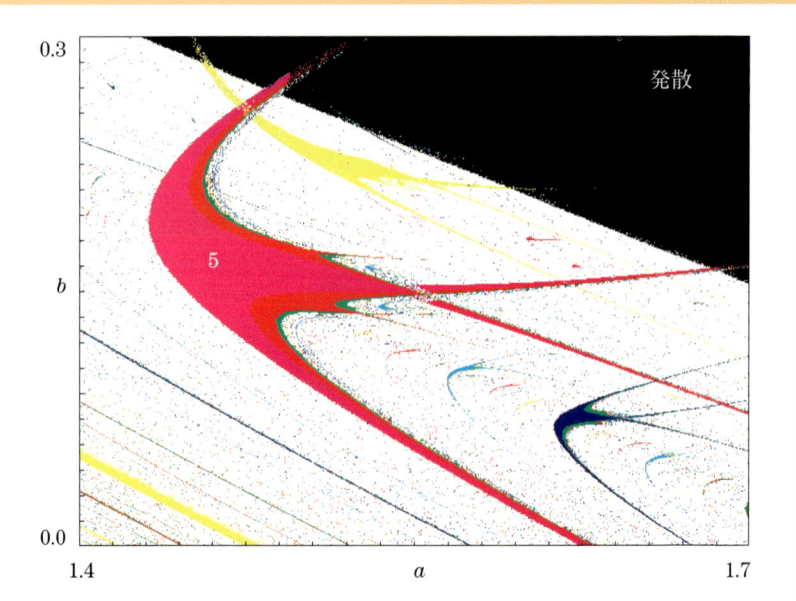

エノン写像（3）（本文図 **9.10**）

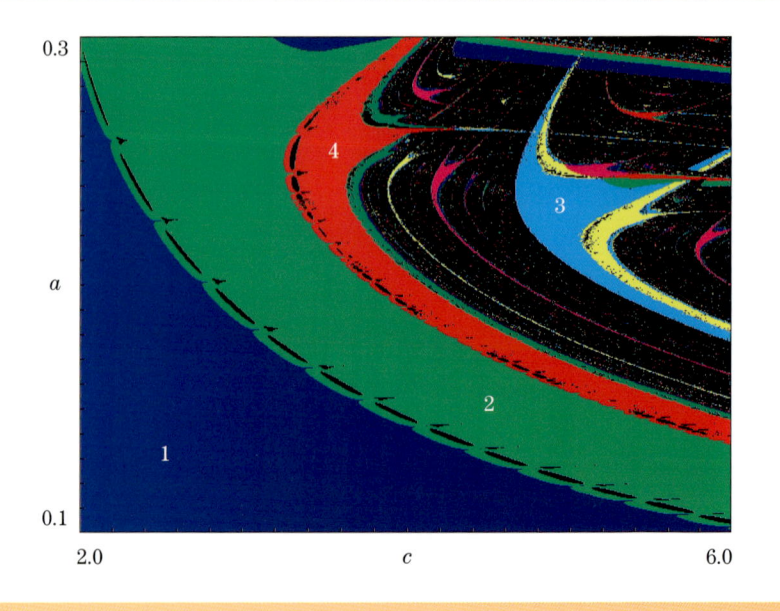

レスラーアトラクタ（本文図 **10.7**）

SGC Books – M1

新版 基礎からの力学系

― 分岐解析からカオス的遍歴へ ―

小室 元政 著

サイエンス社

父賢一，母輝子に

サイエンス社のホームページのご案内
http://www.saiensu.co.jp
ご意見・ご要望は　rikei@saiensu.co.jp　まで．

新版まえがき

　この本は，力学系の基礎を分岐現象の解析を中心テーマに解説したものである．今回，単行本として出版するにあたり，二つの章を加えた．
　一つは第13章「大域結合写像の分岐解析」である．高次元の力学系の分岐解析は，一般に非常に困難である．大域結合写像は高次元の力学系であるが，システムの高い対称性により，多くの低次元不変部分空間を持つ．第13章は大域結合写像に対して，分岐解析の手法を適用し，低次元の不変部分空間に制限した力学系の分岐曲線を描く方法を説明した．その結果，パラメータを変化させたときにあらわれる分岐曲線の群れの中で，ある意味で"最大な分岐曲線"が存在して，次元によらずにコヒーレント相と秩序相の境界を与える曲線となることがわかる（極大分岐曲線）．このことは，一般の次元の大域結合写像の振る舞いを理解する手がかりになると考えられる．
　もうひとつは，第14章「カオス的遍歴のアニメーション観察」である．カオス的遍歴とは，秩序状態にあったシステムが，内的な要因によって不安定化し，いったん完全にばらばらになった後，再び，別の秩序状態を見つけて落ち着くが，その状態もやがて不安定化する，といった動きを永遠に繰り返す振る舞いである．しかし，この振る舞いを理解するには，コンピュータによるアニメーション観察が不可欠である．言葉では表現しきれない振る舞いであるからである．そのために，カオス的遍歴と不変部分空間の間の移動をアニメーションによって観察する手法について説明した．サンプルプログラムは付録A.5にのせてある．
　初版本が出版されたのは2002年であるが，このころから，複雑なネットワークについての話題が関心を集めている．スモールワールドやスケールフリー・ネットワークなど，新しいネットワーク科学の書籍がたくさん出版されている．複雑力学系の理論の関心の一つは，カオス力学系がネットワーク状に相互結合

するときに，どのような振る舞いをするかを知ることにある．大域結合写像は最も単純なカオス力学系であるロジスティック写像を平均場結合させたものであり，ここでの知識がより一般のカオス力学系ネットワークの解析に役立つものと期待している．

2005 年 12 月

小室元政

初版まえがき

　この本の題名にある「力学系」とはダイナミカルシステム（Dynamical System）の訳で，時間とともに動的に変化するシステムを意味する．人間は自分達を取り巻く世界，すなわち自然と社会を理解しようと努力してきた．我々を取り巻く世界には様々な側面があるが，18世紀に開発された微分法・積分法は，我々が世界の「動き」や「変化」を理解することを可能にした．「動き」や「変化」は微分方程式の解として表現される．力学系の研究とは，微分方程式の解の定性的性質からシステムの「動き」や「変化」を理解することである．これまでに次のようなシステムが力学系として扱われてきた．

太陽系　惑星や衛星の位置が時間と共に変化するシステム
機械システム　機械要素（リンク，カム，歯車，軸受けなど）が運動するシステム
電気回路　素子に流れる電流や，端子間の電圧が時間と共に変化するシステム
化学反応　イオンなどの濃度が時間と共に変化するシステム
生態系　生物の個体数が時間と共に変化するシステム
経済システム　生産，消費，物価，株価などが時間と共に変化するシステム

　自然環境や社会環境の「動き」を理解できれば，より良く生活することができるようになる．物質の「動き」や「変化」を理解できれば，より良く働く物を作ることができる．このような期待に応えることが，力学系を研究する究極的な目的であるといえる．今日までに，これらの目的を達成したシステムは数多くある．しかし，同時に，コンピュータによる数値計算技術の発展や力学系理論の研究の進展に伴い，新たなシステムが研究対象となり，我々を取り巻く世界の複雑さがますます明らかになりつつある．力学系研究の更なる発展が必要とされている．

初版まえがき

　副題の「分岐解析からカオス的遍歴へ」について少し説明する．われわれを取り巻く世界の「動き」や「変化」は多種多様で複雑であるが，これらを分類することはできるのだろうか．これまで我々は，「動き」や「変化」を過渡状態と漸近状態に分離して理解しようとしてきた．カオス的遍歴は漸近状態の一種であるといえる．漸近状態として古くからよく知られていたのは静止状態と周期的振動状態である．1960年代になって，コンピュータの発展，普及によって，第3の漸近状態が明らかになった．カオスである．カオスが多くの非線形システムに普遍的に現れる現象であることが明らかとなり，カオスの数学的存在が証明され，今日ではカオスの工学的応用が探求されている．近年，第4の漸近状態として考えられているのがカオス的遍歴である．秩序状態にあったシステムが内的要因で乱れはじめ，やがて完全にバラバラになった後，別の秩序状態を見つけて落ち着く．しかし，それも長くは続かず，また乱れはじめバラバラになる．こうした動きを永遠に続ける振舞いをカオス的遍歴とよぶ．これは，従来の意味での漸近状態とはいえないかもしれない．永遠に続く過渡状態，あるいは，過渡状態と漸近状態とが分離できない動きである．第12章では，大域結合写像と呼ばれるシステムにおけるカオス的遍歴の発生機構について解説する．

　ところで，我々が関心を持つシステムは通常幾つかのパラメータを持っている．パラメータの変化に伴い，システムの振舞い，特に漸近的な振舞いが質的に変化することがある．発信回路はパラメータを変化させるとき，静止状態から周期的振動状態に振舞いが質的に変化する．また非線形システムではパラメータを変化させるとき，周期的振動の倍化現象の極限としてカオスが発生したり，カオス状態から突然，周期的振動状態に変化することがある．このようなシステムの質的変化を分岐現象という．「分岐はどのような仕組みで生じるのか」，「我々が望む振舞いをさせるには，パラメータをどのように設定すればよいのか」，こうした疑問に答えるのが，分岐解析である．

　第1章ではシステムの動きを力学系として捉えるとはどういうことなのかを，振り子を使って説明する．振り子の振舞いを通して，ベクトル場や流れの概念を捉まえて欲しい．第2章では，これらの概念の数学的定義を与える．第3章では，いろいろな力学系のベクトル場や流れの例をあげる．

　第4章以降の目的は，分岐解析について説明することである．第4章と第5

章は，分岐解析の基礎となる線形力学系について説明する．第6章と第7章では主要な分岐のリストを与える．第8章〜第10章では，具体的な力学系を例にとり，パラメータの変化に伴い，アトラクタにつぎつぎに生じる分岐の列について述べる．第11章では，周期軌道の分岐方程式を解析的に導くことができる区分線形ベクトル場について述べる．第12章では，大域結合写像におけるカオス的遍歴が，クライシスという分岐によって引き起こされていることを明らかにする．

　力学系を理解するには，システムの動きを直接見て感じ取ることが大切である．数学的に解析され，表現できるのは，これらの動きのごく一部であると考えねばならない．また，今日，非線形システムの研究ではコンピュータによる数値解析は欠くことのできない道具である．これらのことから，振り子の動きやカオス的遍歴の動きをシミュレートするプログラムの作り方を付録として載せてある．これらはサイエンス社のホームページからもダウンロードできる．

　分岐解析とカオス的遍歴の仕事を通して，多くの方々のお世話になった．とくに，有益な議論とアドバイスを頂いた，青木統夫，高橋陽一郎，國府寛司，辻井正人，松本隆，川上博，合原一幸，津田一郎，金子邦彦の各氏に感謝したい．
　本書の執筆にあたり，サイエンス社の平勢耕介氏には構成および表現の適切さについて有意義な指摘を数多くいただいた．心より感謝申し上げる．
　2001年12月

小室元政

目　次

第1章　運動を力学系としてとらえるとは
　　　　— ベクトル場，流れ，シミュレーション —　　1
- 1.1　はじめに　1
- 1.2　物理実験　2
- 1.3　モデリング　3
- 1.4　ベクトル場と流れ　6
- 1.5　シミュレーション　8
- 1.6　抵抗と周期的外力が働く単振り子　10
- 1.7　分岐現象　12
- 1.8　まとめと今後の予定　13
- 1.9　演習問題　14

第2章　力学系の定義　16
- 2.1　連続時間力学系　— ベクトル場 —　16
- 2.2　離散時間力学系　— 写像 —　22
- 2.3　ポアンカレ写像　23
  - 2.3.1　自律系のポアンカレ写像　23
  - 2.3.2　非自律系のポアンカレ写像　25

第3章　いろいろな力学系　27
- 3.1　物体の落下　27
- 3.2　単振動　29
- 3.3　ダフィング（Duffing）方程式　34
- 3.4　二重振り子　35
- 3.5　1階微分方程式　37

			vii
	3.6	2階微分方程式	42
	3.7	ストレンジアトラクタを持つ3次元自律ベクトル場	45
	3.8	演習問題	50

第4章 線形ベクトル場　51

- 4.1 はじめに 51
- 4.2 1次元線形ベクトル場 52
- 4.3 2次元線形ベクトル場 53
  - 4.3.1 相異なる2つの実根を持つ場合 54
  - 4.3.2 1つの重根を持つ場合 56
  - 4.3.3 複素共役な2つの虚根を持つ場合 59
- 4.4 3次元線形ベクトル場 61
  - 4.4.1 相異なる3つの実根を持つ場合 62
  - 4.4.2 1つの実根と1つの2重根を持つ場合 64
  - 4.4.3 1つの実根と複素共役な2つの虚根を持つ場合 . . . 65
  - 4.4.4 1つの3重根を持つ場合 68

第5章 線形写像　71

- 5.1 はじめに 71
- 5.2 1次元線形写像 72
  - 5.2.1 $a > 1$ の場合 72
  - 5.2.2 $a = 1$ の場合 72
  - 5.2.3 $0 < a < 1$ の場合 72
  - 5.2.4 $a = 0$ の場合 73
  - 5.2.5 $-1 < a < 0$ の場合 73
  - 5.2.6 $a = -1$ の場合 73
  - 5.2.7 $a < -1$ の場合 73
- 5.3 2次元線形写像 73
  - 5.3.1 相異なる2つの実根 $a > b$ を持つ場合 74
  - 5.3.2 1つの重根 a を持ち，$\mathrm{rank}(aI - A) = 0$ の場合 . . . 76
  - 5.3.3 1つの重根 a を持ち，$\mathrm{rank}(aI - A) = 1$ の場合 76

5.3.4　複素共役な2つの虚根 $a \pm bi\,(b>0)$ を持つ場合 ... 78

第6章　ベクトル場の平衡点の分岐　79
6.1　はじめに — 分岐現象とは — ... 79
6.2　1次元ベクトル場のサドル・ノード分岐 ... 81
6.3　1次元ベクトル場のトランスクリティカル分岐 ... 83
6.4　1次元ベクトル場のピッチフォーク分岐 ... 84
6.5　2次元ベクトル場のサドル・ノード分岐 ... 86
6.6　2次元ベクトル場のポアンカレ–アンドロノフ–ホップ分岐 ... 88

第7章　写像の周期点，及びベクトル場の周期軌道の分岐　91
7.1　はじめに ... 91
7.2　1次元写像のサドル・ノード分岐 ... 93
7.3　1次元写像のトランスクリティカル分岐 ... 94
7.4　1次元写像のピッチフォーク分岐 ... 96
7.5　1次元写像の周期倍分岐 ... 98
7.6　2次元写像のサドル・ノード分岐，トランスクリティカル分岐，ピッチフォーク分岐，及び周期倍分岐 ... 100
7.7　2次元写像のナイマルク–サッカー分岐 ... 102
7.8　ベクトル場の周期軌道の分岐 ... 106

第8章　1次元写像のアトラクタの分岐　111
8.1　はじめに ... 111
8.2　トランスクリティカル分岐 ... 115
8.3　周期倍分岐 ... 116
8.4　サドル・ノード分岐 ... 119
8.5　クライシス ... 120

第9章　2次元写像のアトラクタの分岐　123
9.1　はじめに ... 123
9.2　1パラメータ分岐図 ... 123

9.3　2パラメータ分岐図 128
　　9.4　分岐曲線の方程式 130
　　9.5　分岐方程式の数値解法 133
　　9.6　分岐図のアートへの応用 136

第10章 3次元ベクトル場のアトラクタの分岐　　137
　　10.1　はじめに 137
　　10.2　1パラメータ分岐図 138
　　10.3　2パラメータ分岐図 142

第11章 区分線形力学系　　144
　　11.1　ストレンジ・アトラクタ 144
　　11.2　標準形 148
　　11.3　分岐方程式 151

第12章 大域結合写像におけるカオス的遍歴の発生機構　　156
　　12.1　はじめに 156
　　12.2　大域結合写像 157
　　12.3　数学的解釈 161
　　12.4　不変部分空間の階層構造 162
　　12.5　補空間方向の不安定性 169
　　12.6　カオス的遍歴の観測 172
　　12.7　カオス的遍歴のメカニズム 178

第13章 大域結合写像の分岐解析　　187
　　13.1　1次元不変部分空間上の分岐 187
　　13.2　2次元不変部分空間上の分岐 189

第14章 カオス的遍歴のアニメーション観察　　194
　　14.1　はじめに 194
　　14.2　アトラクタ残骸のアニメーション観察 195

14.3 部分空間の間を移動する軌道のアニメーション観察 197

付録A 力学系を観察するプログラム **202**
  A.1 ベクトル場の観測 202
  A.2 流れの観測 215
  A.3 アニメーションによる観測 221
  A.4 カオス的遍歴の観測 229
  A.5 カオス的遍歴のアニメーション観察 236

参考文献 **245**
索 引 **248**

第1章
運動を力学系としてとらえるとは
― ベクトル場,流れ,シミュレーション ―

　この章の目的は,ベクトル場と流れの概念を説明することである.これらは,システムの動きを力学系として捉えるための基本的概念である.また,コンピュータを使ってベクトル場や流れを表示する方法,及びシステムの動きのシミュレーションについても述べる.

1.1　はじめに

　力学系とはダイナミカルシステム(Dynamical System)の訳で,時間とともに動的に変化するシステムを意味する.動力学と訳されることもある.力学系研究の対象は,「運動」,「変化」,「振舞い」であるということができる.具体的には,次のようなシステムがこれまでに力学系として扱われてきた.

太陽系　惑星や衛星の位置が時間と共に変化するシステム
機械システム　機械要素(リンク,カム,歯車,軸受けなど)が運動するシステム
電気回路　素子に流れる電流や,端子間の電圧が時間と共に変化するシステム
化学反応　イオンなどの濃度が時間と共に変化するシステム
生態系　生物の個体数が時間と共に変化するシステム
経済システム　生産,消費,物価,株価などが時間と共に変化するシステム

　「システムの振舞いを理解し,それにふさわしい対処ができるようになりた

い」,「最適な振舞いをするようにシステムを設計したい」,このような欲求に応えることが,力学系を研究する究極的な目的である.今日までに,これらの目的を達成したシステムは数多くある.しかし,同時に,コンピュータによる数値計算技術の発展や力学系理論の研究の進展に伴い,新たなシステムが研究対象となり,我々を取り巻く世界の複雑さがますます明らかになりつつあり,力学系研究の更なる発展が必要とされている.

さて,この章ではシステムの動きを力学系として捉えるとはどういうことなのかを,振り子を使って説明する.この振り子の振舞いを通して,ベクトル場や流れの概念を理解して欲しい.

1.2 物理実験

図 1.1 のような振り子を長さ 10cm 程のアルミの棒で作り,その動きを観察する.軸受けにはボールベアリングを使い滑らかに動くように工夫する.

鉛直下向きから測った棒の角度を θ とし,いろいろな位置から放したときの動きを観察する.

- $\theta = 0°$ の位置で,静かに放した場合:棒はじっと静止したまま,動かない.

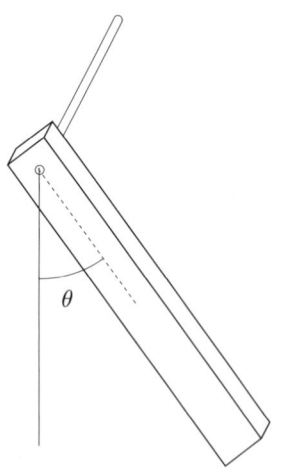

図 1.1 単振り子.

僅かに，ちょんと突いてやると，僅かにゆれているが，やがて静止してしまう．

- $\theta = 60°$ の位置で，静かに放した場合：棒の先端はだんだんと速さを増して，降下し，$\theta = 0°$ の位置で，最大の速さになり，反対側に上昇し始める．$\theta = -60°$ に近い位置まで上昇した後，一瞬静止し，再び降下し始める．こうした往復運動を繰り返しているが，摩擦や空気抵抗によってエネルギーを失い，振幅は減少し，やがて $\theta = 0°$ の位置で停止してしまう．
- $\theta = 180°$ の位置で，静かに放した場合：倒立の位置であるから，滑らかなベアリングを使った場合には，静止させられないかもしれない．また，うまく静止させられても，少しでも衝撃があると，動き出し，ぐるっとまわって反対側から帰ってくる．大きく往復運動を繰り返しながら，摩擦によって，振幅は減少し，やがて $\theta = 0°$ の位置で停止してしまう．
- $\theta = 180°$ の位置で，棒の先端を強く押し出した場合：棒の先端は，ぐるぐると，同じ方向に回転を続ける．回転の速さは一様ではなく，$\theta = 0°$ の位置では速く，$\theta = 180°$ の位置では遅い．摩擦によって，回転の速さは遅くなり，$\theta = 180°$ の位置にまで上れなくなると，往復運動に変わる．往復運動の振幅はだんだん減少し，やがて $\theta = 0°$ の位置で停止してしまう．

このような振り子の動きは，誰もがよく知っており，実験をするまでもなく，予想できるものだと思う．しかし，実際に物を作り，動かし，観察することは，理論的なことを学習する上でも大切なことである．

1.3　モデリング

軸受けにおける摩擦や空気抵抗を無視した場合，振り子の運動を表す数学モデルは次の微分方程式で与えられる．

$$\begin{cases} \dfrac{d\theta}{dt} = \omega \\[2mm] \dfrac{d\omega}{dt} = -\dfrac{g}{l}\sin\theta \end{cases} \quad (1.1)$$

この微分方程式モデルを導いてみよう．支点を原点とし鉛直上向き方向を y 軸，棒の回転面内で y 軸と直交する方向を x 軸とする．棒の長さを $2l$，質量を

m とし,鉛直下向き方向と棒のなす角を θ (ラジアン) とする.棒の重心 G は棒の中点にあるとする.

$$G = (x, y) = (l\sin\theta, -l\cos\theta). \tag{1.2}$$

振り子は,図 1.2 左のような長さ l の丈夫で軽い棒の一端に質量 m の質点をつけ,他端を固定して鉛直面内で回転させる振り子として考えることができる.これを**単振り子**(simple pendulum)という.

ニュートンによって提唱された運動の三法則のうち,第二法則は次のものである.

運動の第二法則 物体が外部からの力の作用を受けるときは必ず加速度を生じ,その大きさは力の大きさに比例し,その方向は力の方向と一致する.

時刻 t における物体の位置を $\boldsymbol{r}$ とする.速度 $\boldsymbol{v}$ は t に関する導関数 $\frac{d\boldsymbol{r}}{dt}$,加速度 $\boldsymbol{a}$ は t に関する 2 次導関数 $\frac{d^2\boldsymbol{r}}{dt^2}$ で表される.したがって,物体の質量を m,この物体に働く力を $\boldsymbol{F}$ とすると第二法則は次の式で表される.

$$m\frac{d^2\boldsymbol{r}}{dt^2} = \boldsymbol{F}. \tag{1.3}$$

この方程式を**運動方程式**という.

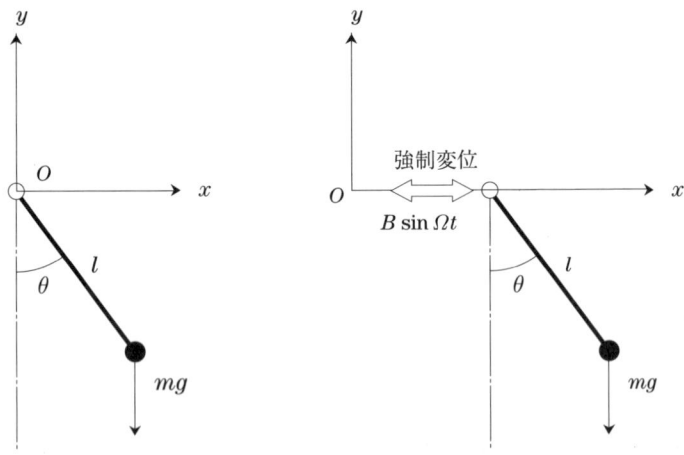

図 1.2 単振り子.右の図は支台に周期的に変わる変位が加わる場合(1.6 節で述べる).

1.3 モデリング

OG 方向の単位ベクトル $\bm{n}$ とこれに直交する単位ベクトル $\bm{t}$ を

$$\bm{n} = (\sin\theta, -\cos\theta), \tag{1.4}$$

$$\bm{t} = (\cos\theta, \sin\theta) \tag{1.5}$$

とする．質点の位置は

$$\bm{r} = (x, y) = (l\sin\theta, -l\cos\theta) \tag{1.6}$$

であるから，速度ベクトルは次の式で与えられる．

$$\begin{aligned}\frac{d\bm{r}}{dt} &= \left(\frac{dx}{dt}, \frac{dy}{dt}\right) \\ &= \left(l\cos\theta\frac{d\theta}{dt}, l\sin\theta\frac{d\theta}{dt}\right) \\ &= l\frac{d\theta}{dt}\bm{t}.\end{aligned} \tag{1.7}$$

また，加速度ベクトルは次の式で与えられる．

$$\begin{aligned}\frac{d^2\bm{r}}{dt^2} &= \left(\frac{d^2x}{dt^2}, \frac{d^2y}{dt^2}\right) \\ &= -l\left(\frac{d\theta}{dt}\right)^2\bm{n} + l\frac{d^2\theta}{dt^2}\bm{t}.\end{aligned} \tag{1.8}$$

重力加速度を g とする．質点に働く力は，鉛直下向きの重力

$$\bm{F} = (0, -mg) = mg\cos\theta\bm{n} - mg\sin\theta\bm{t} \tag{1.9}$$

と，棒の張力

$$\bm{S} = -S\bm{n} \tag{1.10}$$

であるから，運動方程式は次の式で与えられる．

$$m\frac{d^2\bm{r}}{dt^2} = \bm{F} + \bm{S} \tag{1.11}$$

$$\iff$$

$$-ml\left(\frac{d\theta}{dt}\right)^2\bm{n} + ml\frac{d^2\theta}{dt^2}\bm{t} = (mg\cos\theta - S)\bm{n} - mg\sin\theta\bm{t} \tag{1.12}$$

$$\iff \begin{cases} -ml\left(\dfrac{d\theta}{dt}\right)^2 = mg\cos\theta - S & \cdots ① \\[2mm] ml\dfrac{d^2\theta}{dt^2} = -mg\sin\theta & \cdots ② \end{cases} \quad (1.13)$$

式①は張力を定め，式②は質点の運動を定める．新たな変数 $\omega = \frac{d\theta}{dt}$ を導入すると，式②から次の方程式が得られる．

$$\begin{cases} \dfrac{d\theta}{dt} = \omega \\[2mm] \dfrac{d\omega}{dt} = -\dfrac{g}{l}\sin\theta \end{cases} \quad (1.14)$$

これが振り子の運動を表す微分方程式モデルである．

1.4 ベクトル場と流れ

微分方程式を幾何学的に捉えるためにベクトル場と流れの概念を導入しよう．(θ,ω)-平面を考え，平面上の各点 (θ,ω) にベクトル

$$\left(\omega, -\frac{g}{l}\sin\theta\right) \quad (1.15)$$

を対応させる写像を微分方程式 (1.1) の**ベクトル場**という．幾何学的イメージとしては，平面上の各点 (θ,ω) を始点とし上の式で与えられるベクトルの群（むれ）を考える．

図 1.3 は，$g/l = 1$ の場合に，始点を格子状に選び描いたベクトル場の図である．ベクトル場は点 (θ,ω) の関数であるから，長さは場所によって異なる．ベクトルの長さは実際の長さで描くと，煩雑な図になってしまい，特徴をつかめなくなることが多い．そのため，適当な長さに縮小する必要がある．図 1.3 は，実際の長さの 1/100 で描いてある．

ベクトル場の図は特徴をよりよくつかむために，別の形式で描くこともある．第 2 章の図 2.1, 図 2.2 はベクトルの中点が点 (θ,ω) に対応するようにして描いたものである．また，零ベクトルを除き，すべてのベクトルを同じ長さにし

1.4 ベクトル場と流れ

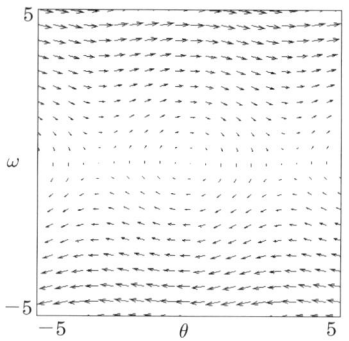

図 1.3 単振り子のベクトル場 (1).

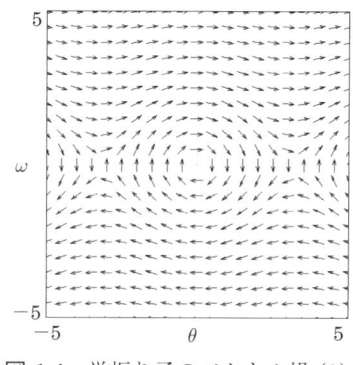

図 1.4 単振り子のベクトル場 (2).

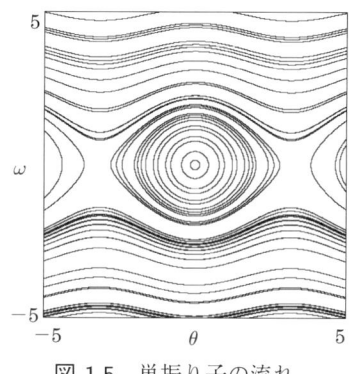

図 1.5 単振り子の流れ.

て，ベクトルの中点が点 (θ,ω) に対応するようにして描くこともある．ベクトルの長さの変化が激しいときは，この形式の方が流れの様子を把握しやすくなる．図 1.4 はこのようにして描いたものである．この図では，流れの速さを表すことができない．流れの速さを表すには，ベクトルの長さに応じて色を着けるのもひとつの方法である．

この平面上の点 (θ,ω) は，角度 θ，角速度 ω という，ある瞬間における振り子の運動状態を表している．この運動状態は，時々刻々と変化し，平面上に軌跡を描く．この軌跡が微分方程式の解曲線である．力学系理論では微分方程式の解曲線は，時間の向きも考慮して，**軌道**（orbit）と呼ばれる．軌道は，各点でベクトル場に接した曲線となる．平面上に初期値を沢山とることにより，軌道の群がなす**流れ**を描くことができる．図 1.5 は，$g/l = 1$ の場合に，40 個の

初期値をランダムに与えて軌道を描いた流れを表している．

ここでの (θ, ω)-平面を**相空間**という．システムの動きを力学系として捉えるということは，相空間上のベクトル場と流れの様子を解析することであるといえる．

1.5 シミュレーション

相空間上での点の動きと，振り子の動きとの対応関係を理解するため，シミュレーションを行う．シミュレーションのプログラムはサイエンス社のホームページからダウンロードできる．また，プログラムの作り方は付録 A.3 にある．

初期値を入力してスタートボタンを押すとアニメーションが動き始める（図1.6, 1.7 参照）．

- 初期値 $\theta = 0, \omega = 0$ の場合：これは，$\theta = 0$ の位置で，静かに放した場合に相当する．振り子のアニメーションは，$\theta = 0$ の位置で静止したまま動かない．相空間上では軌道は $(\theta, \omega) = (0, 0)$ の位置に留まり動かない．
- 初期値 $\theta = \pi/3, \omega = 0$ の場合：これは $\theta = 60°$ の位置で，静かに放した場合に相当する．振り子のアニメーションは，$\theta = \pi/3$ の位置と $\theta = -\pi/3$ の位置との間を往復運動している．今のモデルでは，摩擦などのエネルギーの損失を無視したので，振幅は減少することなく，同じ動きを繰り返す．相空間上の点を**相点**と呼ぶ．相点は相空間上の少し歪んだ円周上を回ってい

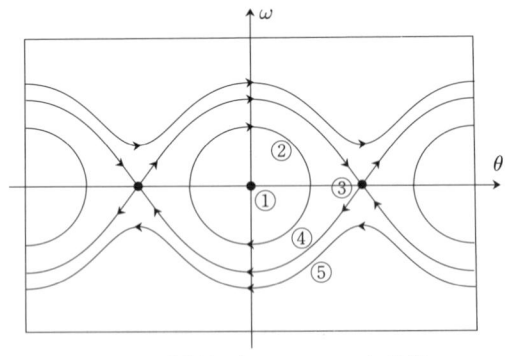

図 1.6 単振り子のいろいろな軌道．

1.5 シミュレーション

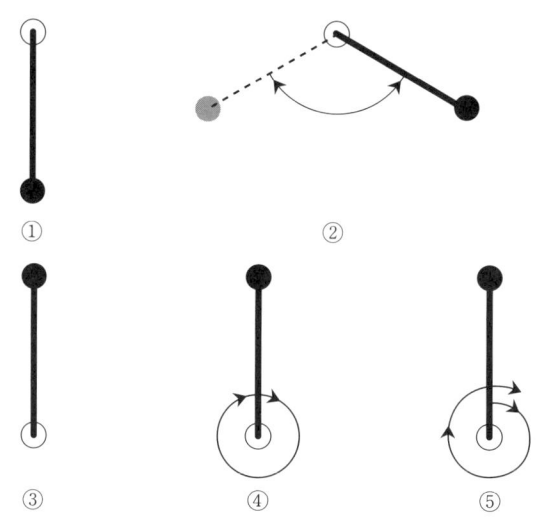

図 1.7 いろいろな軌道に対応した運動：①安定静止状態，②振動状態，③不安定静止状態，④ホモクリニック軌道に対応した運動，⑤回転運動．

ることがわかる．相点が第 1 象限（$\theta > 0, \omega > 0$）を動くとき，アニメーションでは振り子の先端が右側の領域（$\theta > 0$ の領域）を反時計回りに上昇していく．相点が第 4 象限（$\theta > 0, \omega < 0$）を動くとき，アニメーションでは振り子の先端が右側の領域（$\theta > 0$ の領域）を時計回りに降下していく．相点が第 3 象限（$\theta < 0, \omega < 0$）を動くとき，アニメーションでは振り子の先端が左側の領域（$\theta < 0$ の領域）を時計回りに上昇していく．相点が第 2 象限（$\theta < 0, \omega > 0$）を動くとき，アニメーションでは振り子の先端が左側の領域（$\theta < 0$ の領域）を反時計回りに降下していく．

- 初期値 $\theta = \pi, \omega = 0$ の場合：これは $\theta = 180°$ の位置で，静かに放した場合に相当する．振り子のアニメーションでは倒立の位置で静止している．相空間上では軌道は $(\theta, \omega) = (\pi, 0)$ の位置に留まり動かない．
- 初期値 $\theta = \pi, \omega = 10$ の場合：$\theta = 180°$ の位置で，棒の先端を蹴り出した場合に相当する．振り子のアニメーションは，反時計回りにぐるぐる回転をしている．このプログラムでは相空間の右端 $\theta = 2\pi$ と左端 $\theta = -2\pi$ とを同一視しているので，相点は右端から出て，左端から戻ってくる．軌

道は，$\theta = 0, 2\pi$ で ω の絶対値が最大となり，$\theta = \pi$ で ω の絶対値が最小となる．これは，振り子の回転の動きが，真下では速く，真上では遅いことに対応している．

1.6 抵抗と周期的外力が働く単振り子

次に，質点の速さ $l\frac{d\theta}{dt}$ に比例した抵抗力（粘性抵抗）が働く場合を考えよう．比例定数を c とすると，運動方程式は次のようになる．

$$ml\frac{d^2\theta}{dt^2} = -mg\sin\theta - cl\frac{d\theta}{dt} \tag{1.16}$$

$$\iff \begin{cases} \dfrac{d\theta}{dt} = \omega \\ \dfrac{d\omega}{dt} = -\dfrac{g}{l}\sin\theta - \dfrac{c}{m}\omega \end{cases} \tag{1.17}$$

図 1.8 は $g/l = 1, c/m = 0.5$ とした場合の，ベクトル場と流れを表している．振り子の運動が，静止状態 $(\theta, \omega) = (0, 0)$ に向かって，徐々に減衰していく様子が，ベクトル場と流れの変化から読み取れる．

今度は図 1.2 右のように，振り子の支台に周期的に変わる変位が加わる場合を考えよう．振り子を支持する台が x 軸方向（左右）に

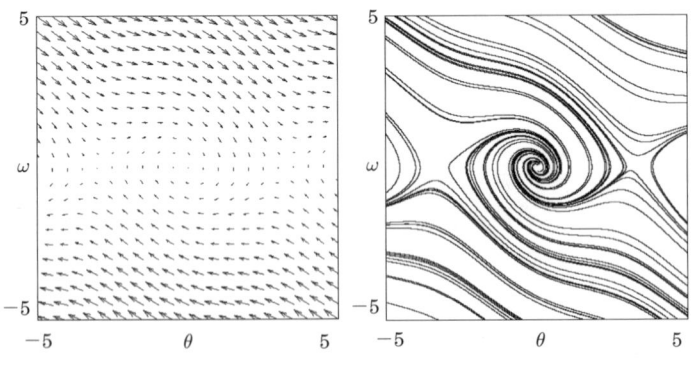

図 1.8 抵抗力が働く単振り子のベクトル場と流れ．

1.6 抵抗と周期的外力が働く単振り子

$$x_1 = B \sin \Omega t \tag{1.18}$$

で振動するものとする．まず，空気抵抗や摩擦を無視したときの運動方程式を導こう．質点の位置は

$$\boldsymbol{r} = (x, y) = (l \sin \theta + B \sin \Omega t,\ -l \cos \theta) \tag{1.19}$$

で与えられる．加速度ベクトルは

$$\begin{aligned}
\frac{d^2 \boldsymbol{r}}{dt^2} &= \left(\frac{d^2 x}{dt^2}, \frac{d^2 y}{dt^2} \right) \\
&= \left(-l \left(\frac{d\theta}{dt} \right)^2 - B\Omega^2 \sin \Omega t \sin \theta \right) \boldsymbol{n} \\
&\quad + \left(l \frac{d^2 \theta}{dt^2} - B\Omega^2 \sin \Omega t \cos \theta \right) \boldsymbol{t}
\end{aligned} \tag{1.20}$$

で与えられる．ここで，$\boldsymbol{n}, \boldsymbol{t}$ は式 (1.4),(1.5) で定義したベクトルである．質点に働く重力 $\boldsymbol{F} = mg \cos \theta \boldsymbol{n} - mg \sin \theta \boldsymbol{t}$ と，棒の張力 $\boldsymbol{S} = -S \boldsymbol{n}$ を使って，運動方程式は次の式で与えられる．

$$m \frac{d^2 \boldsymbol{r}}{dt^2} = \boldsymbol{F} + \boldsymbol{S} \tag{1.21}$$

$$\iff \begin{cases} -ml \left(\dfrac{d\theta}{dt} \right)^2 - mB\Omega^2 \sin \Omega t \sin \theta = mg \cos \theta - S & \cdots \text{①} \\[2mm] ml \dfrac{d^2 \theta}{dt^2} - mB\Omega^2 \sin \Omega t \cos \theta = -mg \sin \theta & \cdots \text{②} \end{cases} \tag{1.22}$$

式①は張力を定め，式②は質点の運動を定める．新たな変数 $\omega = \frac{d\theta}{dt}$ を導入すると，式②から次の方程式が得られる．

$$\begin{cases} \dfrac{d\theta}{dt} = \omega \\[2mm] \dfrac{d\omega}{dt} = -\dfrac{g}{l} \sin \theta + \dfrac{B\Omega^2}{l} \sin \Omega t \cos \theta \end{cases} \tag{1.23}$$

これが周期的な変位を支台に加えたときの振り子の運動を表す微分方程式で

ある．

周期的変位に加え，さらに質点の回転速度 $l\frac{d\theta}{dt}$ に比例した抵抗力も働く場合には，運動方程式は次のようになる．

$$\begin{cases} \dfrac{d\theta}{dt} = \omega \\[2mm] \dfrac{d\omega}{dt} = -\dfrac{g}{l}\sin\theta - \dfrac{c}{m}\omega + \dfrac{B\Omega^2}{l}\sin\Omega t\cos\theta \end{cases} \tag{1.24}$$

方程式 (1.23) や方程式 (1.24) は右辺に時間 t を含んでいるため (θ,ω)-平面上のベクトル場は時々刻々と変化していく．このような右辺に時間 t を含んでいる微分方程式で表されるシステムを**非自律系**（non-autonomous system）という．非自律系に対しては，次元を 1 次元上げた (t,θ,ω)-空間（これを**拡大相空間**という）を考え，この空間の各点 (t,θ,ω) にベクトル

$$\left(1,\ \frac{d\theta}{dt},\ \frac{d\omega}{dt}\right) = \left(1,\ \omega,\ -\frac{g}{l}\sin\theta - \frac{c}{m}\omega + \frac{B\Omega^2}{l}\sin\Omega t\cos\theta\right) \tag{1.25}$$

を対応させる写像を考える．これを**拡大相空間におけるベクトル場**という．拡大相空間におけるベクトル場は**拡大相空間における流れ**を定める．

1.7 分岐現象

図 1.9 左はパラメータを $g/l = 1.0$, $c/m = 0.3$, $B/l = 1.1$, $\Omega = 1.0$ としたときの，拡大相空間におけるひとつの軌道を示している．初期値は $(t,\theta,\omega) = (0,0,0)$ である．図 1.9 右はこの軌道を (θ,ω)-平面に射影したものである．図 1.10 は時間が十分に経過した後の (θ,ω)-平面への射影である．軌道は 1 回巻きの円周上を回る動きに収束していく．これは，振り子の動きが外力の周期と同じ周期をもつ周期的な動きに落ち着くことを意味する．

次に，B/l の値を 1.42 に変えて同様の計算をする．時間が十分に経過した後，今度は，図 1.11 のような 2 回巻きの円周上を回る動きに収束する．これは，振り子の動きが外力の周期の 2 倍の周期をもつ周期的な動きに落ち着いたことを意味する．

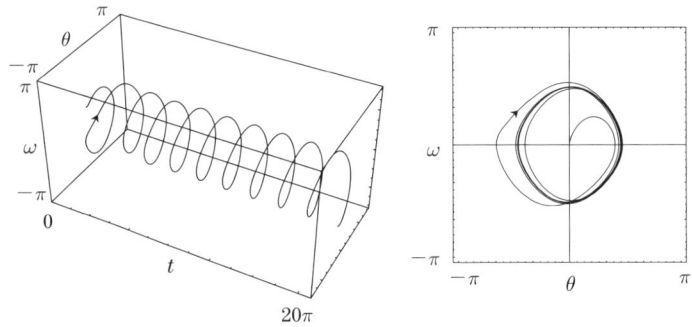

図 1.9 抵抗と周期的外力が働く単振り子の拡大相空間における軌道.

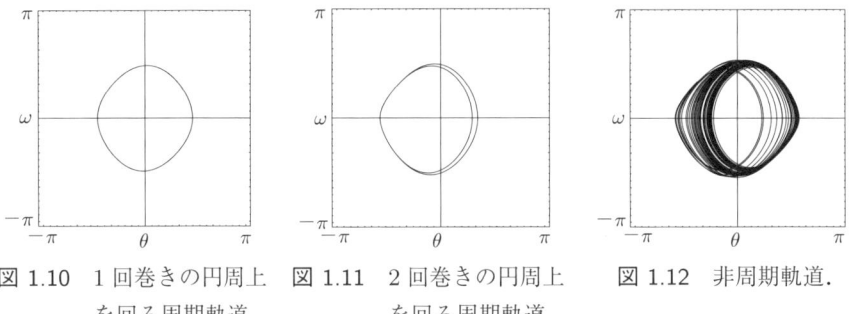

図 1.10 1回巻きの円周上を回る周期軌道.　　図 1.11 2回巻きの円周上を回る周期軌道.　　図 1.12 非周期軌道.

　さらに，B/l の値を 1.443 に変えて同様の計算をする．時間が十分に経過した後でも，図 1.12 のような周期的でない動きをし続けている．

　これらのことは，パラメータの変化に伴い，システムの振舞い，特に時間に関する漸近的な振舞いが質的に変化しうることを示している．このようなシステムの質的変化を**分岐**という．「分岐はどのような仕組みで生じるのか」，「我々が望む振舞いをさせるには，パラメータをどのように設定すればよいのか」，こうした疑問に答えるのが，分岐解析の目的である．

1.8　まとめと今後の予定

　我々は振り子を作り，その動きを詳しく調べた．次に，摩擦や空気抵抗を無視したモデルを，微分方程式によって構築した．微分方程式を数値的に解きシ

ミュレーションをすることにより，このモデルが，実在の振り子の動きをよく反映したものであることを理解した．また，摩擦や強制外力を導入したモデルを導き，シミュレーションにより，パラメータの変化に伴い，漸近的な振舞いが質的に変化しうることを理解した．

振り子がとりうる初期条件の全体がなす空間を相空間という．微分方程式の解の振舞いは，相空間上のベクトル場の模様や，軌道の群が描く流れ，そしてこの流れに沿った相点の動きとして捉えられることを知った．これらの概念の数学的定義は，第2章で与える．第3章では，いろいろな力学系のベクトル場や流れの例をあげる．

第4章以降の目的は，分岐解析について説明することである．第4章と第5章は，分岐解析の基礎となる線形力学系について説明する．第6章と第7章では主要な分岐のリストを与える．第8章～第10章では，具体的な力学系を例にとり，パラメータの変化に伴い，アトラクタにつぎつぎに生じる分岐の列について述べる．第11章では，周期軌道の分岐方程式を解析的に導くことができる区分線形ベクトル場について述べる．

第12章～第14章では，高次元の力学系である大域結合写像を取り上げ，その分岐現象について説明する．第12章では，大域結合写像における「カオス的遍歴」と呼ばれる振舞いを紹介し，この振舞いが，クライシスという分岐によって引き起こされていることを明らかにする．第13章では，低次元の不変部分空間に制限した力学系（部分力学系）の分岐集合について調べる．第14章では，大域結合写像の振る舞いを観測するためのコンピュータアニメーションにおける独特の工夫について説明する．

1.9 演習問題

1.1 運動エネルギーを T，ポテンシャルエネルギーを V とするとき，$L = T - V$ をラグランジアンという．運動方程式は，L をラグランジュの方程式

$$\frac{d}{dt}\left(\frac{\partial L}{\partial \dot{\theta}}\right) - \frac{\partial L}{\partial \theta} = 0 \qquad (1.26)$$

に代入することによっても求められる．ここで，˙は時間 t での微分を表す．

$$\dot{\theta} = \frac{d\theta}{dt}. \tag{1.27}$$

この方法の適用範囲は非常に広い．

図 1.2 のような長さ l の丈夫で軽い棒の一端に質量 m の質点をつけ，他端を固定して鉛直面内で回転させる単振り子を考える．ただし，空気抵抗や摩擦は無視できるものとする．このシステムの運動エネルギー T，ポテンシャルエネルギー V は次の式で与えられる．

$$T = \frac{1}{2}m(\dot{x}^2 + \dot{y}^2) = \frac{1}{2}ml^2\dot{\theta}^2, \tag{1.28}$$

$$V = mgy = -mgl\cos\theta. \tag{1.29}$$

これをラグランジュの方程式に代入して，運動方程式

$$ml\ddot{\theta} = -mg\sin\theta \tag{1.30}$$

を導け．

1.2 図 1.2 右のように，振り子の支台に周期的な変位 $B\sin\Omega t$ が x 軸方向（左右）に加わる場合を考える．ただし，空気抵抗や摩擦は無視できるものとする．このシステムの運動エネルギー T，ポテンシャルエネルギー V は次の式で与えられる．

$$T = \frac{1}{2}m(\dot{x}^2 + \dot{y}^2) = \frac{1}{2}m(l^2\dot{\theta}^2 + 2\dot{x_1}l\dot{\theta}\cos\theta + \dot{x_1}^2), \tag{1.31}$$

$$V = mgy = -mgl\cos\theta. \tag{1.32}$$

これをラグランジュの方程式に代入して，運動方程式

$$ml\ddot{\theta} = -mg\sin\theta + mB\Omega^2\sin\Omega t\cos\theta \tag{1.33}$$

を導け．

第 2 章
力学系の定義

　この章の目的は力学系の数学的定義を与えることである．力学系は，時間の流れを連続的に考えるか，あるいは離散的に考えるかによって，連続時間力学系と離散時間力学系とに分けられる．連続時間力学系を表現する代表的な数学モデルは微分方程式とベクトル場である．また，離散時間力学系を表現する代表的な数学モデルは離散時間差分方程式と写像である．

2.1 連続時間力学系 — ベクトル場 —

　通常の微分積分学の教科書で扱われる微分方程式の定義と，力学系理論で扱われる微分方程式との関係を述べる．力学系理論では通常，独立変数を t で表す．

定義 2.1　(1) $(n+2)$ 次元実数空間 $\mathbb{R}^{n+2}$ の領域 D で定義された $(n+2)$ 変数実数値関数を $F: D \to \mathbb{R}$ とする $(n \geq 1)$．このとき，次の形の方程式を **n 階常微分方程式**という．

$$F(t, x, x', \cdots, x^{(n)}) = 0. \tag{2.1}$$

(2) $(n+1)$ 次元実数空間 $\mathbb{R}^{n+1}$ の領域 D_0 で定義された実数値関数を $f: D_0 \to \mathbb{R}$ とする $(n \geq 1)$．このとき，次の形の方程式を **正規形の n 階常微分方程式**という．

2.1 連続時間力学系 — ベクトル場 —

$$x^{(n)} = f(t, x, x', \cdots, x^{(n-1)}). \tag{2.2}$$

(3) $(n+1)$ 次元実数空間 $\mathbb{R}^{n+1}$ の領域 D_0 で定義された n 個の実数値関数 $f_1, f_2, \cdots, f_n : D_0 \to \mathbb{R}$ に対して，次の形の方程式を **1 階連立常微分方程式**, または**常微分方程式系**という．

$$\begin{cases} \dfrac{dx_1}{dt} = f_1(t, x_1, \cdots, x_n) \\ \cdots \\ \dfrac{dx_n}{dt} = f_n(t, x_1, \cdots, x_n) \end{cases} \tag{2.3}$$

1 階連立常微分方程式は $\boldsymbol{x} = (x_1, \cdots, x_n) \in \mathbb{R}^n$ および写像 $g : \mathbb{R} \times \mathbb{R}^n \to \mathbb{R}^n$

$$g(t, \boldsymbol{x}) = (f_1(t, x_1, \cdots, x_n), \cdots, f_n(t, x_1, \cdots, x_n)) \tag{2.4}$$

によって次の形に表される．

$$\frac{d\boldsymbol{x}}{dt} = g(t, \boldsymbol{x}). \tag{2.5}$$

これを $\mathbb{R}^n$ における常微分方程式という．

これが連続時間力学系を表現する代表的な数学モデルである．そこで，混乱の恐れがなければ，力学系の話の中では，この形の常微分方程式を，単に，微分方程式という．

微分方程式 (2.5) において，写像 g が時間 t を陽に含むか含まないかは，力学系理論での扱いに違いが生じる．そこで，写像 g が時間 t を陽に含まない場合を，**自律系**といい，写像 g が時間 t を陽に含む一般の場合（**非自律系**）と区別する．

定義 2.2（自律系） (1) n 次元ユークリッド空間 $\mathbb{R}^n$ の点 $\boldsymbol{x}$ を $\boldsymbol{x} = (x_1, \cdots, x_n)$ で表す．$\mathbb{R}^n$ の領域 D から $\mathbb{R}^n$ への写像 $f : D \to \mathbb{R}^n$ を与える．

$$\begin{aligned} f(\boldsymbol{x}) &= (f_1(\boldsymbol{x}), \cdots, f_n(\boldsymbol{x}))^T \\ &= (f_1((x_1, \cdots, x_n)), \cdots, f_n((x_1, \cdots, x_n)))^T. \end{aligned} \tag{2.6}$$

このとき，微分方程式

$$\frac{d\boldsymbol{x}}{dt} = f(\boldsymbol{x}) \tag{2.7}$$

$$\iff \begin{cases} \dfrac{dx_1}{dt} = f_1(x_1,\cdots,x_n) \\ \cdots \\ \dfrac{dx_n}{dt} = f_n(x_1,\cdots,x_n) \end{cases} \tag{2.8}$$

を**自律系**（autonomous system）という．

(2) D を相空間，D の各点 $\boldsymbol{x}$ にベクトル $f(\boldsymbol{x})$ を対応させる写像

$$f: \boldsymbol{x} \mapsto f(\boldsymbol{x}) \tag{2.9}$$

をベクトル場という．（ベクトル場は微分方程式を幾何学的に表現したものである．力学系理論ではベクトル場という言葉は，微分方程式と同じ意味で使われることが多い．）

(3) 区間 $I \subset \mathbb{R}$ で定義された曲線 $\boldsymbol{x}: I \to \mathbb{R}^n$ が

$$\frac{d\boldsymbol{x}(t)}{dt} = f(\boldsymbol{x}(t)) \tag{2.10}$$

をみたすとき，$\boldsymbol{x}$ は微分方程式 (2.7) の解（解曲線）であるという．$t=0$ における解曲線上の点 $\boldsymbol{x}(0)$ を初期値という．微分方程式 の解 $\boldsymbol{x}$ は，幾何学的な視点から，ベクトル場の**軌道**（orbit）とも呼ばれる．

(4) $I \subset \mathbb{R}$ を 0 を含む開区間，D を $\mathbb{R}^n$ の領域とする．写像 $\varphi: I \times D \to \mathbb{R}^n$ が $\varphi(0, \boldsymbol{x}_0) = \boldsymbol{x}_0$ をみたし，各 $\boldsymbol{x}_0 \in D$ を固定するとき，

$$\frac{d\varphi(t,\boldsymbol{x}_0)}{dt} = f(\varphi(t,\boldsymbol{x}_0)) \tag{2.11}$$

をみたすならば，φ は微分方程式 (2.7) の**流れ**（flow）であるという．ベクトル場 (2.9) の流れとも呼ばれる．

例 2.1 理解を助けるため，2 次元自律系微分方程式の例を与える．

(1) 2 次元実数空間 $\mathbb{R}^2$ 上の点 $\boldsymbol{x} = (x, y)$ に対して，写像 $f: \mathbb{R}^2 \to \mathbb{R}^2$ を

$$f(\boldsymbol{x}) = (f_1(x,y), f_2(x,y)) = (y, -x) \tag{2.12}$$

2.1 連続時間力学系 — ベクトル場 —

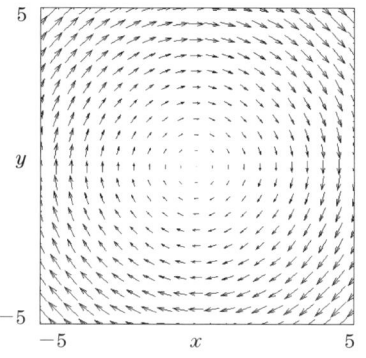

図 2.1 自律系のベクトル場の例.

で定義する．このとき，
$$\begin{cases} \dfrac{dx}{dt} = y \\ \dfrac{dy}{dt} = -x \end{cases} \quad (2.13)$$

は f によって与えられる自律系の微分方程式である．

(2) ベクトル場は $\mathbb{R}^2$ の各点 $\boldsymbol{x} = (x, y)$ にベクトル $(y, -x)$ を対応させる写像 $(x, y) \to (y, -x)$ であり，図 2.1 のようになる．相空間は $\mathbb{R}^2$ である．

(3) 曲線 $\boldsymbol{x} : \mathbb{R} \to \mathbb{R}^2$ を

$$\boldsymbol{x}(t) = (x_0 \cos t + y_0 \sin t, -x_0 \sin t + y_0 \cos t) \quad (2.14)$$

で定義すれば，$\boldsymbol{x}$ は初期値 (x_0, y_0) を持つ解曲線となる．

(4) $\varphi : \mathbb{R} \times \mathbb{R}^2 \to \mathbb{R}^2$ を

$$\begin{aligned}\varphi(t, x_0, y_0) &= (x_0 \cos t + y_0 \sin t, -x_0 \sin t + y_0 \cos t) \\ &= (x_t, y_t) \end{aligned} \quad (2.15)$$

で定義する．φ が，上の微分方程式の流れであることは次のことからわかる．

$$\begin{aligned}\frac{dx_t}{dt} &= \frac{d}{dt}(x_0 \cos t + y_0 \sin t) \\ &= -x_0 \sin t + y_0 \cos t = y_t, \end{aligned} \quad (2.16)$$

$$\frac{dy_t}{dt} = \frac{d}{dt}(-x_0 \sin t + y_0 \cos t)$$
$$= -(x_0 \cos t + y_0 \sin t) = -x_t, \qquad (2.17)$$
$$\varphi(x_0, y_0, 0) = (x_0, y_0). \qquad (2.18)$$

次に非自律系の微分方程式について述べる．

定義 2.3（非自律系） (1) 開区間 $I \subset \mathbb{R}$ と領域 $D \subset \mathbb{R}^n$ の直積で定義された写像 $g : I \times D \to \mathbb{R}^n$ を考える．

$$g(t, \boldsymbol{x}) = (g_1(t, \boldsymbol{x}), \cdots, g_n(t, \boldsymbol{x}))^T$$
$$= (g_1(t, x_1, \cdots, x_n), \cdots, g_n(t, x_1, \cdots, x_n))^T. \qquad (2.19)$$

このとき，微分方程式

$$\frac{d\boldsymbol{x}}{dt} = g(t, \boldsymbol{x}) \qquad (2.20)$$

$$\iff \begin{cases} \dfrac{dx_1}{dt} = g_1(t, x_1, \cdots, x_n) \\ \cdots \\ \dfrac{dx_n}{dt} = g_n(t, x_1, \cdots, x_n) \end{cases} \qquad (2.21)$$

を**非自律系**（non-autonomous system）という．

(2) $I \times D$ を拡大相空間という．$I \times D$ の各点 $(t, \boldsymbol{x})$ にベクトル $(1, g(t, \boldsymbol{x}))$ を対応させる写像

$$(t, \boldsymbol{x}) \to (1, g(t, \boldsymbol{x})) \qquad (2.22)$$

をベクトル場という．

(3) 曲線 $\boldsymbol{x} : I \to \mathbb{R}^n$ が

$$\frac{d\boldsymbol{x}(t)}{dt} = g(t, \boldsymbol{x}(t)) \qquad (2.23)$$

をみたすとき，$\boldsymbol{x}$ は微分方程式 (2.20) の解（解曲線）という．$t = t_0$ における解曲線上の点 $\boldsymbol{x}(t_0)$ を初期値という．

2.1 連続時間力学系 — ベクトル場 —

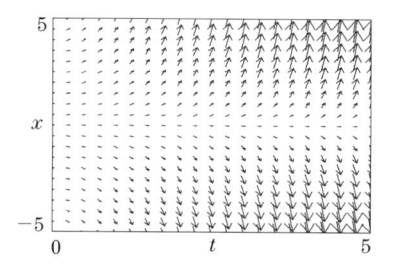

図 2.2 非自律系のベクトル場の例.

(4) $\varphi : \mathbb{R} \times \mathbb{R} \times \mathbb{R}^n \to \mathbb{R}^n$ が $\varphi(t_0, t_0, \boldsymbol{x}_0) = \boldsymbol{x}_0$ をみたし, 各 $(t_0, \boldsymbol{x}_0) \in I \times D$ を固定するとき

$$\frac{d\varphi(t, t_0, \boldsymbol{x}_0)}{dt} = g(t, \varphi(t, t_0, \boldsymbol{x}_0)) \tag{2.24}$$

をみたすならば, φ は微分方程式 (2.20) の**流れ** (flow) であるという. ベクトル場 (2.22) の流れとも呼ばれる.

例 2.2 理解を助けるため, 1 次元非自律系微分方程式の例を与える.

(1) $\mathbb{R} \times \mathbb{R}$ 上の点 (t, x) に対して, 写像 $g : \mathbb{R} \times \mathbb{R} \to \mathbb{R}$ を

$$g(t, x) = xt \tag{2.25}$$

で定義する. このとき,

$$\frac{dx}{dt} = g(t, x)$$
$$\iff$$
$$\frac{dx}{dt} = xt \tag{2.26}$$

は g によって与えられる非自律系の微分方程式である.

(2) ベクトル場は $\mathbb{R} \times \mathbb{R}$ の各点 (t, x) にベクトル $(1, g(x, t)) = (1, xt)$ を対応させる写像 $(t, x) \to (1, xt)$ であり, 図 2.2 のようになる. この非自律系の拡大相空間は $\mathbb{R} \times \mathbb{R}$ である.

(3) 曲線 $\boldsymbol{x} : \mathbb{R} \to \mathbb{R}$ を

$$\boldsymbol{x}(t) = x_0 \exp\left(\frac{1}{2}(t^2 - t_0^2)\right) \tag{2.27}$$

で定義すれば，x は $t = t_0$ のとき，x_0 を初期値とする解曲線となる．

(4) 写像 $\varphi : \mathbb{R} \times \mathbb{R} \times \mathbb{R} \to \mathbb{R}$ を

$$\varphi(t, t_0, x_0) = x_0 \exp\left(\frac{1}{2}(t^2 - t_0^2)\right) \tag{2.28}$$

で定義する．この φ は，

$$\begin{aligned}
\frac{d\varphi(t, t_0, x_0)}{dt} &= \frac{d}{dt}\left(x_0 \exp\left(\frac{1}{2}(t^2 - t_0^2)\right)\right) \\
&= \left(x_0 \exp\left(\frac{1}{2}(t^2 - t_0^2)\right)\right)t \\
&= \varphi(t, t_0, x_0)t \\
&= g(t, \varphi(t, t_0, x_0))
\end{aligned} \tag{2.29}$$

をみたすから，上の微分方程式の流れである．

2.2 離散時間力学系 ― 写像 ―

離散時間力学系を表現する代表的な数学モデルは離散時間差分方程式である．離散時間差分方程式で表現される離散時間力学系はさらに可逆系と非可逆系とに分類される．

定義 2.4 (1) n 次元実数空間 $\mathbb{R}^n$ の点 x を $x = (x_1, \cdots, x_n)^T$ で表す．$\mathbb{R}^n$ から $\mathbb{R}^n$ への連続写像 $f : \mathbb{R}^n \to \mathbb{R}^n$ を与える．

$$\begin{aligned}
f(x) &= (f_1(x), \cdots, f_n(x))^T \\
&= (f_1((x_1, \cdots, x_n)), \cdots, f_n((x_1, \cdots, x_n)))^T.
\end{aligned} \tag{2.30}$$

このとき，離散時間差分方程式

$$x(t+1) = f(x(t)), \quad (t = 0, 1, 2, \cdots) \tag{2.31}$$

$$\iff \begin{cases} x_1(t+1) = f_1(x_1(t), \cdots, x_n(t)) \\ \cdots \\ x_n(t+1) = f_n(x_1(t), \cdots, x_n(t)) \end{cases} \tag{2.32}$$

を**離散時間力学系**という．これは同じ空間 $\mathbb{R}^n$ 上の写像 $f : \mathbb{R}^n \to \mathbb{R}^n$ に別の呼び名を与えたにすぎない．そこで，混乱の恐れがなければ，力学系の話の中では，離散時間力学系を，単に，**写像**ということがある．

(2) 点 $\boldsymbol{x}_0 \in \mathbb{R}^n$ に対して，

$$\boldsymbol{x}_{t+1} = f(\boldsymbol{x}_t), \quad (t = 0, 1, 2, \cdots) \tag{2.33}$$

で与えられる点列 $\{\boldsymbol{x}_t : t = 0, 1, 2, \cdots\}$ を点 $\boldsymbol{x}_0$ を通る**正の半軌道**という．

(3) f が同相写像（逆写像 f^{-1} が存在し，逆写像も連続である写像）であるとき，**可逆系**といい，そうでないとき，**非可逆系**という．可逆系の場合には，負の時間方向（過去）への軌道も考えることができる．点 $\boldsymbol{x}_0 \in \mathbb{R}^n$ に対して，

$$\boldsymbol{x}_{t-1} = f^{-1}(\boldsymbol{x}_t), \quad (t = 0, -1, -2, \cdots) \tag{2.34}$$

で与えられる点列 $\{\boldsymbol{x}_t : t = -1, -2, \cdots\}$ を $\{\boldsymbol{x}_t : t = 0, 1, 2, \cdots\}$ に加えて得られる点列 $\{\boldsymbol{x}_t : t = 0, \pm 1, \pm 2, \cdots\}$ を $\boldsymbol{x}_0$ を通る**軌道**という．

2.3 ポアンカレ写像

連続時間力学系における周期軌道の解析は，1次元低い次元の空間における離散時間力学系の解析に帰着されることがある．この離散時間力学系はポアンカレ写像と呼ばれる．ポアンカレ写像を自律系の場合と非自律系の場合に分けて説明する．

2.3.1 自律系のポアンカレ写像

話を具体的にするため，3次元空間の例を考えよう．3次元の自律系ベクトル場

$$\frac{d\boldsymbol{x}}{dt} = f(\boldsymbol{x}), \quad \boldsymbol{x} \in \mathbb{R}^3 \tag{2.35}$$

を考える．このベクトル場が，図2.3のような周期軌道 Γ を持っていたとする．Γ と1点 p で横断的に交わる2次元平面 Σ をとる．点 p はベクトル場が定める流れ φ に沿って動くとき，再び Σ に帰ってきて，点 p を打つ．したがって，p に十分近い Σ 上の点 q は，流れ φ に沿って動くとき，再び Σ に帰ってきて，p の近くの点 q' を打つと考えられる．このことは，解の連続性と Σ が Γ に横

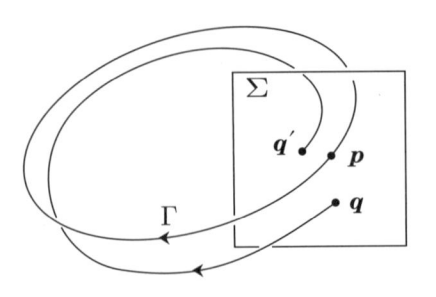

図 2.3 自律系のポアンカレ写像.

断的であることによって保障される．このようにして，Σ 上の p の近傍 U から Σ への写像が定義できる．

定義 2.5 U を Σ における p の近傍とする．$q \in U$ に対して，$q' \in \Sigma$ を流れ φ によって

$$q' = \varphi(T, q), \quad T = \min\{t > 0 | \varphi(t, q) \in \Sigma\} \tag{2.36}$$

で定義する．この写像

$$P : U \ni q \mapsto q' \in \Sigma \tag{2.37}$$

を自律系ベクトル場の**ポアンカレ写像**という．Σ を**ポアンカレ断面**という．

　ポアンカレ写像は有界な領域 U で定義された写像であるから，$q \in U$ に対して P で繰り返し変換すると，像が定義域 U の外に出てしまうことがある．したがって，自律系のポアンカレ写像は，局所的に定義された離散時間力学系である．我々が，自律系のポアンカレ写像を使用するのは，パラメータを持つベクトル場の周期軌道について，安定性の変化や分岐を調べるときである．周期軌道の安定性や分岐は，ポアンカレ写像の不動点 p の安定性や分岐に帰着されるからである．しかし，その場合に，あらかじめ定めたポアンカレ断面がパラメータのどの範囲で有効に働くかは，ベクトル場や周期軌道の性質に依存するので，注意が必要である．

2.3.2 非自律系のポアンカレ写像

次に時間に関して周期 T の周期性を持つ 2 次元の非自律系ベクトル場を考える（図 2.4 参照）．

$$\frac{d\boldsymbol{x}}{dt} = g(t, \boldsymbol{x}), \quad \boldsymbol{x} \in \mathbb{R}^2, \tag{2.38}$$

$$g(t, \boldsymbol{x}) = g(t+T, \boldsymbol{x}). \tag{2.39}$$

このベクトル場の流れを $\varphi : \mathbb{R} \times \mathbb{R} \times \mathbb{R}^2 \to \mathbb{R}^2$ とする．

定義 2.6 $\boldsymbol{x} \in \mathbb{R}^2$ に対して，$\varphi(T, 0, \boldsymbol{x}) \in \mathbb{R}^2$ を対応させる写像

$$P : \mathbb{R}^2 \ni \boldsymbol{x} \mapsto \varphi(T, 0, \boldsymbol{x}) \in \mathbb{R}^2 \tag{2.40}$$

を非自律系の**ポアンカレ写像**という．**ストロボ写像**とも呼ばれる．

ベクトル場の解 $\boldsymbol{x} : \mathbb{R} \to \mathbb{R}^2$ が $t = 0$ のとき，$\boldsymbol{x} = \boldsymbol{x}_0$ を初期値とし，

$$\boldsymbol{x}(t) = \boldsymbol{x}(t+T), \quad t \in \mathbb{R} \tag{2.41}$$

をみたすとき，$\boldsymbol{x}(0) = \boldsymbol{x}_0$ はポアンカレ写像 P の不動点となる．

$$P(\boldsymbol{x}_0) = \boldsymbol{x}_0. \tag{2.42}$$

また，解 $\boldsymbol{x} : \mathbb{R} \to \mathbb{R}^2$ が $t = 0$ のとき，$\boldsymbol{x} = \boldsymbol{x}_0$ を初期値とし，

$$\boldsymbol{x}(t) \neq \boldsymbol{x}(t+T) \tag{2.43}$$

$$\boldsymbol{x}(t) = \boldsymbol{x}(t+2T), \quad t \in \mathbb{R} \tag{2.44}$$

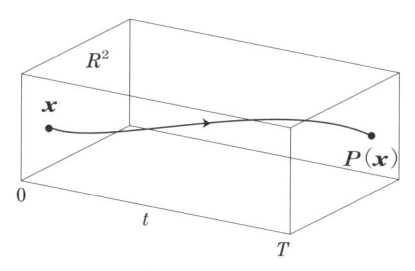

図 2.4 非自律系のポアンカレ写像．

をみたすとき，$x(0) = x_0$ はポアンカレ写像 P の 2 周期点となる．

$$P^2(x_0) = x_0. \tag{2.45}$$

このように非自律系ベクトル場の基本周期 T の整数倍の周期を持つ解曲線の解析を，ポアンカレ写像の周期点の解析に帰着させることができる．

第 3 章
いろいろな力学系

この章ではいろいろな力学系の具体例を与える．第 1 章では，単振り子の運動を説明した．この章では更に，物体の落下運動，単振動，非線形振り子，および二重振り子の運動を説明する．また，3 次元自律ベクトル場に発生するカオスアトラクタの例として，ローレンツ，レスラー，ダブルスクロールのそれぞれのアトラクタを紹介する．更に，微分積分学や解析学の教科書で扱う 1 階微分方程式や 2 階微分方程式を，力学系としてみる方法を紹介する．

3.1 物体の落下

原点（地上の点）O から鉛直上向きに x 軸を取り，高さ x_0 の点から，初速度 v_0 で投げ上げた質量 m の物体の運動を考えよう（図 3.1）．重力加速度を g とし，空気抵抗を無視すれば運動方程式は次のようになる．

$$m\frac{d^2x}{dt^2} = -mg. \tag{3.1}$$

ここで，$\frac{dx}{dt} = v$ とおくと次のようになる．

$$\begin{cases} \dfrac{dx}{dt} = v \\ \dfrac{dv}{dt} = -g \end{cases} \tag{3.2}$$

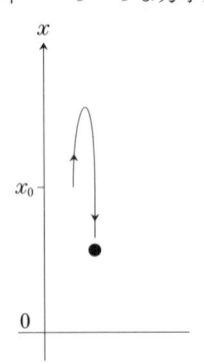

図 3.1 物体の落下.

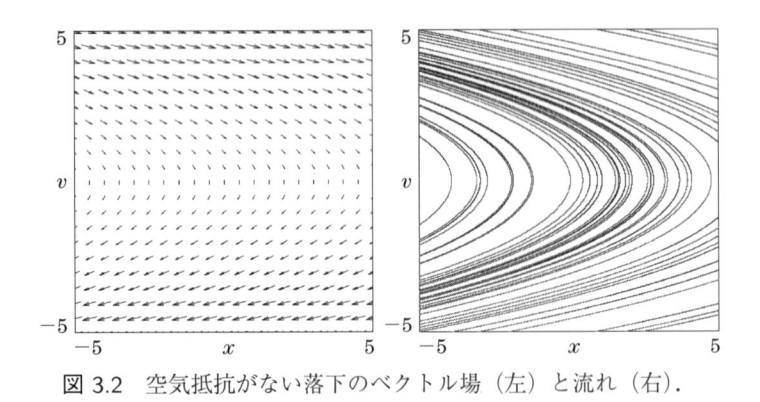

図 3.2 空気抵抗がない落下のベクトル場(左)と流れ(右).

これは 2 次元自律ベクトル場である.図 3.2 はベクトル場と流れを表す.

時刻 $t=0$ のとき,$x=x_0, v=v_0$ を通る軌道は

$$\begin{aligned} x(t) &= \frac{1}{2}gt^2 + v_0 t + x_0, \\ v(t) &= -gt + v_0 \end{aligned} \tag{3.3}$$

で与えられる.

次に,速度に比例する空気抵抗がある場合を考える.比例定数を γ とすると,運動方程式は次のようになる.

3.2 単振動

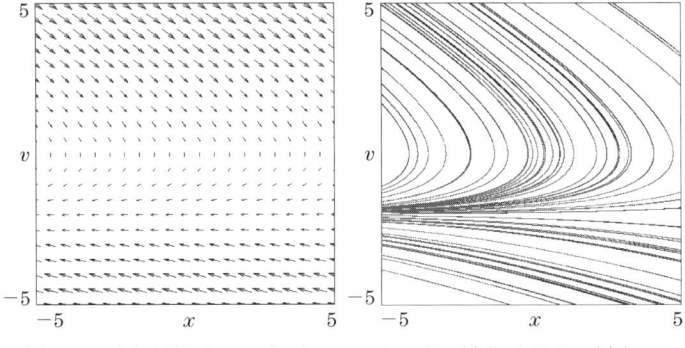

図 3.3 空気抵抗がある落下のベクトル場（左）と流れ（右）．

$$\begin{cases} \dfrac{dx}{dt} = v \\[6pt] \dfrac{dv}{dt} = -g - \gamma v \end{cases} \qquad (3.4)$$

図 3.3 はベクトル場と流れを表す．

3.2 単振動

質点の運動が一直線上にあって，加速度が常にその直線上の一定点に向かい，大きさがその定点からの距離に比例している運動を**単振動**（simple oscillation）という．

図 3.4 のように自然長 L のバネの上端を固定し，他端に質量 m のおもりをつるす．鉛直下向きに軸を取り，固定端を原点 O とし，おもりの位置を x とする．バネに力を加えたときの変形は，力の大きさに比例する（フックの法則）とし，比例定数（ばね定数）を k とする．おもりに働く重力とばねの変形がつりあう位置 L_0 は

$$k(L_0 - L) = mg \qquad (3.5)$$

で与えられる．L_0 からの変位を y とする．

$$y = x - L_0. \qquad (3.6)$$

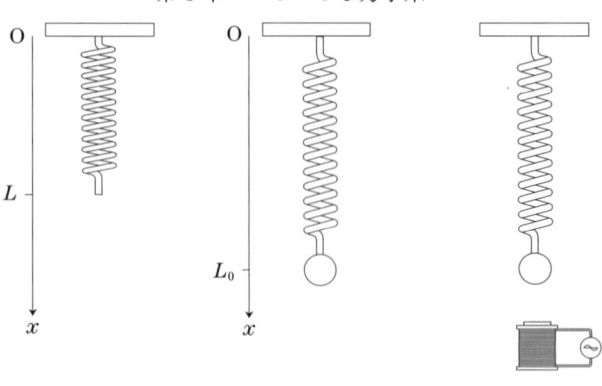

図 3.4 単振動.

(1) バネの質量は無視できるとし，空気抵抗などによる減衰がないものとすると，おもりの運動は次の方程式で表される．

$$m\frac{d^2x}{dt^2} = -k(x-L) + mg \tag{3.7}$$

$$\iff m\frac{d^2y}{dt^2} = -ky \tag{3.8}$$

$$\iff \begin{cases} \dfrac{dy}{dt} = v \\ \dfrac{dv}{dt} = -\dfrac{k}{m}y \end{cases} \tag{3.9}$$

これは 2 次元自律ベクトル場である．図 3.5 はベクトル場と流れを表している．
この微分方程式の一般解は

$$y = a\sin(\omega_0 t + \alpha) \tag{3.10}$$

で与えられる．ここで $\omega_0 = \frac{k}{m}$ で，a, α は任意定数である．時刻 $t = 0$ のとき，$y = y_0, v = v_0$ を通る解の場合，a, α は

3.2 単振動

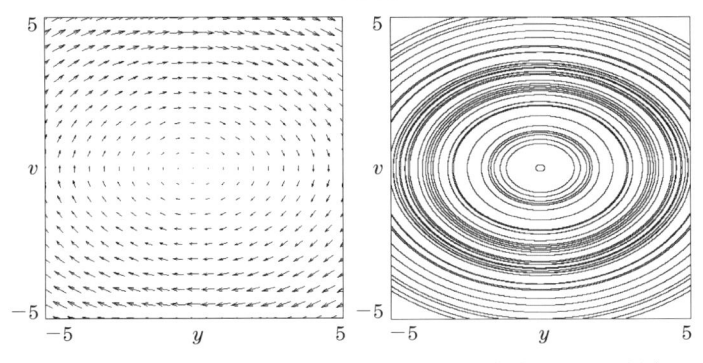

図 3.5 抵抗がない場合の単振動のベクトル場(左)と流れ(右).

$$y_0 = a\sin\alpha,$$
$$v_0 = \frac{ak}{m}\cos\alpha \tag{3.11}$$

から定まる.

(2) 速さに比例する抵抗力が働く場合を考える.このような抵抗を粘性抵抗という.比例定数を c とすると,運動方程式は次のようになる.

$$m\frac{d^2y}{dt^2} = -ky - c\frac{dy}{dt} \tag{3.12}$$

$$\iff \begin{cases} \dfrac{dy}{dt} = v \\[2mm] \dfrac{dv}{dt} = -ky - cv \end{cases} \tag{3.13}$$

図 3.6 はベクトル場と流れを表している.

(3) おもりに鉛直方向の周期的外力が働く場合を考える(図 3.4 右).周期的外力が

$$F_{\mathrm{ex}} = B\sin\Omega t \tag{3.14}$$

で与えられる場合,運動方程式は次のようになる.

$$m\frac{d^2y}{dt^2} = -ky + B\sin\Omega t \tag{3.15}$$

$\iff$

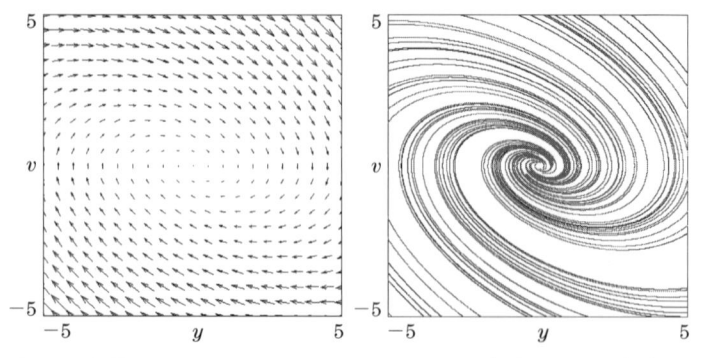

図 3.6 抵抗が働く場合の単振動のベクトル場（左）と流れ（右）．

$$\begin{cases} \dfrac{dy}{dt} = v \\ \dfrac{dv}{dt} = -\dfrac{k}{m}y + \dfrac{B}{m}\sin\Omega t \end{cases} \quad (3.16)$$

これは 2 次元の非自律ベクトル場を与える．図 3.7 は拡大相空間での軌道（左），相空間での軌道（中），およびポアンカレ断面の様子（右）を表している．

　(4)　鉛直方向の周期的外力に加え，さらに，粘性抵抗も働く場合は，運動方程式は次のようになる．

$$m\dfrac{d^2 y}{dt^2} = -ky - c\dfrac{dy}{dt} + B\sin\Omega t \quad (3.17)$$

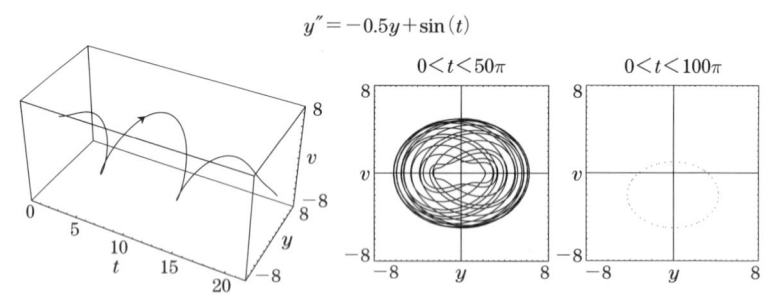

図 3.7　周期的外力が働く場合の単振動のベクトル場．拡大相空間での軌道（左），相空間での軌道（中），ポアンカレ断面（右）．

3.2 単振動

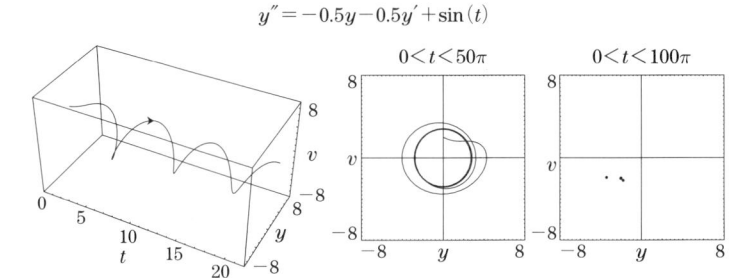

$$y'' = -0.5y - 0.5y' + \sin(t)$$

図 3.8 周期的外力と抵抗が働く場合の単振動のベクトル場．拡大相空間での軌道（左），相空間での軌道（中），ポアンカレ断面（右）．

$$\iff \begin{cases} \dfrac{dy}{dt} = v \\[2mm] \dfrac{dv}{dt} = -\dfrac{k}{m}y - \dfrac{c}{m}v + \dfrac{B}{m}\sin\Omega t \end{cases} \tag{3.18}$$

図 3.8 は拡大相空間での軌道（左），相空間での軌道（中），およびポアンカレ断面の様子（右）を表している．

(5) 質点に直接外力は作用しないが，振動系の支台に周期的に変わる変位が加わる場合を考える．ばねを支持する台が上下に

$$x_1 = B\sin\Omega t \tag{3.19}$$

で振動するとする．おもりのつりあいの位置からの変位を y とすると，支台に対するおもりの相対変位は $y - x_1$ となる．空気抵抗などによる減衰がないものとすると，おもりの運動は次の方程式で表される．

$$m\frac{d^2y}{dt^2} = -k(y - x_1) \tag{3.20}$$

$$\iff m\frac{d^2y}{dt^2} = -k(y - B\sin\Omega t) \tag{3.21}$$

$\iff$

$$\begin{cases} \dfrac{dy}{dt} = v \\ \dfrac{dv}{dt} = -\dfrac{k}{m}y + \dfrac{kB}{m}\sin\Omega t \end{cases} \tag{3.22}$$

すなわち，おもりに鉛直方向の周期的外力

$$F_{\text{ex}} = kB\sin\Omega t \tag{3.23}$$

が働く場合と同じであることがわかる．

3.3　ダフィング（Duffing）方程式

　図 3.9 のように金属製のフレームの上部から板バネを吊す．板バネが垂直に垂れ下がる位置から等距離の所に二つの磁石を置く．板バネは磁石に引き寄せられ，垂直に垂れ下がる位置は不安定な平衡点となる．この装置の金属フレームに周期的な変位が加わる場合を考える．このようなシステムは次のダフィング（Duffing）方程式によってモデル化される[18]．

$$\dfrac{d^2x}{dt^2} = -\omega x + \varepsilon x^3 - \gamma\dfrac{dx}{dt} + B\sin\Omega t \tag{3.24}$$

$\iff$

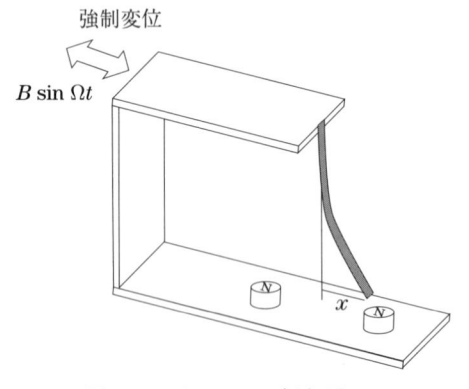

図 3.9　ダフィング振り子．

$$\begin{cases} \dfrac{dx}{dt} = v \\ \dfrac{dv}{dt} = -\omega x + \varepsilon x^3 - \gamma v + B\sin\Omega t \end{cases} \qquad (3.25)$$

これは2次元の非自律ベクトル場を与える．

3.4 二重振り子

図 3.10 のような**二重振り子**を考える[20]．左は二つの軽くて丈夫な腕の先端にそれぞれ質点がついている場合である．右は腕の重心の位置に，質点がついていると考える場合である．このどちらの場合も力学系ではよく扱われる．ここでは，右の場合について運動方程式を導く．左の場合は練習問題とする．

第一の腕の長さを $2l_1$，質量を m_1，第二の腕の長さを $2l_2$，質量を m_2 とし，鉛直下向き方向とそれぞれの腕がなす角を θ_1, θ_2 とする．簡単のため，摩擦は無いものとし，それぞれの腕の重心 G_1, G_2 はそれぞれの腕の中点にあるとする．

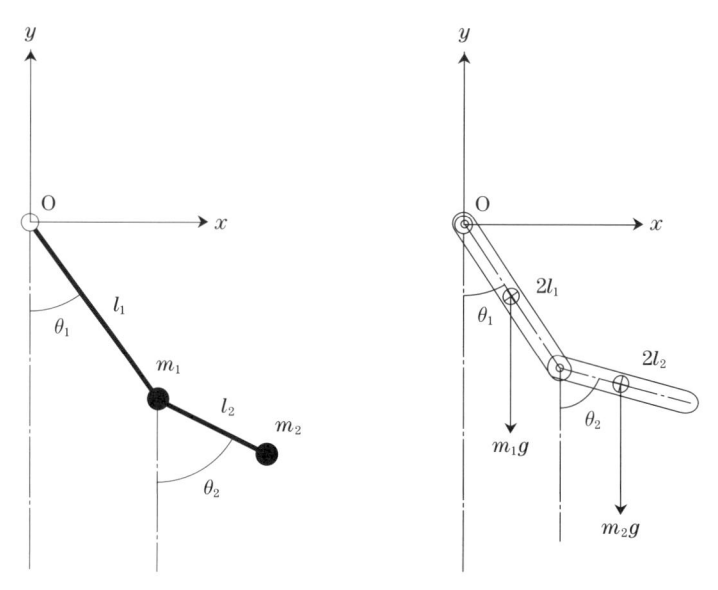

図 3.10 二重振り子．

$$G_1 = (x_1, y_1)$$
$$= (l_1 \sin\theta_1, -l_1 \cos\theta_1), \tag{3.26}$$
$$G_2 = (x_2, y_2)$$
$$= (2l_1 \sin\theta_1 + l_2 \sin\theta_2, -2l_1 \cos\theta_1 - l_2 \cos\theta_2). \tag{3.27}$$

このとき，このシステムの運動エネルギー T，及びポテンシャルエネルギー V は次の式で与えられる．

$$T = \frac{1}{2}m_1(\dot{x_1}^2 + \dot{y_1}^2) + \frac{1}{2}m_2(\dot{x_2}^2 + \dot{y_2}^2)$$
$$= \frac{1}{2}m_1 l_1^2 \dot{\theta_1}^2 + \frac{1}{2}m_2(4l_1^2 \dot{\theta_1}^2 + l_2^2 \dot{\theta_2}^2 + 4l_1 l_2 \dot{\theta_1}\dot{\theta_2}\cos(\theta_1 - \theta_2)), \tag{3.28}$$

$$V = m_1 g y_1 + m_2 g y_2$$
$$= -m_1 g l_1 \cos\theta_1 - m_2 g(2l_1 \cos\theta_1 + l_2 \cos\theta_2). \tag{3.29}$$

ここで，$\dot{} = \frac{d}{dt}$ である．ラグランジアン $L = T - V$ をラグランジュの方程式

$$\frac{d}{dt}\left(\frac{\partial L}{\partial \dot{\theta_i}}\right) - \frac{\partial L}{\partial \theta_i} = 0 \quad (i = 1, 2) \tag{3.30}$$

に代入すれば，次の方程式が得られる．

$$(m_1 + 4m_2)l_1 \ddot{\theta_1} + 2m_2 l_2 \ddot{\theta_2}\cos(\theta_1 - \theta_2)$$
$$+ 2m_2 l_2 \dot{\theta_2}^2 \sin(\theta_1 - \theta_2) + (m_1 + 2m_2)g\sin\theta_1 = 0, \tag{3.31}$$
$$l_2 \ddot{\theta_2} + 2l_1 \ddot{\theta_1}\cos(\theta_1 - \theta_2) - 2l_1 \dot{\theta_1}^2 \sin(\theta_1 - \theta_2) + g\sin\theta_2 = 0. \tag{3.32}$$

新たな変数 $\omega_1 = \dot{\theta_1}$, $\omega_2 = \dot{\theta_2}$ を導入し，$\dot{\omega_1} = \ddot{\theta_1}$, $\dot{\omega_2} = \ddot{\theta_2}$ について解くと，次の方程式が得られる．

$$\dot{\theta_1} = \omega_1,$$
$$\dot{\theta_2} = \omega_2,$$
$$\dot{\omega_1} = \frac{-2l_2 \omega_2^2 \sin\Delta - (2+\mu)g\sin\theta_1 + 2(g\sin\theta_2 - 2l_1 \omega_1^2 \sin\Delta)\cos\Delta}{l_1(\mu + 4\sin^2\Delta)},$$

$$\dot{\omega}_2 = \frac{(4+\mu)(2l_1\omega_1^2 \sin\Delta - g\sin\theta_2) + 2((2+\mu)g\sin\theta_1 + 2l_2\omega_2^2 \sin\Delta)\cos\Delta}{l_2(\mu + 4\sin^2\Delta)}.$$

ただし，$\mu = m_1/m_2$，$\Delta = \theta_1 - \theta_2$，$g$ は重力加速度である．これは 4 次元の自律ベクトル場を与える．

3.5　1 階微分方程式

微分積分学や解析学の教科書で扱う 1 階微分方程式を，力学系としてみる方法を紹介する[30]．

x を独立変数，y を未知関数とする 1 階微分方程式が

$$\frac{dy}{dx} = \frac{f(x,y)}{g(x,y)} \tag{3.33}$$

で与えられているとする．

独立変数 x を t と書き直せば，次のように 1 次元の非自律ベクトル場が得られる．

$$\frac{dy}{dt} = \frac{f(t,y)}{g(t,y)}. \tag{3.34}$$

しかし，ここでは，もうひとつの別の見方を与える．x, y が媒介変数 t の関数であると考えると

$$\frac{dy}{dx} = \frac{\frac{dy}{dt}}{\frac{dx}{dt}} \tag{3.35}$$

が成り立つ．そこで，2 次元の自律ベクトル場

$$\begin{cases} \dfrac{dx}{dt} = g(x,y) \\[2mm] \dfrac{dy}{dt} = f(x,y) \end{cases} \tag{3.36}$$

を考えると，解曲線 $(x(t), y(t))$ は微分方程式 (3.33) の解となることがわかる．

具体例をあげて，ベクトル場と流れの様子を見てみよう．なお，ここでのベクトル場は，零ベクトルをのぞいて，すべて同じ長さで表し，ベクトルの中点を点 (x, y) に対応させる形式で表現する（第 1 章 1.4 節参照）．

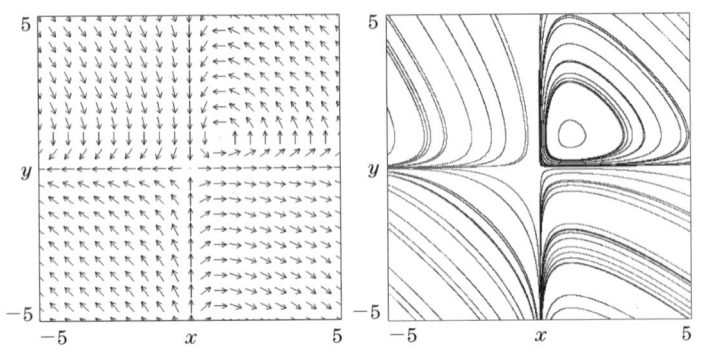

図 3.11 変数分離形微分方程式のベクトル場と流れの例.

例 3.1（変数分離形微分方程式） 微分方程式
$$\frac{dy}{dx} = \frac{f(x)}{g(y)} \tag{3.37}$$
を変数分離形という．一般解は
$$\int g(y)dy = \int f(x)dx + c \tag{3.38}$$
で与えられる．

微分方程式
$$\frac{dy}{dx} = \frac{-(1-x)y}{(1-y)x} \tag{3.39}$$
は変数分離形である．これは次の2次元自律ベクトル場で表現される．
$$\begin{cases} \dfrac{dx}{dt} = (1-y)x \\[2mm] \dfrac{dy}{dt} = -(1-x)y \end{cases} \tag{3.40}$$
図 3.11 はベクトル場と流れである．

例 3.2（同次形微分方程式） 次の形の微分方程式を同次形という．
$$\frac{dy}{dx} = f\left(\frac{x}{y}\right). \tag{3.41}$$

3.5 1階微分方程式

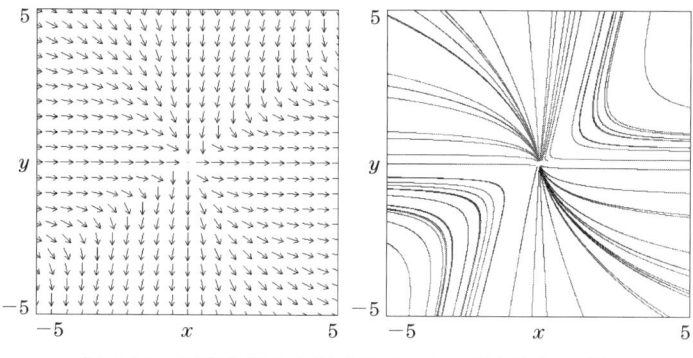

図 3.12 同次形微分方程式のベクトル場と流れの例.

同次形微分方程式は変数の変換

$$\frac{y}{x} = v \tag{3.42}$$

によって変数分離形になる.

微分方程式

$$\frac{dy}{dx} = \frac{-y^2}{x(x-y)} \tag{3.43}$$

は同次形である.これは次の2次元自律ベクトル場で表現される.

$$\begin{cases} \dfrac{dx}{dt} = x(x-y) \\ \dfrac{dy}{dt} = -y^2 \end{cases} \tag{3.44}$$

図 3.12 はベクトル場と流れである.

例 3.3（線形微分方程式） 微分方程式

$$\frac{dy}{dx} + P(x)y = Q(x) \tag{3.45}$$

を線形微分方程式という.一般解は

$$y = e^{-\int P dx} \left(\int Q e^{\int P dx} dx + c \right) \tag{3.46}$$

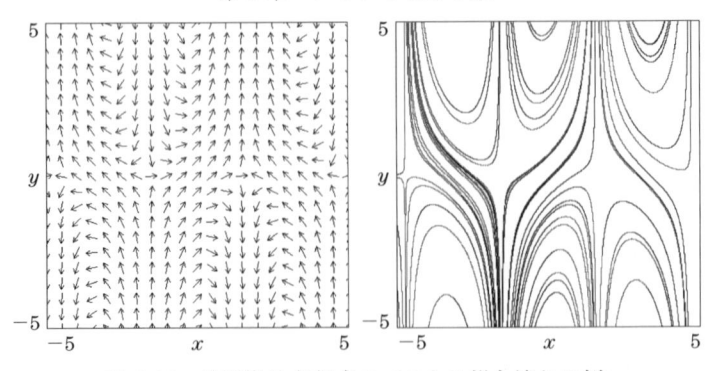

図 3.13 線形微分方程式のベクトル場と流れの例.

で与えられる.

微分方程式

$$\frac{dy}{dx} = \frac{\cos^2 x + y \sin x}{\cos x} \tag{3.47}$$

は線形微分方程式である.これは次の 2 次元自律ベクトル場で表現される.

$$\begin{cases} \dfrac{dx}{dt} = \cos x \\[2mm] \dfrac{dy}{dt} = \cos^2 x + y \sin x \end{cases} \tag{3.48}$$

図 3.13 はベクトル場と流れである.

例 3.4（ベルヌーイの微分方程式） 微分方程式

$$\frac{dy}{dx} + P(x)y = Q(x)y^n \quad (n \neq 0, 1) \tag{3.49}$$

をベルヌーイの微分方程式という.ベルヌーイの微分方程式は変数の変換

$$z = y^{1-n} \tag{3.50}$$

によって線形微分方程式になる.

微分方程式

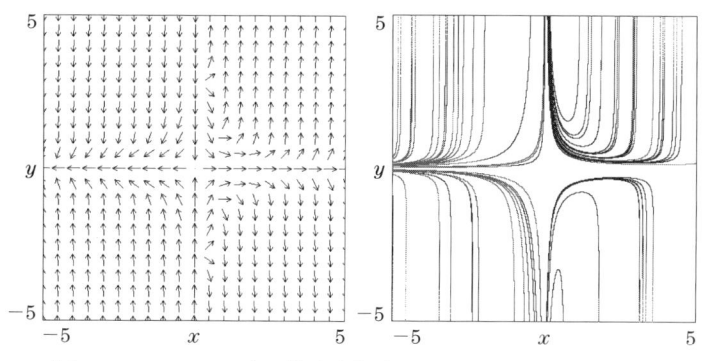

図 3.14 ベルヌーイの微分方程式のベクトル場と流れの例.

$$\frac{dy}{dx} = \frac{-y + x^3 y^3}{x} \tag{3.51}$$

はベルヌーイの微分方程式である．これは次の 2 次元自律ベクトル場で表現される．

$$\begin{cases} \dfrac{dx}{dt} = x \\ \dfrac{dy}{dt} = -y + x^3 y^3 \end{cases} \tag{3.52}$$

図 3.14 はベクトル場と流れである．

例 3.5（完全微分方程式） 微分方程式

$$P(x,y)dx + Q(x,y)dy = 0 \tag{3.53}$$

の左辺がある関数 $u(x,y)$ の全微分 $du = u_x dx + u_y dy$ になっているとき，これを完全微分方程式という．一般解は

$$\int_a^x P(x,y)dx + \int_b^y Q(x,y)dy = c \tag{3.54}$$

で与えられる．ここで，a と b は定数であり，c は任意定数である．

微分方程式

$$\frac{dy}{dx} = \frac{-x^3 - 2xy - y}{y^3 + x^2 + x} \tag{3.55}$$

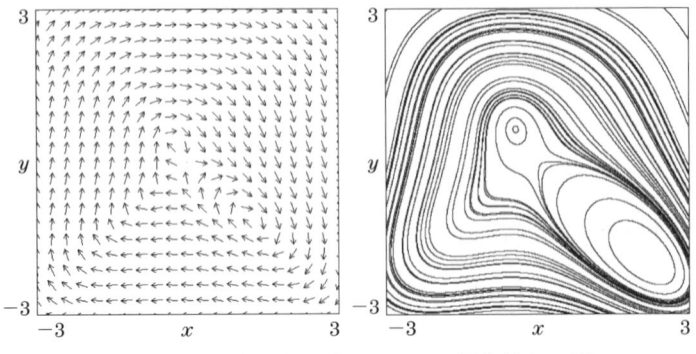

図 3.15 完全微分方程式のベクトル場と流れの例.

は完全微分方程式である．これは次の2次元自律ベクトル場で表現される．

$$
\begin{cases}
\dfrac{dx}{dt} = y^3 + x^2 + x \\[1em]
\dfrac{dy}{dt} = -x^3 - 2xy - y
\end{cases}
\tag{3.56}
$$

図 3.15 はベクトル場と流れである．

3.6　2階微分方程式

ここでは，微分積分学や解析学の教科書で扱う2階微分方程式を，力学系としてみる方法を紹介する．

x を独立変数，y を未知関数とする2階微分方程式が

$$
\frac{d^2 y}{dx^2} = \frac{f(x, y, y')}{g(x, y, y')}
\tag{3.57}
$$

で与えられているとする．ここで $y' = \frac{dy}{dx}$ である．x, y が媒介変数 t の関数であると考えると

$$
\frac{dy'}{dx} = \frac{\dfrac{dy'}{dt}}{\dfrac{dx}{dt}},
\tag{3.58}
$$

$$\frac{dy}{dx} = y' = \frac{\frac{dy}{dt}}{\frac{dx}{dt}} \tag{3.59}$$

が成り立つ．そこで，3次元の自律ベクトル場

$$\begin{cases} \dfrac{dx}{dt} = g(x, y, y') \\[2pt] \dfrac{dy}{dt} = y' g(x, y, y') \\[2pt] \dfrac{dy'}{dt} = f(x, y, y') \end{cases} \tag{3.60}$$

を考えると，解曲線 $(x(t), y(t), y'(t))$ は上の微分方程式の解となることがわかる．具体例をあげて，ベクトル場と流れの様子を見てみよう．

例 3.6（2 階微分方程式（1）） 2 階微分方程式

$$\frac{d^2 y}{dx^2} = -y \tag{3.61}$$

は，$\frac{dy}{dx} = z$ と置くことにより，次の3次元自律ベクトル場に表現される．

$$\begin{cases} \dfrac{dx}{dt} = 1 \\[2pt] \dfrac{dy}{dt} = z \\[2pt] \dfrac{dz}{dt} = -y \end{cases} \tag{3.62}$$

図 3.16 左は $(x, y, z) = (0, 1, 0)$ を初期値とする軌道である．図 3.16 右はこの軌道の (y, z)-平面への射影である．

方程式 (3.61) の一般解は

$$y = A \cos x + B \sin x \tag{3.63}$$

で与えられる．

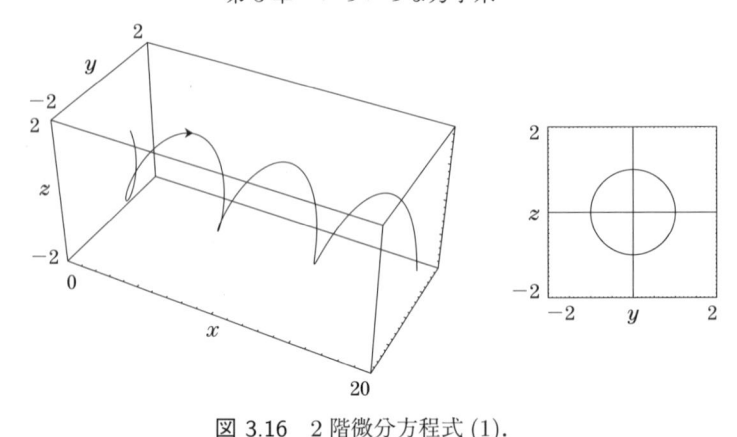

図 3.16　2 階微分方程式 (1).

例 3.7（2 階微分方程式（2）） 2つの任意定数 c_1, c_2 を持つ次の曲線群の方程式を考える．

$$y = c_1 x + c_2 x^2. \tag{3.64}$$

この方程式は原点を通る 2 次関数および 1 次関数のグラフ全体を表している．y を x で 2 階微分することにより，次の 2 階微分方程式が得られる．

$$x^2 y'' = 2y'x - 2y \tag{3.65}$$

$$\iff$$

$$y'' = \frac{2y' - 2y/x}{x}. \tag{3.66}$$

そこで上述の方法を適用して次の 3 次元自律ベクトル場を得る．

$$\begin{cases} \dfrac{dx}{dt} = x \\[2mm] \dfrac{dy}{dt} = zx \\[2mm] \dfrac{dz}{dt} = 2z - \dfrac{2y}{x} \end{cases} \tag{3.67}$$

図 3.17 左は初期値 $(x, y, z) = (-2, -5, 5)$ を通る軌道と，初期値 $(x, y, z) = (2, -5, -5)$ を通る軌道とを描いたものである．（どちらも時間に関して正負両方

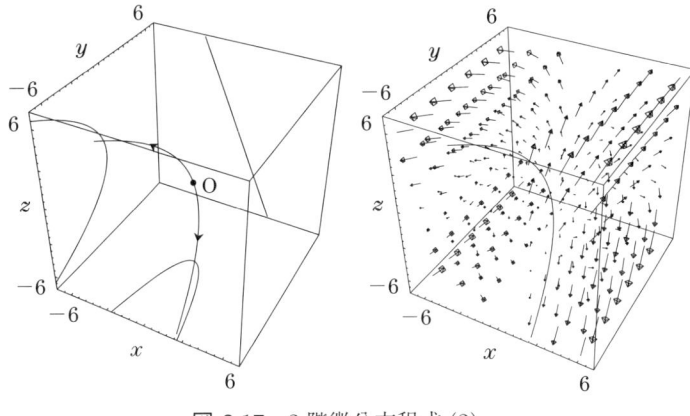

図 3.17　2 階微分方程式 (2).

向に延長してある．そのため 2 つの軌道は原点 O でつながったように描かれている．また，側面に描かれている曲線は，この軌道の各平面への射影である．）図 3.17 右はこの軌道とベクトル場を重ねて描いたものである．

3.7　ストレンジアトラクタを持つ 3 次元自律ベクトル場

　力学系の相空間において，周囲の軌道を引き寄せて逃がさない性質を持つ不変集合をアトラクタという．（この性質を数学的に定式化し，アトラクタの数学的定義を与える試みは多くの数学者によってなされている．ひとつの定義が第 8 章に与えてある．）古くからよく知られていたアトラクタには，点アトラクタ，周期アトラクタ（円周と同相で，リミットサイクルとも呼ばれる），準周期アトラクタ（トーラスと同相）がある．1960 年代に，コンピュータの発達・普及により，力学系の軌道を数値的に計算することができるようになり，従来知られていなかったアトラクタが多く見つかった．これらは，当初の驚きの気持ちもこめて，ストレンジ（奇妙な）アトラクタと呼ばれる．やがて，こうしたアトラクタの性質が明らかになり，非線形システムに普遍的に現れる不変集合であることがわかってくると，奇妙だという感覚も薄くなる．最近では，カオスアトラクタと呼ぶことも多い．（しかし，「ストレンジ」の呼び名が，多くの人を引き寄せたことも事実である．）ここではよく知られたストレンジアトラクタをも

つ 3 次元自律ベクトル場の例を紹介する．

例 3.8（ローレンツアトラクタ） 次の微分方程式は，1964 年に気象学者であるローレンツ（Lorenz）によって提唱されたものである[14]．

$$\begin{cases} \dfrac{dx}{dt} = -\sigma(x-y) \\[4pt] \dfrac{dy}{dt} = -y - xz + rx \\[4pt] \dfrac{dz}{dt} = xy - bz \end{cases} \quad (3.68)$$

この方程式は，温度差のある上下の境界を持つ容器に入った流体の流れをモデル化したものである．変数 x は流れの関数をフーリエ展開したときの係数に対応するもので，対流の強さを表す．変数 y, z は上下の温度差の関数の線形成分からのズレをフーリエ展開したときの係数に対応するもので，y は上昇流と下降流の温度差を，z は上下方向の温度差を，それぞれ表している．σ はプラントル数，r はレイリー数，b は容器の高さと幅の比から定まる数である．$(\sigma, r, b) = (10, 24.17, 8/3)$ のとき，図 3.18 のようなアトラクタが観測される．これを**ローレンツアトラクタ**という．

例 3.9（レスラーアトラクタ） 1976 年オットー・レスラー（Otto E. Rössler）は種々のタイプのストレンジアトラクタを持ついくつかの微分方程式を提唱した[19]．それらの中でも次の方程式がよく知られている．

$$\begin{cases} \dfrac{dx}{dt} = -(y+z) \\[4pt] \dfrac{dy}{dt} = x + ay \\[4pt] \dfrac{dz}{dt} = b + z(x-c) \end{cases} \quad (3.69)$$

a, b, c はパラメータで，$(a, b, c) = (0.2, 0.2, 5.7)$ のとき，図 3.19 のようなアトラクタが観測される．このアトラクタは，**レスラーアトラクタ**，またはレスラー

3.7 ストレンジアトラクタを持つ3次元自律ベクトル場

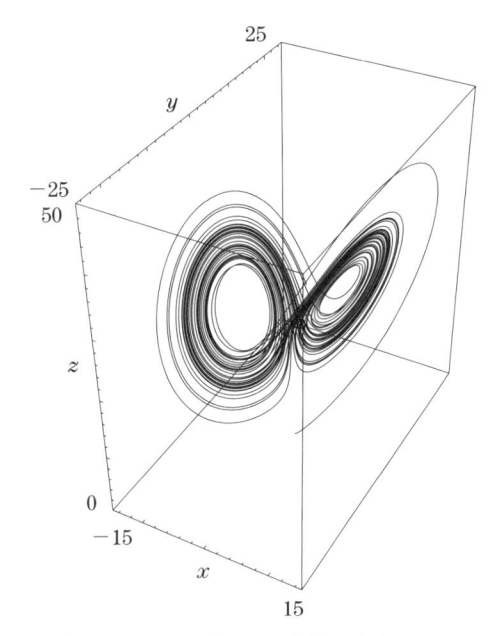

図 3.18 ローレンツアトラクタ.

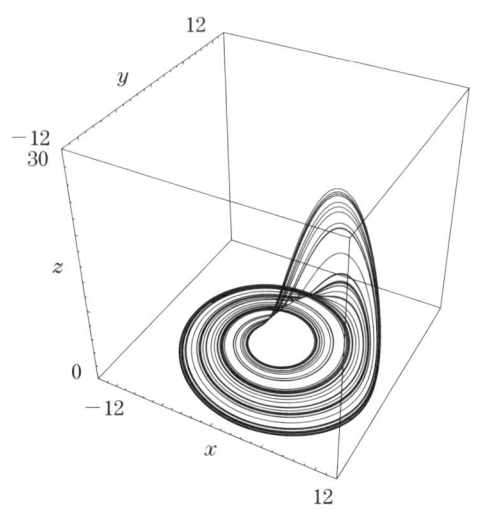

図 3.19 レスラーアトラクタ.

のスパイラルアトラクタと呼ばれる．

例 3.10（ダブルスクロールアトラクタ） 図 3.20 のような電気回路を考える．ここで，R_1 は線形抵抗，R_2 は非線形抵抗である．非線形抵抗 R_2 の両端の電圧 v_R とここを流れる電流 i_R との関係は，図 3.21 (a) のような 3 領域の連続区分線形関数

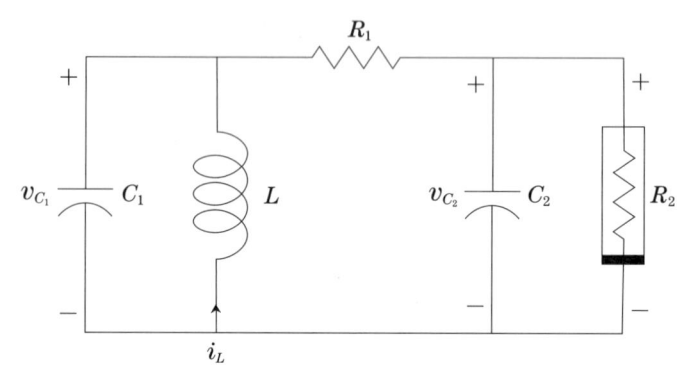

図 3.20 ダブルスクロール回路．

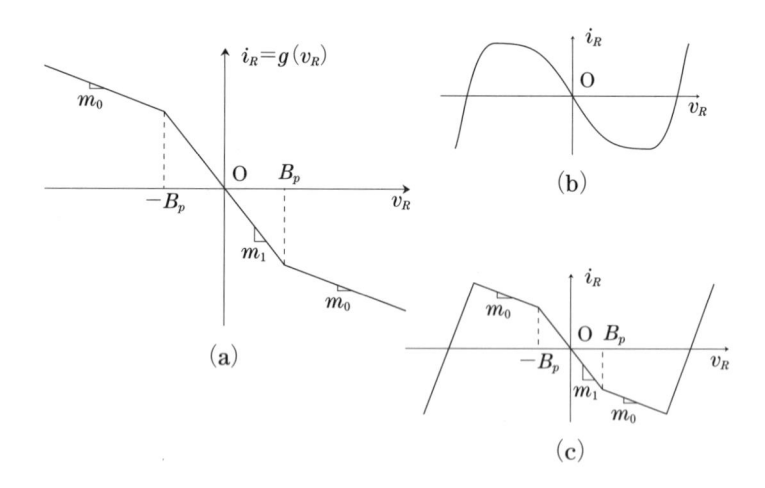

図 3.21 非線形抵抗の v_R-i_R 特性．

3.7 ストレンジアトラクタを持つ3次元自律ベクトル場

$$i_R = g(v_R) = m_0 v_R + \frac{1}{2}(m_1 - m_0)|v_R + B_p|$$
$$+ \frac{1}{2}(m_0 - m_1)|v_R - B_p| \tag{3.70}$$

で与えられる．これは図 3.21 (b), (c) のような特性を持つ非線形抵抗の原点近傍の特性をモデル化したものである．このとき回路の方程式は次にようになる．

$$\begin{cases} C_1 \dfrac{dv_{C_1}}{dt} = \dfrac{1}{R_1}(v_{C_2} - v_{C_1}) - g(v_{C_1}) \\ C_2 \dfrac{dv_{C_2}}{dt} = \dfrac{1}{R_1}(v_{C_1} - v_{C_2}) + i_L \\ L \dfrac{di_L}{dt} = -v_{C_2} \end{cases} \tag{3.71}$$

$$g(v_{C_1}) = m_0 v_{C_1} + \frac{1}{2}(m_1 - m_0)|v_{C_1} + B_p|$$
$$+ \frac{1}{2}(m_0 - m_1)|v_{C_1} - B_p|. \tag{3.72}$$

ここで v_{C_1}, v_{C_2} はコンデンサ C_1, C_2 の両端の電圧，i_L はインダクタンス L を流れる電流である．

$1/C_1 = 9$, $1/C_2 = 1$, $1/L = 7$, $1/R_1 = 0.7$, $m_0 = -0.5$, $m_1 = -0.8$, $B_p = 1$ のとき，図 3.22 のようなアトラクタが観測される．このアトラクタの幾

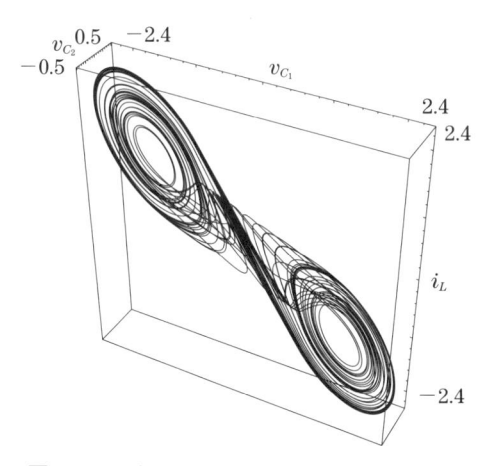

図 3.22 ダブルスクロールアトラクタ．

何学的構造の解析から，中央の線形領域 $-B_p \leq v_{C_1} \leq B_p$ において，二つの巻物が巻き付き合った構造を持つことがわかった．そこで，このアトラクタは**ダブルスクロール**（Double Scroll, 二重巻物）アトラクタと名付けられた[2], [15]~[17]．

3.8 演習問題

3.1 変数分離形微分方程式 (3.39) を解き，一般解が

$$xy = ce^{x+y} \tag{3.73}$$

となることを確かめよ．

3.2 同次形微分方程式 (3.43) を解き，一般解が

$$y = ce^{\frac{y}{x}} \tag{3.74}$$

となることを確かめよ．

3.3 線形微分方程式 (3.47) を解き，一般解が

$$y = \frac{1}{2\cos x}(\sin x \cos x + x + c) \tag{3.75}$$

となることを確かめよ．

3.4 ベルヌーイの微分方程式 (3.51) を解き，一般解が

$$(c - 2x)x^2 y^2 = 1 \tag{3.76}$$

となることを確かめよ．

3.5 完全微分方程式 (3.55) を解き，一般解が

$$x^4 + 4x^2 y + 4xy + y^4 = c \tag{3.77}$$

となることを確かめよ．

第 4 章
線形ベクトル場

　この章の目的は，**線形ベクトル場**の振舞いを理解することである．線形ベクトル場の理解は，非線形ベクトル場の平衡点の分岐を理解するために必要である．

4.1 はじめに

　力学系研究の主要な対象は非線形力学系である．非線形力学系には興味深い振舞いが現れる．また，高次元の非線形力学系には，未だ十分に解明されていない現象が潜んでいる．しかしながら，非線形力学系を理解するためには，線形力学系，すなわち，線形ベクトル場と線形写像についての理解が不可欠である．特に，非線形ベクトル場の平衡点の分岐を理解するには線形ベクトル場の理解が必要である．また，非線形写像の不動点・周期点と非線形ベクトル場の周期軌道の分岐を理解するには線形写像の理解が必要である．この章では 1 次元，2 次元及び 3 次元の線形ベクトル場の振舞いを説明する．次の章では線形写像の振舞いを説明する．

定義 4.1 A を n 次正方行列とする．
$$\frac{d\boldsymbol{x}}{dt} = A\boldsymbol{x}, \quad \boldsymbol{x} \in \mathbb{R}^n \tag{4.1}$$
で定義される $\mathbb{R}^n$ 上のベクトル場を**線形ベクトル場**という．

$$f_A(\lambda) = \det(\lambda I - A) \tag{4.2}$$

を A の**固有多項式**，$f_A(\lambda) = 0$ を A の**固有方程式**という．A が n 次正方行列であるから，$f_A(\lambda)$ は n 次多項式である．したがって，固有方程式は複素数の範囲で（重複度もこめて）n 個の根を持つ．A の固有方程式の根を A の**固有値**という．実数 λ が A の固有値のとき，連立方程式

$$(A - \lambda I)\boldsymbol{p} = \boldsymbol{0}, \quad \boldsymbol{p} \in \mathbb{R}^n \tag{4.3}$$

は非自明な解 $\boldsymbol{p} \neq \boldsymbol{0}$ を持つ．このベクトル $\boldsymbol{p} \neq \boldsymbol{0}$ を固有値 λ の**固有ベクトル**という．虚数 $\lambda \in \mathbb{C} \setminus \mathbb{R}$ が A の固有値のとき，連立方程式

$$(A - \lambda I)\boldsymbol{z} = \boldsymbol{0}, \quad \boldsymbol{z} \in \mathbb{C}^n \tag{4.4}$$

は非自明な解 $\boldsymbol{z} \neq \boldsymbol{0}$ を持つ．このベクトル $\boldsymbol{z} \neq \boldsymbol{0}$ を固有値 λ の**複素固有ベクトル**という．

4.2　1次元線形ベクトル場

1次元の線形ベクトル場は，a を実数の定数として

$$\frac{dx}{dt} = ax, \quad x \in \mathbb{R} \tag{4.5}$$

で定義される．$t = 0$ のとき $x = x_0$ を通る軌道は

$$x(t) = e^{at} x_0 \tag{4.6}$$

で表される．a の符号により，拡大相空間 $\mathbb{R} \times \mathbb{R}$ での流れ，及び相空間 $\mathbb{R}$ 上のベクトル場の様子は図 4.1, 図 4.2 のようになる．

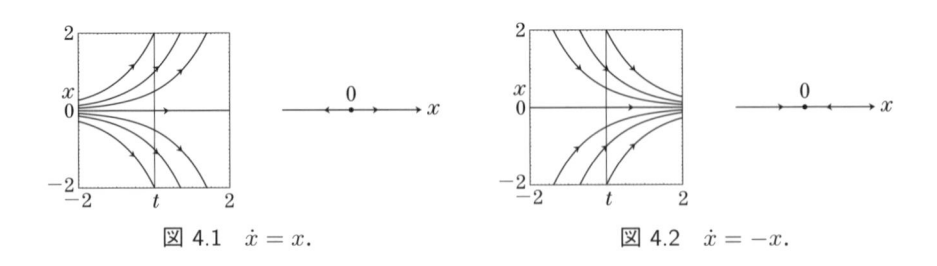

図 4.1　$\dot{x} = x$.

図 4.2　$\dot{x} = -x$.

1. $a > 0$ の場合：原点 0 以外の点は全て時間の発展と共に原点から遠ざかっていく．遠ざかる速さは原点から遠方にある点ほど速くなる．
2. $a = 0$ の場合：拡大相空間での流れは t 軸に平行である．これは相空間上の全ての点が不動であることを表す．相空間でのベクトル場は，全ての点に零ベクトルが対応している．
3. $a < 0$ の場合：原点 0 以外の点は全て時間の発展と共に原点に限りなく近づいてくる．接近の速度は原点に近づくにつれて遅くなる．

4.3　2次元線形ベクトル場

2次元の線形ベクトル場は

$$A = \begin{pmatrix} a_{11} & a_{12} \\ a_{21} & a_{22} \end{pmatrix}$$

を2次正方行列として次の式で定義される．

$$\dot{\boldsymbol{x}} = A\boldsymbol{x}, \qquad \boldsymbol{x} = \begin{pmatrix} x \\ y \end{pmatrix} \in \mathbb{R}^2 \tag{4.7}$$

$$\iff \begin{pmatrix} \dot{x} \\ \dot{y} \end{pmatrix} = \begin{pmatrix} a_{11} & a_{12} \\ a_{21} & a_{22} \end{pmatrix} \begin{pmatrix} x \\ y \end{pmatrix} \tag{4.8}$$

$$\iff \begin{cases} \dot{x} = a_{11}x + a_{12}y \\ \dot{y} = a_{21}x + a_{22}y \end{cases} \tag{4.9}$$

A の固有多項式は

$$f_A(\lambda) = \det(\lambda I - A) \tag{4.10}$$

$$= \begin{vmatrix} \lambda - a_{11} & -a_{12} \\ -a_{21} & \lambda - a_{22} \end{vmatrix} \tag{4.11}$$

$$= \lambda^2 - (a_{11} + a_{22})\lambda + a_{11}a_{22} - a_{12}a_{21} \tag{4.12}$$

となる．固有方程式は，2次方程式

$$\lambda^2 - (a_{11} + a_{22})\lambda + a_{11}a_{22} - a_{12}a_{21} = 0 \tag{4.13}$$

となる．判別式

$$D = (a_{11} + a_{22})^2 - 4(a_{11}a_{22} - a_{12}a_{21}) \tag{4.14}$$

の符号により，次の 3 つの場合に分かれる．
1. $D > 0$：固有方程式は相異なる 2 つの実根を持つ．
2. $D = 0$：固有方程式は 1 つの重根を持つ．
3. $D < 0$：固有方程式は複素共役な 2 つの虚根を持つ．

この 3 つの場合に，それぞれベクトル場の様子を見る．

4.3.1 相異なる 2 つの実根を持つ場合

固有方程式の相異なる 2 つの実根を $a, b\ (a < b)$ とする．固有値 a に対する固有ベクトルを $\bm{p} = \begin{pmatrix} p_1 \\ p_2 \end{pmatrix}$ とする．

$$A\bm{p} = a\bm{p}, \quad \bm{p} \neq \bm{0}. \tag{4.15}$$

固有値 b に対する固有ベクトルを $\bm{q} = \begin{pmatrix} q_1 \\ q_2 \end{pmatrix}$ とする．

$$A\bm{q} = b\bm{q}, \quad \bm{q} \neq \bm{0}. \tag{4.16}$$

$a \neq b$ から，$\bm{p}, \bm{q}$ は 1 次独立であることが示せる．したがって，$P = (\bm{p}, \bm{q}) = \begin{pmatrix} p_1 & q_1 \\ p_2 & q_2 \end{pmatrix}$ とおくと，P は正則行列であり，

$$\begin{cases} A\bm{p} = a\bm{p} \\ A\bm{q} = b\bm{q} \end{cases} \tag{4.17}$$

$\Longleftrightarrow$

$$A(\bm{p}, \bm{q}) = (\bm{p}, \bm{q}) \begin{pmatrix} a & 0 \\ 0 & b \end{pmatrix} \tag{4.18}$$

$\Longleftrightarrow$

$$AP = P \begin{pmatrix} a & 0 \\ 0 & b \end{pmatrix} \tag{4.19}$$

$\Longleftrightarrow$

$$P^{-1}AP = \begin{pmatrix} a & 0 \\ 0 & b \end{pmatrix} \tag{4.20}$$

が成立する．$\begin{pmatrix} a & 0 \\ 0 & b \end{pmatrix}$ を A の Jordan 標準形という．$\boldsymbol{u} = \begin{pmatrix} u \\ v \end{pmatrix} \in \mathbb{R}^2$ として，座標変換

$$\boldsymbol{x} = P\boldsymbol{u} \tag{4.21}$$

$$\iff \begin{cases} x = p_1 u + q_1 v \\ y = p_2 u + q_2 v \end{cases} \tag{4.22}$$

を考える．この座標変換によって写される，$\boldsymbol{u}$-平面上でのベクトル場の様子を先ず調べる．

$$\dot{\boldsymbol{u}} = P^{-1}\dot{\boldsymbol{x}} = P^{-1}A\boldsymbol{x} = P^{-1}AP\boldsymbol{u} = \begin{pmatrix} a & 0 \\ 0 & b \end{pmatrix} \boldsymbol{u} \tag{4.23}$$

より，$\boldsymbol{u}$-平面上でのベクトル場は

$$\dot{\boldsymbol{u}} = \begin{pmatrix} a & 0 \\ 0 & b \end{pmatrix} \boldsymbol{u} \tag{4.24}$$

$$\iff \begin{cases} \dot{u} = au \\ \dot{v} = bv \end{cases} \tag{4.25}$$

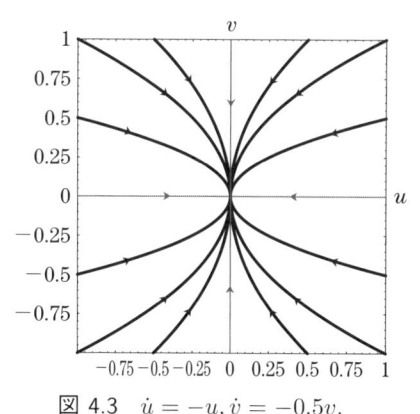

図 4.3 $\dot{u} = -u, \dot{v} = -0.5v$.
固有値 $a = -1$,
$b = -0.5$.
($\boldsymbol{u}$-平面上での流れ.)

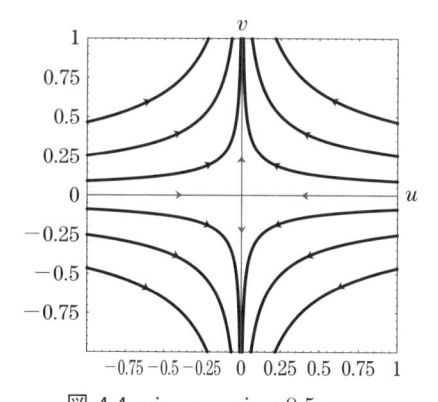

図 4.4 $\dot{u} = -u, \dot{v} = 0.5v$.
固有値 $a = -1$,
$b = 0.5$.
($\boldsymbol{u}$-平面上での流れ.)

図 4.5 $\dot{x} = -\frac{7}{6}x - \frac{1}{3}y,$
　　　　$\dot{y} = -\frac{1}{3}x - \frac{1}{3}y.$
　　　　固有値 $a = -1,$
　　　　　　　$b = -0.5.$
　　　　($\boldsymbol{x}$-平面上での流れ.)

図 4.6 $\dot{x} = -\frac{3}{2}x + y,$
　　　　$\dot{y} = -x + y.$
　　　　固有値 $a = -1,$
　　　　　　　$b = 0.5.$
　　　　($\boldsymbol{x}$-平面上での流れ.)

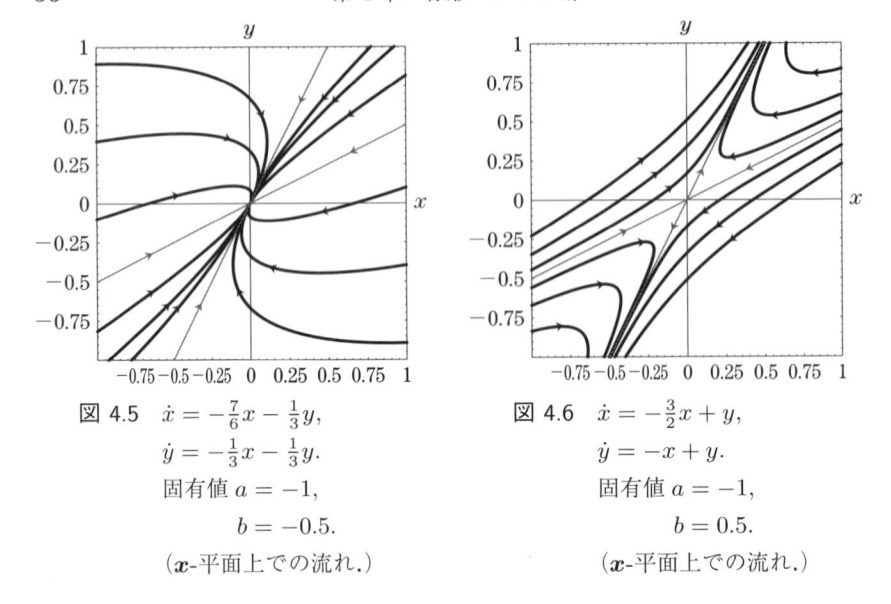

で与えられる．すなわち，1次元線形ベクトル場の直積に分解される．$t = 0$ のとき $(u, v) = (u_0, v_0)$ を通る軌道は

$$\begin{cases} u(t) = e^{at}u_0 \\ v(t) = e^{bt}v_0 \end{cases} \quad (4.26)$$

で表される．a, b の符号により $\boldsymbol{u}$-平面でのベクトル場の様子は異なる．図 4.3 は $a < b < 0$ の場合の例である ($a = -1, b = -0.5$)．図 4.4 は $a < 0 < b$ の場合の例である ($a = -1, b = 0.5$)．$\boldsymbol{u}$-平面でのベクトル場の動きは，u 軸上での 1 次元ベクトル場 $\dot{u} = au$ の動きと，v 軸上での 1 次元ベクトル場 $\dot{v} = bv$ の動きを合成したものであることがわかる．

　$\boldsymbol{x}$-平面上での流れは，$\boldsymbol{u}$-平面上での流れを写像 $\boldsymbol{x} = P\boldsymbol{u}$ で写したものとなる．図 4.5 は $a < b < 0$ の場合の，$\boldsymbol{x}$-平面上での流れを表している．図 4.6 は $a < 0 < b$ の場合の，$\boldsymbol{x}$-平面上での流れを表している．

4.3.2　1つの重根を持つ場合

固有方程式の重根を a とする．

$$f_A(\lambda) = (\lambda - a)^2. \quad (4.27)$$

4.3 2次元線形ベクトル場

固有値 a は
$$\det(aI - A) = 0 \tag{4.28}$$
をみたすから，行列 $(aI - A)$ の階数は 0 または 1 である．

(1) 先ず，$\text{rank}(aI - A) = 0$ の場合を考える．
$$A = aI = \begin{pmatrix} a & 0 \\ 0 & a \end{pmatrix}. \tag{4.29}$$

A は最初から $\begin{pmatrix} a & 0 \\ 0 & a \end{pmatrix}$ の形をしていることがわかる．$t = 0$ のとき $(u, v) = (u_0, v_0)$ を通る軌道は
$$\begin{cases} u(t) = e^{at} u_0 \\ v(t) = e^{at} v_0 \end{cases} \tag{4.30}$$
で表される．演習問題として，x-平面でのベクトル場の様子を描いて欲しい．

(2) 次に，$\text{rank}(aI - A) = 1$ の場合を考えよう．固有値 a に対する固有ベクトルを $\boldsymbol{p}$ とする．$f_A(\lambda) = (\lambda - a)^2$ より，ある $\boldsymbol{q} \in \mathbb{R}^2$ があって，$\boldsymbol{p}, \boldsymbol{q}$ は1次独立，かつ $(aI - A)\boldsymbol{q} = \boldsymbol{p}$ をみたすことが示される．$P = (\boldsymbol{p}, \boldsymbol{q})$ とおくと，P は正則行列であり，
$$\begin{cases} A\boldsymbol{p} = a\boldsymbol{p} \\ A\boldsymbol{q} = a\boldsymbol{q} + \boldsymbol{p} \end{cases} \tag{4.31}$$
$$\iff$$
$$A(\boldsymbol{p}, \boldsymbol{q}) = (\boldsymbol{p}, \boldsymbol{q}) \begin{pmatrix} a & 1 \\ 0 & a \end{pmatrix} \tag{4.32}$$
$$\iff$$
$$AP = P \begin{pmatrix} a & 1 \\ 0 & a \end{pmatrix} \tag{4.33}$$
$$\iff$$
$$P^{-1}AP = \begin{pmatrix} a & 1 \\ 0 & a \end{pmatrix} \tag{4.34}$$

が成立する．$\boldsymbol{u} = \begin{pmatrix} u \\ v \end{pmatrix} \in \mathbb{R}^2$ として，座標変換

第 4 章 線形ベクトル場

$$x = Pu \tag{4.35}$$

による u-平面上でのベクトル場の様子を先ず調べる.

$$\dot{u} = P^{-1}\dot{x} = P^{-1}Ax = P^{-1}APu = \begin{pmatrix} a & 1 \\ 0 & a \end{pmatrix}u \tag{4.36}$$

より, u-平面上でのベクトル場は

$$\dot{u} = \begin{pmatrix} a & 1 \\ 0 & a \end{pmatrix}u \tag{4.37}$$

$$\iff \begin{cases} \dot{u} = au + v \\ \dot{v} = av \end{cases} \tag{4.38}$$

で与えられる. $t = 0$ のとき $(u, v) = (u_0, v_0)$ を通る軌道は

$$\begin{cases} u(t) = e^{at}(u_0 + tv_0) \\ v(t) = e^{at}v_0 \end{cases} \tag{4.39}$$

で表される. $a < 0$ の場合の u-平面でのベクトル場の様子は図 4.7 のようになる.

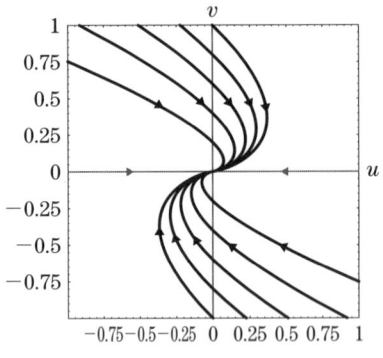

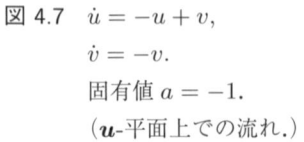

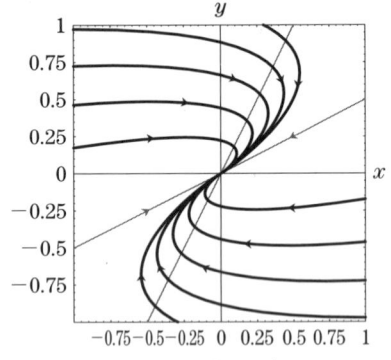

図 4.7 $\dot{u} = -u + v,$
$\dot{v} = -v.$
固有値 $a = -1$.
(u-平面上での流れ.)

図 4.8 $\dot{x} = -\frac{5}{3}x + \frac{4}{3}y,$
$\dot{y} = -\frac{1}{3}x - \frac{1}{3}y.$
固有値 $a = -1$.
(x-平面上での流れ.)

x-平面上での流れは, u-平面上での流れを写像 $x = Pu$ で写したものとなる. 図 4.8 は $a < 0$ の場合の, x-平面上での流れを表している.

4.3.3 複素共役な 2 つの虚根を持つ場合

固有方程式の複素共役な 2 つの虚根を $a+bi, a-bi, b>0$ とする. 複素固有値 $a+bi$ に対する複素固有ベクトルを $z \neq \mathbf{0}$ とする.

$$A z = (a+bi)z, \qquad z \in \mathbb{C}^2. \tag{4.40}$$

z の実部及び虚部をそれぞれ p, q とする. p, q は $\mathbb{R}^2$ の元として, 1 次独立であることが示せる. $P = (p, q)$ とおくと, P は正則行列であり,

$$Az = (a+bi)z \tag{4.41}$$

$\iff$

$$Ap + Aqi = (ap - bq) + (aq + bp)i \tag{4.42}$$

$\iff$

$$\begin{cases} Ap = ap - bq \\ Aq = aq + bp \end{cases} \tag{4.43}$$

$\iff$

$$A(p, q) = (p, q)\begin{pmatrix} a & b \\ -b & a \end{pmatrix} \tag{4.44}$$

$\iff$

$$AP = P\begin{pmatrix} a & b \\ -b & a \end{pmatrix} \tag{4.45}$$

$\iff$

$$P^{-1}AP = \begin{pmatrix} a & b \\ -b & a \end{pmatrix} \tag{4.46}$$

が成立する. $\begin{pmatrix} a & b \\ -b & a \end{pmatrix}$ を A の実 Jordan 標準形という. $u = \begin{pmatrix} u \\ v \end{pmatrix} \in \mathbb{R}^2$ として, 座標変換

$$x = Pu \tag{4.47}$$

による u-平面上でのベクトル場の様子を先ず調べる.

$$\dot{\boldsymbol{u}} = P^{-1}\dot{\boldsymbol{x}} = P^{-1}A\boldsymbol{x} = P^{-1}AP\boldsymbol{u} = \begin{pmatrix} a & b \\ -b & a \end{pmatrix} \boldsymbol{u} \quad (4.48)$$

より，$\boldsymbol{u}$-平面上でのベクトル場は

$$\dot{\boldsymbol{u}} = \begin{pmatrix} a & b \\ -b & a \end{pmatrix} \boldsymbol{u} \quad (4.49)$$

$$\iff \begin{cases} \dot{u} = au - bv \\ \dot{v} = bu + av \end{cases} \quad (4.50)$$

で与えられる．$t = 0$ のとき $(u, v) = (u_0, v_0)$ を通る軌道は

$$\begin{cases} u(t) = e^{at}(u_0 \cos bt - v_0 \sin bt) \\ v(t) = e^{at}(u_0 \sin bt + v_0 \cos bt) \end{cases} \quad (4.51)$$

で表される．図 4.9 は，$a < 0$ の場合 $\boldsymbol{u}$-平面でのベクトル場の様子を表し，図 4.10 は，$a = 0$ の場合 $\boldsymbol{u}$-平面でのベクトル場の様子を表している．

$\boldsymbol{x}$-平面上での流れは，$\boldsymbol{u}$-平面上での流れを写像 $\boldsymbol{x} = P\boldsymbol{u}$ で写したものとなる．図 4.11 は $a < 0$ の場合の，$\boldsymbol{u}$-平面上での流れを表し，図 4.12 は $a = 0$ の

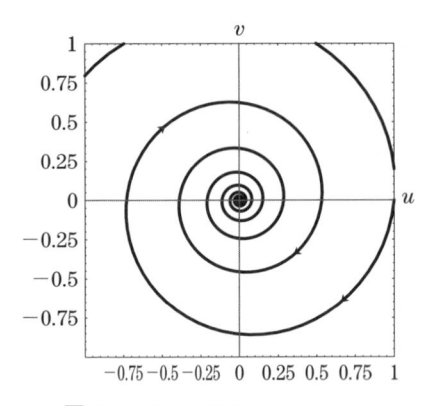

図 4.9　$\dot{u} = -0.1u + v$,
　　　　$\dot{v} = -u - 0.1v$.
　　　　固有値 $-0.1 \pm i$.
　　　　($\boldsymbol{u}$-平面上での流れ.)

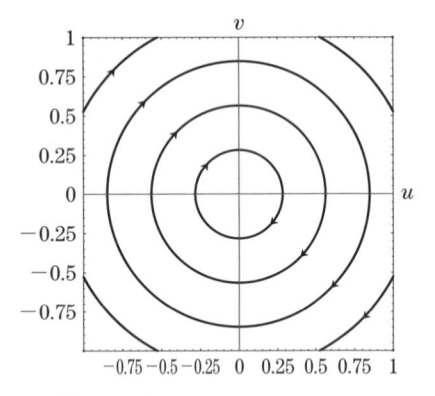

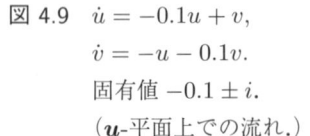

図 4.10　$\dot{u} = v$,
　　　　$\dot{v} = -u$.
　　　　固有値 $\pm i$.
　　　　($\boldsymbol{u}$-平面上での流れ.)

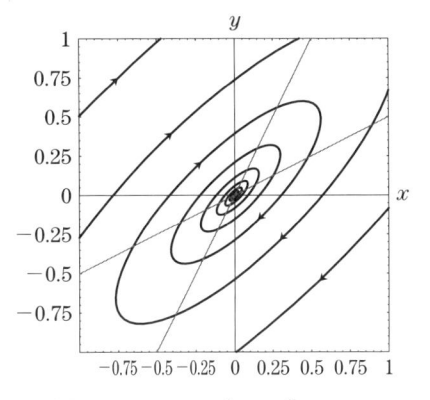

図 4.11 $\dot{x} = -\frac{1}{10}x + \frac{5}{3}y,$
$\dot{y} = -\frac{5}{3}x + \frac{37}{30}y.$
固有値 $-0.1 \pm i$.
($\boldsymbol{x}$-平面上での流れ.)

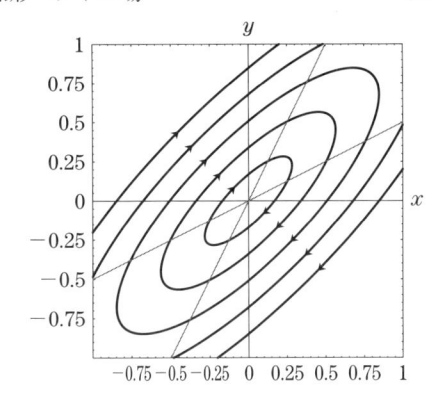

図 4.12 $\dot{x} = -\frac{4}{3}x + \frac{5}{3}y,$
$\dot{y} = -\frac{5}{3}x + \frac{4}{3}y.$
固有値 $\pm i$.
($\boldsymbol{x}$-平面上での流れ.)

場合の，$\boldsymbol{u}$-平面上での流れを表している．

4.4　3次元線形ベクトル場

3次元の線形ベクトル場は

$$A = \begin{pmatrix} a_{11} & a_{12} & a_{13} \\ a_{21} & a_{22} & a_{23} \\ a_{31} & a_{32} & a_{33} \end{pmatrix}$$

を3次正方行列として

$$\dot{\boldsymbol{x}} = A\boldsymbol{x}, \qquad \boldsymbol{x} = \begin{pmatrix} x \\ y \\ z \end{pmatrix} \in \mathbb{R}^3 \tag{4.52}$$

$$\iff \begin{pmatrix} \dot{x} \\ \dot{y} \\ \dot{z} \end{pmatrix} = \begin{pmatrix} a_{11} & a_{12} & a_{13} \\ a_{21} & a_{22} & a_{23} \\ a_{31} & a_{32} & a_{33} \end{pmatrix} \begin{pmatrix} x \\ y \\ z \end{pmatrix} \tag{4.53}$$

$$\iff \begin{cases} \dot{x} = a_{11}x + a_{12}y + a_{13}z \\ \dot{y} = a_{21}x + a_{22}y + a_{23}z \\ \dot{z} = a_{31}x + a_{32}y + a_{33}z \end{cases} \tag{4.54}$$

で定義される．A の固有多項式は

$$f_A(\lambda) = \det(\lambda I - A) \tag{4.55}$$

$$= \begin{vmatrix} \lambda - a_{11} & -a_{12} & -a_{13} \\ -a_{21} & \lambda - a_{22} & -a_{23} \\ -a_{31} & a_{32} & \lambda - a_{33} \end{vmatrix} \tag{4.56}$$

となる．固有方程式は，3 次方程式

$$\begin{aligned} & \lambda^3 - (a_{11} + a_{22} + a_{33})\lambda^2 \\ & + (a_{11}a_{22} + a_{22}a_{33} + a_{33}a_{11} - a_{12}a_{21} - a_{23}a_{32} - a_{13}a_{31})\lambda \\ & - (a_{11}a_{22}a_{33} + a_{12}a_{23}a_{31} + a_{13}a_{21}a_{32} \\ & \quad - a_{11}a_{23}a_{32} - a_{13}a_{22}a_{31} - a_{12}a_{21}a_{33}) \\ & = 0 \end{aligned} \tag{4.57}$$

となる．固有方程式の根のタイプによって次の 4 つの場合に分ける．

1. 固有方程式は相異なる 3 つの実根を持つ．
2. 固有方程式は 1 つの実根と 1 つの 2 重根を持つ．
3. 固有方程式は 1 つの実根と複素共役な 2 つの虚根を持つ．
4. 固有方程式は 1 つの 3 重根を持つ．

この 4 つの場合に，それぞれベクトル場の様子を見る．

4.4.1 相異なる 3 つの実根を持つ場合

固有方程式の相異なる 3 つの実根を $a, b, c, \ a < b < c$ とする．適当な正則行列 P によって，A は次の Jordan 行列に変換される．

$$P^{-1}AP = \begin{pmatrix} a & 0 & 0 \\ 0 & b & 0 \\ 0 & 0 & c \end{pmatrix}. \tag{4.58}$$

4.4 3次元線形ベクトル場

$t=0$ のとき $(u,v,w)=(u_0,v_0,w_0)$ を通る軌道は

$$\begin{cases} u(t)=e^{at}u_0 \\ v(t)=e^{bt}v_0 \\ w(t)=e^{ct}w_0 \end{cases} \quad (4.59)$$

で表される．a,b,c の符号により $\boldsymbol{u}$-空間でのベクトル場の様子は次のようになる．(但し，$a,b,c=0$ の場合は省略する．) 図 4.13 は $a<b<c<0$ の場合の例である ($a=-4,b=-2,c=-1$)．図 4.14 は $a<b<0<c$ の場合の例である ($a=-2,b=-1,c=1$)．これは u 軸上での 1 次元ベクトル場 $\dot{u}=au$ の動き，v 軸上での 1 次元ベクトル場 $\dot{v}=bv$ の動き，及び w 軸上での 1 次元ベクトル場 $\dot{w}=cw$ の動きを合成したものである．

図の中の灰色線は $(u,v),(v,w),(w,u)$-座標平面上の軌道を表し，黒線は座標平面上にはない点を通る軌道を表している．今の場合，座標平面への軌道の射影は座標平面上の軌道に一致している．

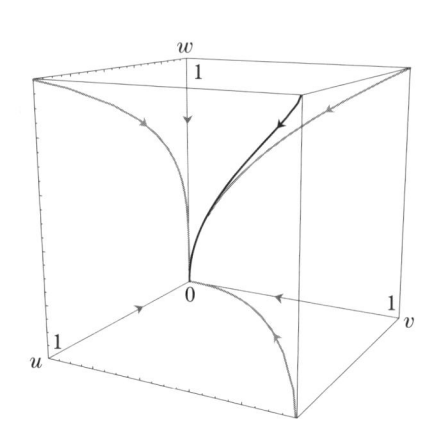

図 4.13 $\dot{u}=-4u,$
$\dot{v}=-2v,$
$\dot{w}=-w.$
固有値 $-4,-2,-1$.
($\boldsymbol{u}$-空間での流れ．)

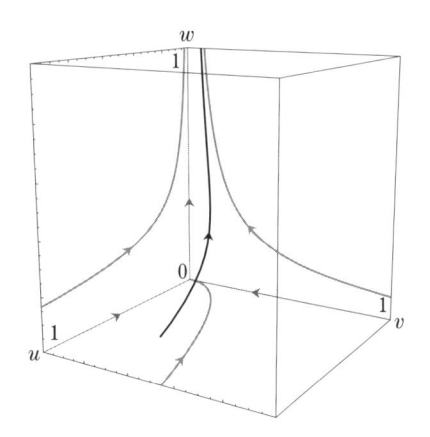

図 4.14 $\dot{u}=-2u,$
$\dot{v}=-v,$
$\dot{w}=w.$
固有値 $-2,-1,1$.
($\boldsymbol{u}$-空間での流れ．)

4.4.2　1つの実根と1つの2重根を持つ場合

固有方程式の1つの2重根を a, 1つの実根を c とする．固有値 a の固有ベクトルを $\boldsymbol{p} \neq \boldsymbol{0}$ とすると

$$(aI - A)\boldsymbol{p} \neq \boldsymbol{0} \tag{4.60}$$

であり，固有値 a は

$$\det(aI - A) = 0 \tag{4.61}$$

をみたすから，行列 $(aI - A)$ の階数は1または2である．

(1) 先ず，rank$(aI - A) = 1$ の場合を考える．適当な正則行列 P によって，A は次の Jordan 行列に変換される．

$$P^{-1}AP = \begin{pmatrix} a & 0 & 0 \\ 0 & a & 0 \\ 0 & 0 & c \end{pmatrix}. \tag{4.62}$$

$t = 0$ のとき $(u, v, w) = (u_0, v_0, w_0)$ を通る軌道は

$$\begin{cases} u(t) = e^{at}u_0 \\ v(t) = e^{at}v_0 \\ w(t) = e^{ct}w_0 \end{cases} \tag{4.63}$$

で表される．$c < 0 < a$ の場合の $\boldsymbol{u}$-空間でのベクトル場の様子は図 4.15 のようになる．これは u 軸上での1次元ベクトル場 $\dot{u} = au$ の動き，v 軸上での1次元ベクトル場 $\dot{v} = av$ の動き，及び w 軸上での1次元ベクトル場 $\dot{w} = cw$ の動きを合成したものである．特に，(u, v) 平面上の軌道は直線である．

図の中の灰色線は $(u, v), (v, w), (w, u)$-座標平面上の軌道を表し，黒線は座標平面上にはない点を通る軌道を表している．今の場合，座標平面への軌道の射影は座標平面上の軌道に一致している．

(2) 次に，rank$(aI - A) = 2$ の場合を考える．適当な正則行列 P によって，A は次の Jordan 行列に変換される．

$$P^{-1}AP = \begin{pmatrix} a & 1 & 0 \\ 0 & a & 0 \\ 0 & 0 & c \end{pmatrix}. \tag{4.64}$$

4.4　3次元線形ベクトル場

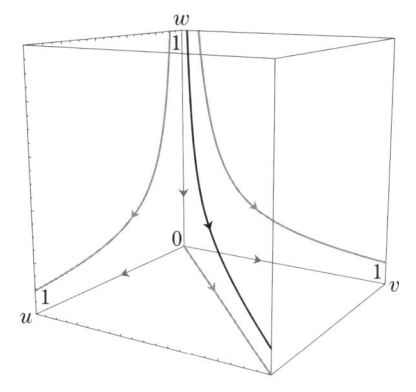

図 4.15　$\dot{u} = 0.5u,$
$\dot{v} = 0.5v,$
$\dot{w} = -0.5w.$
固有値 $0.5, -0.5$.
($\boldsymbol{u}$-空間での流れ.)

$t = 0$ のとき $(u, v, w) = (u_0, v_0, w_0)$ を通る軌道は

$$\begin{cases} u(t) = e^{at}(u_0 + tv_0) \\ v(t) = e^{at}v_0 \\ w(t) = e^{ct}w_0 \end{cases} \quad (4.65)$$

で表される．$\boldsymbol{u}$-空間でのベクトル場の様子は次のようになる．図 4.16 は $a > 0 > c$ の場合の例である ($a = 0.5, c = -0.5$)．図 4.17 は $a < 0 < c$ の場合の例である ($a = -0.5, c = 0.5$)．(u, v)-平面と (w, u)-平面は不変であるが，(v, w)-平面は不変ではない．

図の中の灰色線は $(u, v), (w, u)$-座標平面上の軌道を表し，黒線は座標平面上にはない点を通る軌道を表している．今の場合，軌道の (u, v)-平面への射影は座標平面上の軌道に一致するが，(w, u)-平面への射影は座標平面上の軌道に一致しない．

4.4.3　1つの実根と複素共役な 2 つの虚根を持つ場合

固有方程式の複素共役な 2 つの虚根を $a + bi,\ a - bi,\ b > 0$ とし，1 つの実

図 4.16　$\dot{u} = 0.5u + v,$
　　　　$\dot{v} = 0.5v,$
　　　　$\dot{w} = -0.5w.$
　　　　固有値 $0.5, -0.5$.
　　　　（$\boldsymbol{u}$-空間での流れ.）

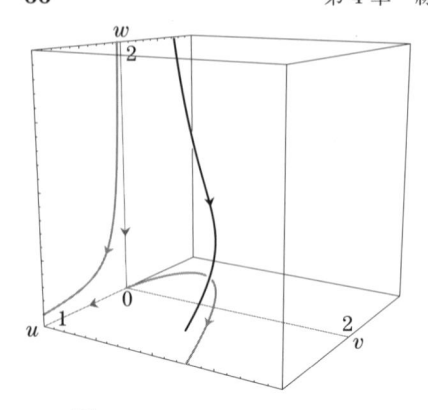

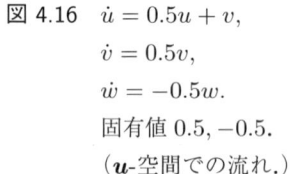

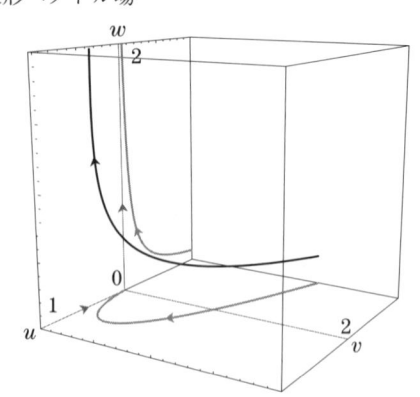

図 4.17　$\dot{u} = -0.5u + v,$
　　　　$\dot{v} = -0.5v,$
　　　　$\dot{w} = 0.5w.$
　　　　固有値 $-0.5, 0.5$.
　　　　（$\boldsymbol{u}$-空間での流れ.）

根を c とする．適当な正則行列 P によって，A は次の実 Jordan 行列に変換される．

$$P^{-1}AP = \begin{pmatrix} a & b & 0 \\ -b & a & 0 \\ 0 & 0 & c \end{pmatrix} \tag{4.66}$$

$t = 0$ のとき $(u, v, w) = (u_0, v_0, w_0)$ を通る軌道は

$$\begin{cases} u(t) = e^{at}(u_0 \cos bt - v_0 \sin bt) \\ v(t) = e^{at}(u_0 \sin bt + v_0 \cos bt) \\ w(t) = e^{ct} w_0 \end{cases} \tag{4.67}$$

で表される．$\boldsymbol{u}$-空間でのベクトル場の様子は次のようになる．図 4.18 は $a < 0 < c$ の場合の例である（$a = -0.04, c = 0.06$）．図 4.19 は $a < c < 0$ の場合の例である（$a = -0.04, c = -0.02$）．図 4.20 は $c < a < 0$ の場合の例である（$a = -0.04, c = -0.1$）．

4.4 3次元線形ベクトル場

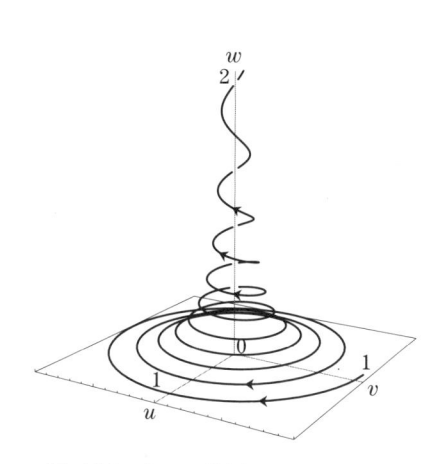

図 4.18 $\dot{u} = -0.04u + v,$
$\dot{v} = -u - 0.04v,$
$\dot{w} = 0.06w.$
固有値 $-0.04 \pm i, 0.06.$
($\boldsymbol{u}$-空間での流れ.)

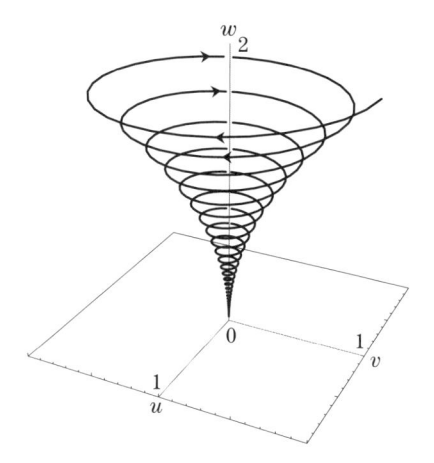

図 4.19 $\dot{u} = -0.04u + v,$
$\dot{v} = -u - 0.04v,$
$\dot{w} = -0.02w.$
固有値 $-0.04 \pm i, -0.02.$
($\boldsymbol{u}$-空間での流れ.)

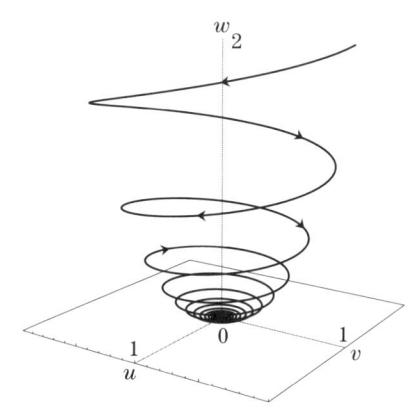

図 4.20 $\dot{u} = -0.04u + v,$
$\dot{v} = -u - 0.04v,$
$\dot{w} = -0.1w.$
固有値 $-0.04 \pm i, -0.1.$
($\boldsymbol{u}$-空間での流れ.)

4.4.4 1つの3重根を持つ場合

固有方程式の1つの3重根を a とする．行列 $(aI - A)$ の階数は 0,1 または 2 である．

(1) 先ず，$\mathrm{rank}(aI - A) = 0$ の場合を考える．適当な正則行列 P によって，A は次の Jordan 行列に変換される．（実は，A は最初からこの形でしかありえない．）

$$P^{-1}AP = \begin{pmatrix} a & 0 & 0 \\ 0 & a & 0 \\ 0 & 0 & a \end{pmatrix}. \tag{4.68}$$

$t = 0$ のとき $(u, v, w) = (u_0, v_0, w_0)$ を通る軌道は

$$\begin{cases} u(t) = e^{at}u_0 \\ v(t) = e^{at}v_0 \\ w(t) = e^{at}w_0 \end{cases} \tag{4.69}$$

で表される．演習問題として，$\boldsymbol{u}$-空間でのベクトル場の様子を描いて欲しい．原点以外の全ての軌道は直線である．

(2) 次に，$\mathrm{rank}(aI - A) = 1$ の場合を考える．適当な正則行列 P によって，A は次の Jordan 行列に変換される．

$$P^{-1}AP = \begin{pmatrix} a & 1 & 0 \\ 0 & a & 0 \\ 0 & 0 & a \end{pmatrix} \tag{4.70}$$

$t = 0$ のとき $(u, v, w) = (u_0, v_0, w_0)$ を通る軌道は

$$\begin{cases} u(t) = e^{at}(u_0 + tv_0) \\ v(t) = e^{at}v_0 \\ w(t) = e^{at}w_0 \end{cases} \tag{4.71}$$

で表される．$a > 0$ の場合の $\boldsymbol{u}$-空間でのベクトル場の様子は図 4.21 のようになる．(u, v)-平面と (w, u)-平面は不変であるが，(v, w)-平面は不変ではない．

図の中の灰色線は $(u, v), (w, u)$-座標平面上の軌道を表し，黒線は座標平面上にはない点を通る軌道を表している．今の場合，軌道の (u, v)-平面への射影は

4.4 3次元線形ベクトル場

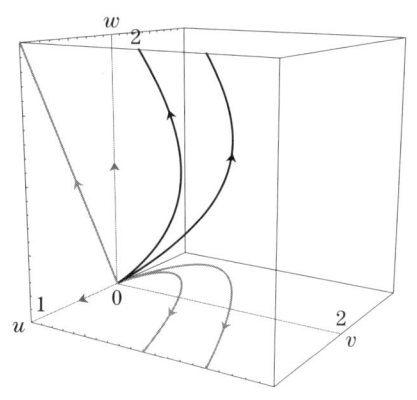

図 4.21 $\dot{u} = 0.5u + v,$
$\dot{v} = 0.5v,$
$\dot{w} = 0.5w.$
固有値 0.5.
($\boldsymbol{u}$-空間での流れ.)

座標平面上の軌道に一致するが，(w, u)-平面への射影は座標平面上の軌道に一致しない．(w, u)-平面上の軌道は直線である．

(3) 最後に，$\mathrm{rank}(aI - A) = 2$ の場合を考える．適当な正則行列 P によって，A は次の Jordan 行列に変換される．

$$P^{-1}AP = \begin{pmatrix} a & 1 & 0 \\ 0 & a & 1 \\ 0 & 0 & a \end{pmatrix}. \tag{4.72}$$

$t = 0$ のとき $(u, v, w) = (u_0, v_0, w_0)$ を通る軌道は

$$\begin{cases} u(t) = e^{at}(u_0 + tv_0 + \frac{t^2}{2!}w_0) \\ v(t) = e^{at}(v_0 + tw_0) \\ w(t) = e^{at}w_0 \end{cases} \tag{4.73}$$

で表される．$a > 0$ の場合の $\boldsymbol{u}$-空間でのベクトル場の様子は図 4.22 のようになる．$a < 0$ の場合の $\boldsymbol{u}$-空間でのベクトル場の様子は図 4.23 のようになる．(u, v)-平面は不変であるが，(w, u)-平面と (v, w)-平面は不変ではない．

図の中の灰色線は (u,v)-平面上の軌道を表し，黒線は座標平面上にはない点を通る軌道を表している．今の場合，軌道の (u,v)-平面への射影は座標平面上の軌道に一致しない．

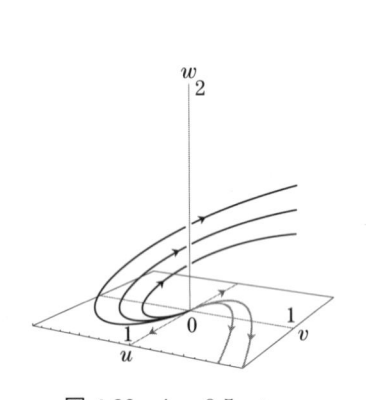

図 4.22　$\dot{u} = 0.5u + v,$
　　　　$\dot{v} = 0.5v + w,$
　　　　$\dot{w} = 0.5w.$
　　　　固有値 0.5.
　　　　($\boldsymbol{u}$-空間での流れ．)

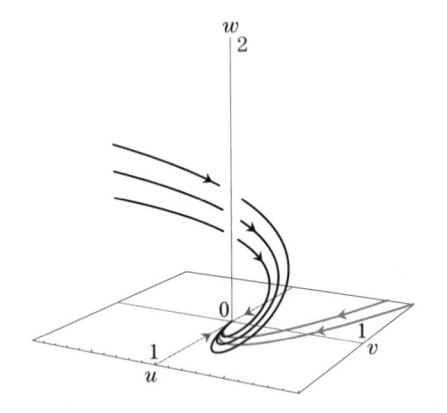

図 4.23　$\dot{u} = -0.5u + v,$
　　　　$\dot{v} = -0.5v + w,$
　　　　$\dot{w} = -0.5w.$
　　　　固有値 -0.5.
　　　　($\boldsymbol{u}$-空間での流れ．)

第 5 章
線形写像

　この章の目的は，線形写像の振舞いを理解することである．線形写像の理解は，非線形写像の不動点・周期点の分岐と非線形ベクトル場の周期軌道の分岐を理解するために必要である．

5.1　はじめに

　非線形力学系を理解するためには，線形力学系，すなわち，線形ベクトル場と線形写像についての理解が不可欠である．特に，非線形ベクトル場の平衡点の分岐を理解するには線形ベクトル場の理解が必要である．また，非線形写像の不動点・周期点の分岐と非線形ベクトル場の周期軌道の分岐を理解するには線形写像の理解が必要である．前章では線形ベクトル場の振舞いを説明した．この章では 1 次元，2 次元の線形写像の振舞いを説明する．

定義 5.1 A を n 次正方行列とする．

$$\bm{x} \mapsto A\bm{x}, \quad \bm{x} \in \mathbb{R}^n \tag{5.1}$$

で定義される $\mathbb{R}^n$ 上の離散時間力学系を線形離散時間力学系または**線形写像**という．

5.2 1次元線形写像

1次元の線形写像は，a を実数の定数として

$$x \mapsto ax, \quad x \in \mathbb{R} \tag{5.2}$$

で定義される．$t = 0$ のとき $x = x_0$ を通る軌道は

$$x(t) = a^t x_0, \qquad t = 0, \pm 1, \pm 2, \cdots \tag{5.3}$$

で表される．t は離散的時間として整数値をとる．a の符号及び絶対値により，拡大相空間 $\mathbb{R} \times \mathbb{R}$ での軌道，及び相空間 $\mathbb{R}$ 上での軌道の様子は次のようになる．

5.2.1 $a > 1$ の場合

$x(t)$ は原点 0 に関して，初期値 x_0 と同じ側に発散する．図 5.1 は $a = 1.25$ の場合の例である．

5.2.2 $a = 1$ の場合

相空間 $\mathbb{R}$ 上の全ての点は不動点である．

5.2.3 $0 < a < 1$ の場合

$x(t)$ は原点 0 に関して，初期値 x_0 と同じ側から原点に収束する．図 5.2 は $a = 0.8$ の場合の例である．

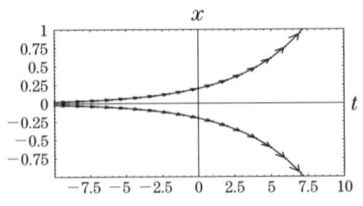

図 5.1　$x \mapsto 1.25x$．1次元線形写像．

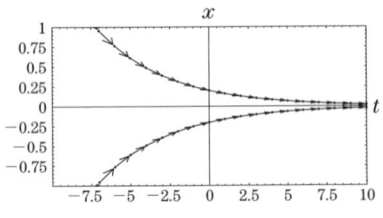

図 5.2　$x \mapsto 0.8x$．1次元線形写像．

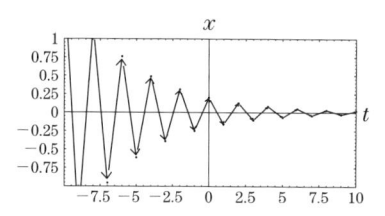

図 5.3 $x \mapsto -0.8x$. 1次元線形写像. 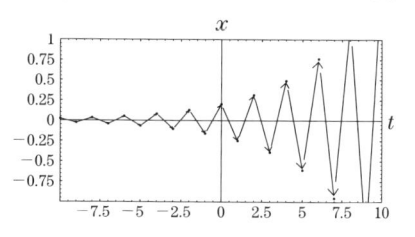　　　図 5.4 $x \mapsto -1.25x$. 1次元線形写像.

5.2.4 $a = 0$ の場合

相空間 $\mathbb{R}$ 上の全ての点は 1 回で原点に写される．原点は不動点である．

5.2.5 $-1 < a < 0$ の場合

$x(t)$ は原点 0 の両側を振動しながら原点に収束する．図 5.3 は $a = -0.8$ の場合の例である．

5.2.6 $a = -1$ の場合

原点は不動点で，それ以外の点は全て 2 周期点である．

5.2.7 $a < -1$ の場合

原点以外の点は原点の両側を振動しながら無限遠に発散する．図 5.4 は $a = -1.25$ の場合の例である．

5.3 2次元線形写像

2次元の線形写像は

$$A = \begin{pmatrix} a_{11} & a_{12} \\ a_{21} & a_{22} \end{pmatrix}$$

を 2 次正方行列として

$$\boldsymbol{x} \mapsto A\boldsymbol{x}, \quad \boldsymbol{x} \in \mathbb{R}^2 \tag{5.4}$$

で定義される．成分に分解して，次のように表すこともできる．

第 5 章　線形写像

$$\boldsymbol{x}(t+1) = A\boldsymbol{x}(t), \qquad \boldsymbol{x}(t) = \begin{pmatrix} x(t) \\ y(t) \end{pmatrix} \in \mathbb{R}^2 \tag{5.5}$$

$$\Longleftrightarrow \begin{pmatrix} x(t+1) \\ y(t+1) \end{pmatrix} = \begin{pmatrix} a_{11} & a_{12} \\ a_{21} & a_{22} \end{pmatrix} \begin{pmatrix} x(t) \\ y(t) \end{pmatrix} \tag{5.6}$$

$$\Longleftrightarrow \begin{cases} x(t+1) = a_{11}x(t) + a_{12}y(t) \\ y(t+1) = a_{21}x(t) + a_{22}y(t) \end{cases} \tag{5.7}$$

A の実 Jordan 標準形は次の 4 つの場合に分かれる．
1. 固有方程式は相異なる 2 つの実根を持つ場合．
2. 固有方程式は 1 つの重根 a を持ち，$\mathrm{rank}(aI - A) = 0$ の場合．
3. 固有方程式は 1 つの重根 a を持ち，$\mathrm{rank}(aI - A) = 1$ の場合．
4. 固有方程式は複素共役な 2 つの虚根 $a \pm bi$ $(b > 0)$ を持つ場合．

この 4 つの場合に，それぞれ軌道の様子を見る．

5.3.1　相異なる 2 つの実根 $a > b$ を持つ場合

実 Jordan 標準形は $\begin{pmatrix} a & 0 \\ 0 & b \end{pmatrix}$ となる．$t = 0$ のとき $(x, y) = (x_0, y_0)$ を通る軌道は

$$\begin{cases} x(t) = a^t x_0 \\ y(t) = b^t y_0, \qquad t = 0, \pm 1, \pm 2, \cdots \end{cases} \tag{5.8}$$

で表される．$a, b > 0$ のとき，t を消去すると，$x = x(t)$ と $y = y(t)$ がみたす方程式は

$$\log_a \left(\frac{x}{x_0} \right) = \log_b \left(\frac{y}{y_0} \right) \tag{5.9}$$

となる．

a, b の符号及び絶対値により，相空間 $\mathbb{R}^2$ 上での軌道の様子は変化する．図 5.5 は $a = 0.8, b = 0.9$ の場合の例である．図 5.6 は $a = 0.8, b = 1.25$ の場合の例である．図 5.7 は $a = -0.8, b = 1.25$ の場合の例である．図 5.8 は $a = -0.8, b = -1.25$ の場合の例である．

5.3 2次元線形写像

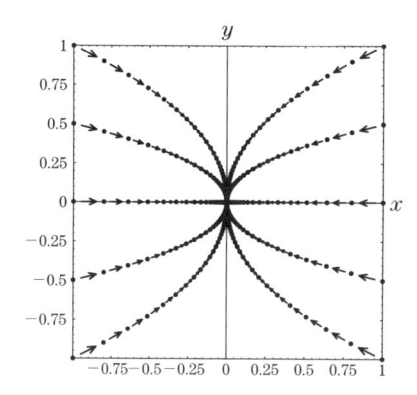

図 5.5 $x \mapsto 0.8x,\ y \mapsto 0.9y$.
相異なる2つの実根 a, b を持つ場合.

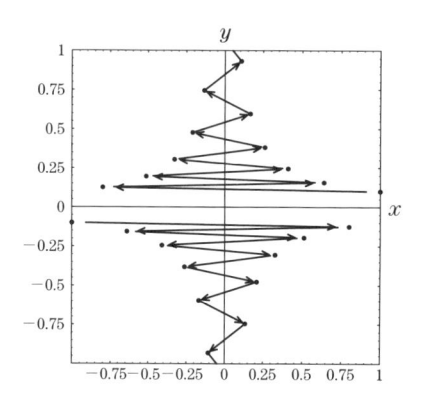

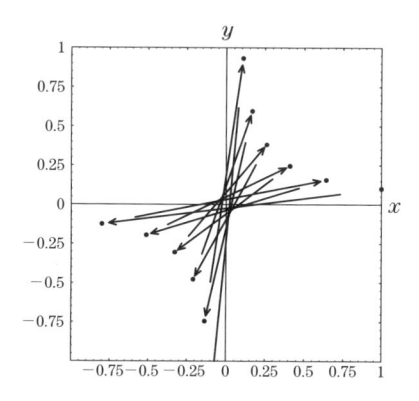

図 5.6 $x \mapsto 0.8x,\ y \mapsto 1.25y$.
相異なる2つの実根 a, b を持つ場合.

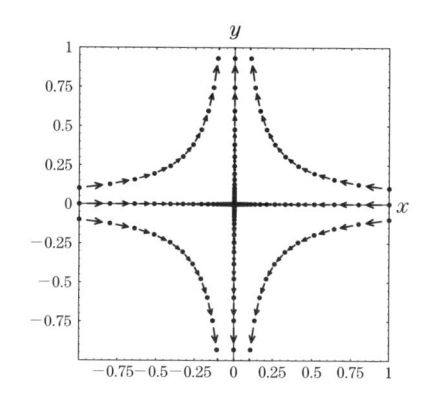

図 5.7 $x \mapsto -0.8x,\ y \mapsto 1.25y$.
相異なる2つの実根 a, b を持つ場合.

図 5.8 $x \mapsto -0.8x,\ y \mapsto -1.25y$.
相異なる2つの実根 a, b を持つ場合.

5.3.2 1つの重根 a を持ち，$\mathrm{rank}(aI - A) = 0$ の場合

実 Jordan 標準形は $\begin{pmatrix} a & 0 \\ 0 & a \end{pmatrix}$ となる．$t = 0$ のとき $(x, y) = (x_0, y_0)$ を通る軌道は

$$\begin{cases} x(t) = a^t x_0 \\ y(t) = a^t y_0, \qquad t = 0, \pm 1, \pm 2, \cdots \end{cases} \tag{5.10}$$

で表される．演習問題として，相空間 $\mathbb{R}^2$ 上での軌道の様子を描いて欲しい．

5.3.3 1つの重根 a を持ち，$\mathrm{rank}(aI - A) = 1$ の場合

実 Jordan 標準形は $\begin{pmatrix} a & 1 \\ 0 & a \end{pmatrix}$ となる．$t = 0$ のとき $(x, y) = (x_0, y_0)$ を通る軌道は

$$\begin{cases} x(t) = a^t x_0 + t a^{t-1} y_0 \\ y(t) = a^t y_0, \qquad t = 0, \pm 1, \pm 2, \cdots \end{cases} \tag{5.11}$$

で表される．a の符号及び絶対値により，相空間 $\mathbb{R}^2$ 上での軌道の様子は変化する．図 5.9，図 5.10，及び図 5.11 はそれぞれ $a = 0.6$，$a = 1.0$，$a = 1.5$ の場合の例である．

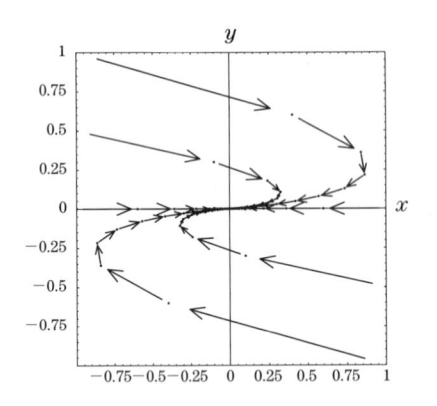

図 5.9　$x \mapsto 0.6x + y, y \mapsto 0.6y$. 1つの重根 $a = 0.6$ を持つ場合．

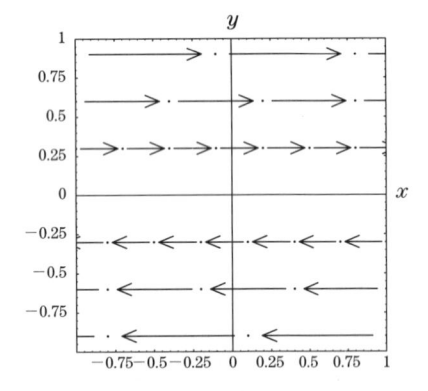

図 5.10　$x \mapsto x + y, y \mapsto y$. 1つの重根 $a = 1$ を持つ場合．

5.3 2次元線形写像

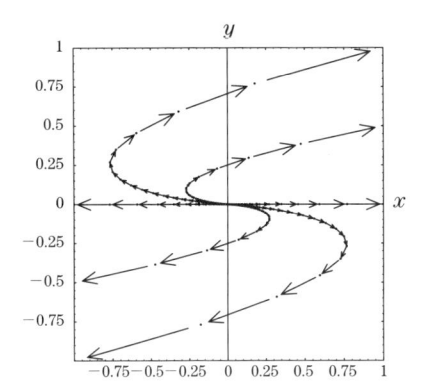

図 5.11 $x \mapsto 1.5x + y$, $y \mapsto 1.5y$.
1つの重根 $a = 1.5$ を持つ場合.

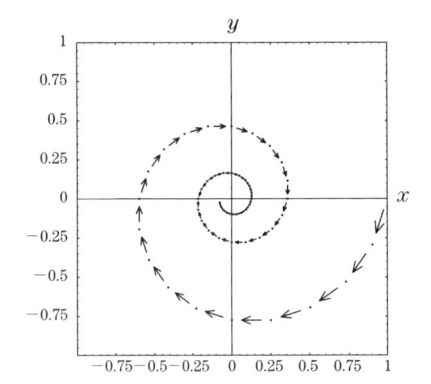

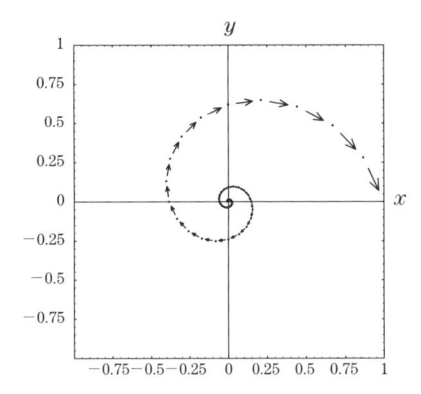

図 5.12 $x \mapsto 0.95(x\cos(\pi/10) + y\sin(\pi/10))$,
$y \mapsto 0.95(-x\sin(\pi/10) + y\cos(\pi/10))$.
複素共役な2つの虚根を持つ場合.

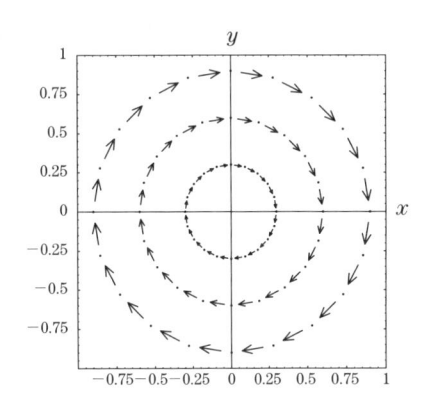

図 5.13 $x \mapsto (x\cos(\pi/10) + y\sin(\pi/10))$,
$y \mapsto (-x\sin(\pi/10) + y\cos(\pi/10))$.
複素共役な2つの虚根を持つ場合.

図 5.14 $x \mapsto 1.1(x\cos(\pi/10) + y\sin(\pi/10))$,
$y \mapsto 1.1(-x\sin(\pi/10) + y\cos(\pi/10))$.
複素共役な2つの虚根を持つ場合.

5.3.4 複素共役な 2 つの虚根 $a \pm bi$ $(b > 0)$ を持つ場合

実 Jordan 標準形は $\begin{pmatrix} a & b \\ -b & a \end{pmatrix}$ となる. 実数 r, θ を

$$r = \sqrt{a^2 + b^2}, \quad \cos\theta = \frac{a}{r}, \quad \sin\theta = \frac{b}{r} \tag{5.12}$$

によって定義すると, $t = 0$ のとき $(x, y) = (x_0, y_0)$ を通る軌道は

$$\begin{cases} x(t) = r^t(x_0 \cos\theta t + y_0 \sin\theta t) \\ y(t) = r^t(-x_0 \sin\theta t + y_0 \cos\theta t), \end{cases} \quad t = 0, \pm 1, \pm 2, \cdots \tag{5.13}$$

で表される. r の絶対値により, 相空間 $\mathbb{R}^2$ 上での軌道の様子は変化する. 図 5.12 は $r = 0.95, \theta = \pi/10$ の場合の例である. 図 5.13 は $r = 1, \theta = \pi/10$ の場合の例である. 図 5.14 は $r = 1.1, \theta = \pi/10$ の場合の例である.

第 6 章
ベクトル場の平衡点の分岐

　この章の目的はベクトル場の平衡点の分岐について述べ,分岐のリストを与えることである.具体的には,サドル・ノード分岐,トランスクリティカル分岐,ピッチフォーク分岐,ホップ分岐について説明する.

6.1　はじめに ― 分岐現象とは ―

　この章ではパラメータを持つ力学系を扱う.パラメータを変化させたとき力学系の振舞いが質的に変化する現象を**分岐現象**という.第 1 章で支台に周期的変位を加えた振り子について,変位の大きさを変えたとき,振舞いに質的変化が生じる現象として,分岐現象を紹介した.ここでは,さらに分岐現象の理解を助けるために,次の 2 次元自律ベクトル場の例を見てみよう.

　μ をパラメータに持つ微分方程式

$$\begin{cases} \dot{x} = y + \mu x - x^3 \\ \dot{y} = -x \end{cases} \tag{6.1}$$

で定義されるベクトル場を考える.ここで,$\dot{} = \frac{d}{dt}$ である.$\mu = -1.0$ のとき,ベクトル場は図 6.1(左)のように原点に安定な平衡点を持つ.μ の値を増加させても,$\mu < 0$ の範囲ではベクトル場に質的な変化はない.μ が 0 を超え,$\mu > 0$ となると原点は不安定平衡点となり,その周囲に周期軌道が発生する.

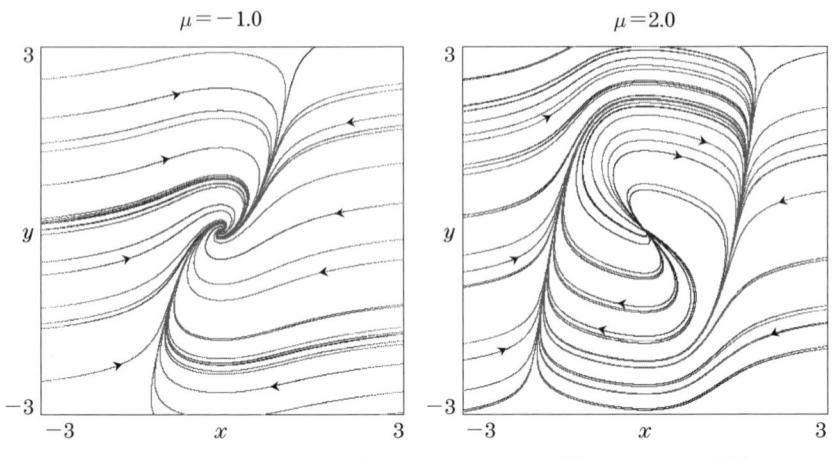

図 6.1（右）は $\mu = 2.0$ の様子を示している．

このようにパラメータを変化させるとき，ある値を境にその前後でベクトル場の様子が質的に変化するとき，力学系は分岐を起こしたという．この章では，ベクトル場の平衡点の分岐現象について述べる．次の章では，写像の周期点およびベクトル場の周期軌道の分岐現象について述べる．

定義 6.1 パラメータ $\mu \in \mathbb{R}^p$ を持つベクトル場

$$\dot{\boldsymbol{x}} = f(\boldsymbol{x}, \mu), \quad \boldsymbol{x} \in \mathbb{R}^n \tag{6.2}$$

を考える．$\mu = \mu_0$ のとき $\boldsymbol{x} = \boldsymbol{x}_0$ が平衡点であるとする．

$$f(\boldsymbol{x}_0, \mu_0) = \boldsymbol{0}. \tag{6.3}$$

$\boldsymbol{x}_0$ において線形化して得られる線形ベクトル場

$$\dot{\boldsymbol{u}} = A\boldsymbol{u}, \quad \boldsymbol{u} \in \mathbb{R}^n, \tag{6.4}$$

$$A = D_{\boldsymbol{x}} f(\boldsymbol{x}_0, \mu_0) = \left(\frac{\partial f_i}{\partial x_j}(\boldsymbol{x}_0, \mu_0) \right)_{1 \leq i,j \leq n} \tag{6.5}$$

において A のどの固有値も虚軸上にないとき，平衡点 $\boldsymbol{x}_0$ は**双曲型**であるとい

う．x_0 が双曲型で A の全ての固有値の実部が負であるとき，x_0 は**安定**であるという．x_0 が双曲型で A の少なくとも 1 つの固有値の実部が正であるとき，x_0 は**不安定**であるという．

次の定理はベクトル場の平衡点が分岐を起こさないための十分条件を与えている．

定理 6.1 $\mu = \mu_0$ において平衡点 x_0 が双曲型であれば，パラメータ μ を μ_0 の近傍で変化させるとき，平衡点は持続して，安定性の型は変化しない．

したがって，ベクトル場の平衡点の分岐を考えるには，$\mu = 0$ のとき，原点に非双曲型平衡点を持つ場合を考えればよい．

6.2　1次元ベクトル場のサドル・ノード分岐

1 次元ベクトル場

$$\dot{x} = f(x, \mu) = \mu - x^2, \quad x \in \mathbb{R}, \mu \in \mathbb{R} \tag{6.6}$$

を考える．図 6.2 は μ の値を変化させたときの $f(x,\mu)$ のグラフの変化を示している．この図より，ベクトル場は次の特徴を持つことがわかる．

① $\mu < 0$ のとき：ベクトル場は平衡点を持たない．
② $\mu = 0$ のとき：ベクトル場は $x = 0$ に固有値 0 をもつ平衡点を持つ．
③ $\mu > 0$ のとき：ベクトル場は 2 つの平衡点 $P^+ = (\sqrt{\mu})$ と $P^- = (-\sqrt{\mu})$ を持つ．P^+ の固有値は $f_x(\sqrt{\mu}, \mu) = -2\sqrt{\mu} < 0$ で安定，P^- の固有値は $f_x(-\sqrt{\mu}, \mu) = 2\sqrt{\mu} > 0$ で不安定である．

この様子を (μ, x)-平面で図示すると図 6.3 となる．ここで，実線は安定平衡点の位置を表し，破線は不安定平衡点の位置を表す．

パラメータの変化に伴って（上の例では μ を正から負へと変化させたとして），安定平衡点と不安定平衡点とが接近し，合体し，そして消滅する，このような分岐を**サドル・ノード分岐**という．（この名前は，2 次元ベクトル場での対応する分岐が安定結節点（ノード）と鞍状点（サドル）との合体になることによる．）

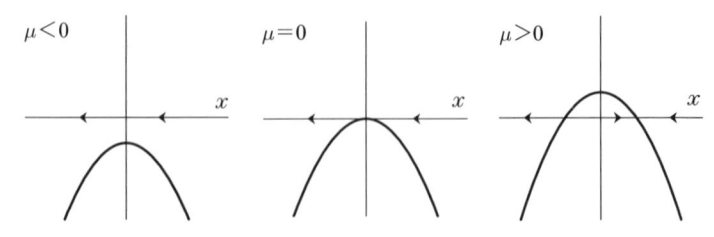

図 6.2　サドル・ノード分岐：$f(x,\mu)$ のグラフの変化.

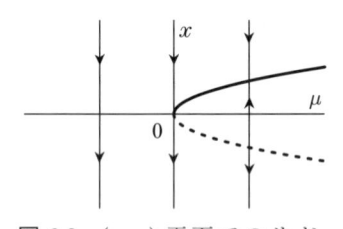

図 6.3　(μ, x)-平面でのサドル・ノード分岐 (1).

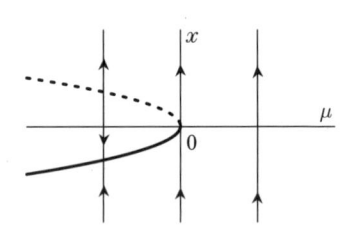

図 6.4　(μ, x)-平面でのサドル・ノード分岐 (2).

一般に 1 次元ベクトル場

$$\dot{x} = f(x, \mu) \tag{6.7}$$

が $f(0,0) = 0, f_x(0,0) = 0$ をみたすとき，

$$f_\mu(0,0) \neq 0, \quad f_{xx}(0,0) \neq 0 \tag{6.8}$$

ならば，$\mu = 0$ のとき $x = 0$ においてサドル・ノード分岐が生じる．

サドル・ノード分岐を生じる 1 次元ベクトル場の標準形は

$$\dot{x} = \mu \mp x^2 \tag{6.9}$$

で与えられる．マイナス符号（−）をとったときの分岐の様子は図 6.3 と同じである．プラス符号（+）をとったときの分岐の様子は図 6.4 のようになる．

1 次元ベクトル場において一般的に観測されるのはサドル・ノード分岐のみであることが知られている．しかし，系に対称性などの拘束条件がある場合には，更に特殊な分岐が観測されることがある．そのようなものとして，トランスクリティカル分岐とピッチフォーク分岐について述べる．

6.3 1次元ベクトル場のトランスクリティカル分岐

これは，ベクトル場 $\dot{x} = f(x,\mu)$ が $x=0$ に常に平衡点を持つという拘束条件

$$f(0,\mu) = 0 \tag{6.10}$$

の下で一般的に生じる分岐である．

1次元ベクトル場

$$\dot{x} = f(x,\mu) = x(\mu - x) \tag{6.11}$$

を考える．図 6.5 は μ の値を変化させたときの $f(x,\mu)$ のグラフの変化を示している．この図より，ベクトル場は次の特徴を持つことがわかる．

① $\mu < 0$ のとき：平衡点 $O = (0)$ は固有値 $\mu < 0$ を持ち安定．平衡点 $P = (\mu)$ は固有値 $-\mu > 0$ を持ち不安定．
② $\mu = 0$ のとき：平衡点は $O = (0)$ のみで，固有値は 0．
③ $\mu > 0$ のとき：平衡点 $O = (0)$ は固有値 $\mu > 0$ を持ち不安定．平衡点 $P = (\mu)$ は固有値 $-\mu < 0$ を持ち安定．

この様子を (μ, x)-平面で図示すると図 6.6 となる．ここで，実線は安定平衡点の位置を表し，破線は不安定平衡点の位置を表す．

パラメータの変化に伴って，平衡点 O に他の平衡点 P がぶつかり，通過し，平衡点 O は安定から不安定に，平衡点 P は不安定から安定に，それぞれ安定性の交替が起きたように見える．このような分岐を**トランスクリティカル分岐**または**安定性交替型分岐**という．

一般に1次元ベクトル場

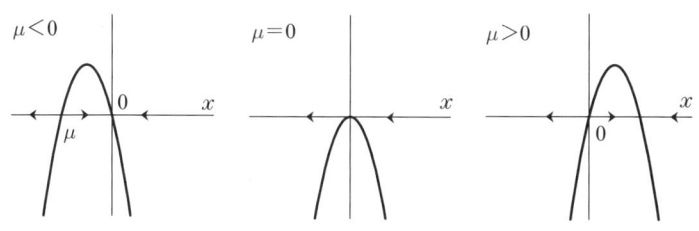

図 6.5　トランスクリティカル分岐：$f(x,\mu)$ のグラフの変化．

図 6.6 (μ, x)-平面でのトランスクリティカル分岐 (1).

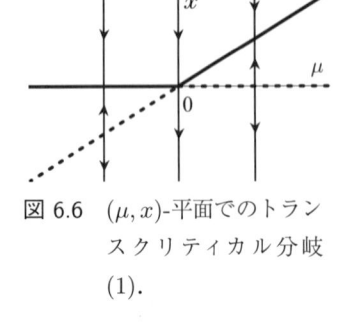

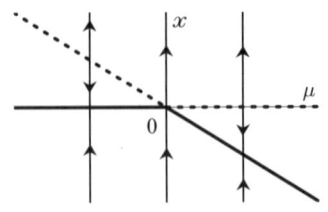

図 6.7 (μ, x)-平面でのトランスクリティカル分岐 (2).

$$\dot{x} = f(x, \mu) \qquad (6.12)$$

が $f(0,0) = 0, f_x(0,0) = 0$ をみたすとき,

$$f_\mu(0,0) = 0, \quad f_{x\mu}(0,0) \neq 0, \quad f_{xx}(0,0) \neq 0 \qquad (6.13)$$

ならば, $\mu = 0$ のとき $x = 0$ においてトランスクリティカル分岐が生じる. トランスクリティカル分岐を生じる 1 次元ベクトル場の標準形は

$$\dot{x} = \mu x \mp x^2 \qquad (6.14)$$

で与えられる. マイナス符号 (−) をとったときの分岐の様子は図 6.6 と同じである. プラス符号 (+) をとったときの分岐の様子は図 6.7 のようになる.

6.4 1 次元ベクトル場のピッチフォーク分岐

これは, ベクトル場 $\dot{x} = f(x, \mu)$ が x に関して奇関数

$$f(-x, \mu) = -f(x, \mu) \qquad (6.15)$$

であるという拘束条件の下で一般的に生じる分岐である. x に関して奇関数であれば, 必然的に原点は平衡点となるから, この拘束条件は前のトランスクリティカル分岐の拘束条件より強い条件である.

1 次元ベクトル場

$$\dot{x} = f(x, \mu) = x(\mu - x^2) \qquad (6.16)$$

6.4 1次元ベクトル場のピッチフォーク分岐

を考える．図6.8は μ の値を変化させたときの $f(x,\mu)$ のグラフの変化を示している．この図より，ベクトル場は次の特徴を持つことがわかる．

① $\mu < 0$ のとき：$x = 0$ に固有値 $\mu < 0$ の安定平衡点 O を持つ．
② $\mu = 0$ のとき：$x = 0$ に固有値 0 の平衡点 O を持つ．
③ $\mu > 0$ のとき：平衡点 $x = 0$ は固有値 $\mu > 0$ を持ち不安定．平衡点 $P^{\pm} = (\pm\sqrt{\mu})$ は固有値 -2μ を持ち安定．

この様子を (μ, x)-平面で図示すると図6.9となる．ここで，実線は安定平衡点の位置を表し，破線は不安定平衡点の位置を表す．

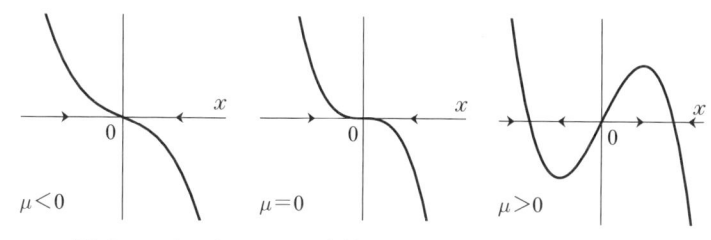

図 6.8 ピッチフォーク分岐：$f(x,\mu)$ のグラフの変化．

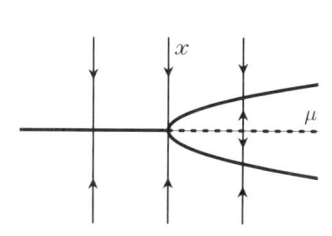

図 6.9 (μ, x)-平面でのピッチフォーク分岐．

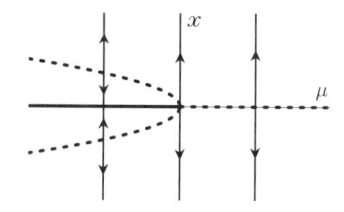

図 6.10 (μ, x)-平面でのピッチフォーク分岐．

パラメータの変化に伴って，安定平衡点 O が不安定化し，その両側に安定な平衡点 $P^{\pm}$ が発生する．このような分岐を**ピッチフォーク分岐**または**熊手型分岐**という．(この名前は (μ, x)-平面での不動点集合が熊手の形に見えることに由来する．) また，時間を反転した力学系も考慮に入れて，不安定平衡点 O が安定化し，その両側に不安定な平衡点 $P^{\pm}$ が発生する分岐も同じ名前で呼ばれる．

一般に 1 次元ベクトル場

$$\dot{x} = f(x, \mu) \tag{6.17}$$

が $f(0,0) = 0, f_x(0,0) = 0$ をみたすとき，

$$f_\mu(0,0) = f_{xx}(0,0) = 0, \quad f_{x\mu}(0,0) \neq 0, \quad f_{xxx}(0,0) \neq 0 \tag{6.18}$$

ならば，$\mu = 0$ のとき $x = 0$ においてピッチフォーク分岐が生じる．

ピッチフォーク分岐を生じる 1 次元ベクトル場の標準形は

$$\dot{x} = \mu x \mp x^3 \tag{6.19}$$

で与えられる．マイナス符号（−）をとったときの分岐の様子は図 6.9 と同じである．プラス符号（+）をとったときの分岐の様子は図 6.10 のようになる．

次に 2 次元ベクトル場の平衡点の分岐について説明する．2 次元ベクトル場

$$\dot{\boldsymbol{x}} = f(\boldsymbol{x}, \mu) = (f_1(x, y, \mu), f_2(x, y, \mu))^T, \tag{6.20}$$

$$\boldsymbol{x} = (x, y)^T \in \mathbb{R}^2, \ \mu \in \mathbb{R} \tag{6.21}$$

を考える．定理 6.1 により，$\mu = 0$ のとき，$\boldsymbol{x} = \boldsymbol{0}$ に非双曲型平衡点を持つ場合を考えればよい．ヤコビ行列

$$A = \begin{pmatrix} (f_1)_x & (f_1)_y \\ (f_2)_x & (f_2)_y \end{pmatrix}(\boldsymbol{0}, 0) \tag{6.22}$$

が，1 つの単純な実固有値が 0 になる場合と，1 組の複素共役固有値が純虚数になる場合とについて述べる．

6.5　2 次元ベクトル場のサドル・ノード分岐

ヤコビ行列 (6.22) が，1 つの単純な実固有値が 0 になる場合を考える．2 次元ベクトル場

$$\begin{cases} \dot{x} = \mu - x^2 \\ \dot{y} = -y \end{cases} \tag{6.23}$$

を考える．

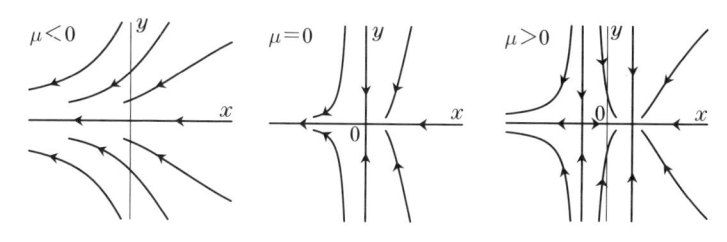

図 6.11 サドル・ノード分岐：x-平面でのベクトル場の変化.

図 6.11 は μ の値を変化させたときの x-平面でのベクトル場の変化を示している．この図より，ベクトル場は次の特徴を持つことがわかる．

① $\mu < 0$ のとき：ベクトル場は平衡点を持たない．
② $\mu = 0$ のとき：ベクトル場は $x = (0,0)$ に固有値 $0, -1$ をもつ平衡点を持つ．線形化行列は

$$A = \begin{pmatrix} 0 & 0 \\ 0 & -1 \end{pmatrix}. \tag{6.24}$$

③ $\mu > 0$ のとき：ベクトル場は2つの平衡点を持つ．平衡点 $P^+ = (+\sqrt{\mu}, 0)$ は固有値 $-2\sqrt{\mu}, -1$ を持ち安定（ノード）．平衡点 $P^- = (-\sqrt{\mu}, 0)$ は固有値 $2\sqrt{\mu}, -1$ を持ち不安定（サドル）．

この様子を (μ, x)-平面で図示すると図 6.12 となる．

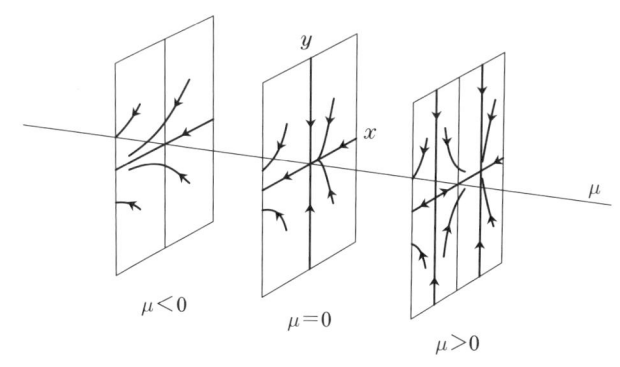

図 6.12 (μ, x)-平面でのサドル・ノード分岐.

パラメータの変化に伴って（上の例では μ を正から負へと変化させたとして），安定平衡点と不安定平衡点とが接近し，合体し，そして消滅する，このような分岐をサドル・ノード分岐という．サドル・ノード分岐の名前は，2次元ベクトル場の場合に，安定結節点（ノード）と鞍状点（サドル）との合体になることによる．上の例のように，この分岐では，双曲性を崩す0固有値が生じたのは x 軸方向の1次元にのみであって，y 軸方向の安定性は変化しなかった．したがって，このサドル・ノード分岐は，本質的に1次元ベクトル場の分岐に帰着できる分岐現象である．一般に低次元ベクトル場の分岐現象は，より高次元のベクトル場の分岐現象として現れる．

6.6　2次元ベクトル場のポアンカレ–アンドロノフ–ホップ分岐

ヤコビ行列 (6.22) で，1組の複素共役固有値が純虚数になる場合を考える．2次元ベクトル場

$$\begin{cases} \dot{x} = \mu x - \omega y - x(x^2 + y^2) \\ \dot{y} = \mu y + \omega x - y(x^2 + y^2) \end{cases} \quad (6.25)$$

を考える．極座標への変換

$$\begin{cases} x = r\cos\theta \\ y = r\sin\theta \end{cases} \quad (6.26)$$

を施すと，

$$\begin{cases} \dot{r} = r(\mu - r^2) \\ \dot{\theta} = \omega \end{cases} \quad (6.27)$$

となる．平衡点 $x = (0, 0)$ における線形化行列は

$$A = \begin{pmatrix} \mu & -\omega \\ \omega & \mu \end{pmatrix}. \quad (6.28)$$

図 6.14 は μ の値を変化させたときの $f(r) = r(\mu - r^2)$ のグラフの変化を示している．また，図 6.13 は μ の値を変化させたときの x-平面でのベクトル場の変化を示している．これらの図より，ベクトル場は次の特徴を持つことがわかる．

6.6　2次元ベクトル場のポアンカレ–アンドロノフ–ホップ分岐　　89

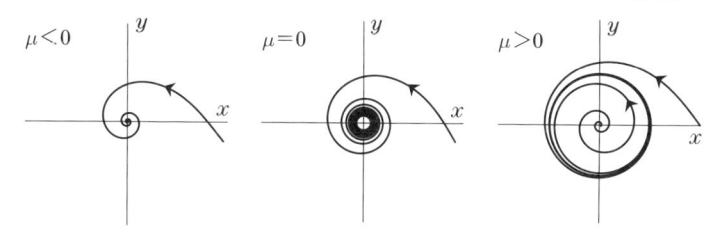

図 6.13　ポアンカレ–アンドロノフ–ホップ分岐：x-平面でのベクトル場の変化.

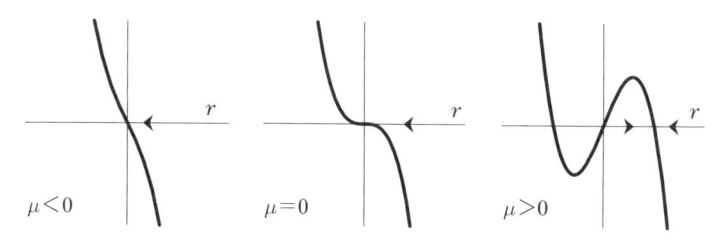

図 6.14　ポアンカレ–アンドロノフ–ホップ分岐：$f(r)$ のグラフの変化.

① $\mu < 0$ のとき：$x = (0,0)$ に複素共役固有値 $\mu \pm i\omega$ をもつ安定平衡点を持つ．
② $\mu = 0$ のとき：$x = (0,0)$ に共役な純虚数固有値 $\pm i\omega$ をもつ平衡点を持つ．
③ $\mu > 0$ のとき：$x = (0,0)$ に複素共役固有値 $\mu \pm i\omega$ をもつ不安定平衡点を持つ．その周囲に，安定な周期軌道を持つ．

この様子を (μ, x)-空間で図示すると図 6.15 となる．

複素共役固有値を持つ平衡点において，パラメータの変化に伴って，複素共役固有値が虚軸を横切り，安定平衡点が不安定化し，その周囲に安定周期軌道が発生する分岐を**ポアンカレ–アンドロノフ–ホップ分岐**という．また，時間を反転した力学系も考慮に入れて，不安定平衡点が安定化し，その周囲に不安定周期軌道が発生する分岐も同じ名前で呼ばれる．

ポアンカレ–アンドロノフ–ホップ分岐を生じる2次元ベクトル場の標準形は，極座標表示で，

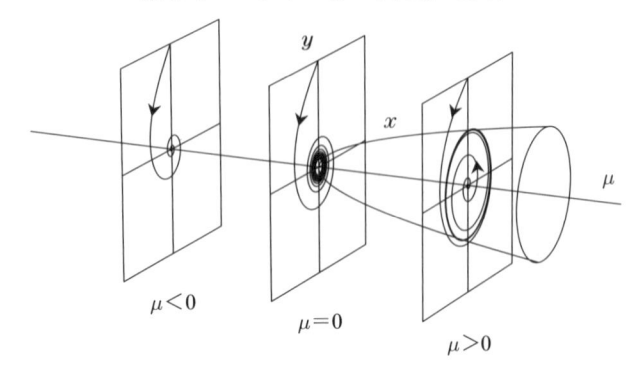

図 6.15 $(\mu, \boldsymbol{x})$-平面でのポアンカレ–アンドロノフ–ホップ分岐 (1).

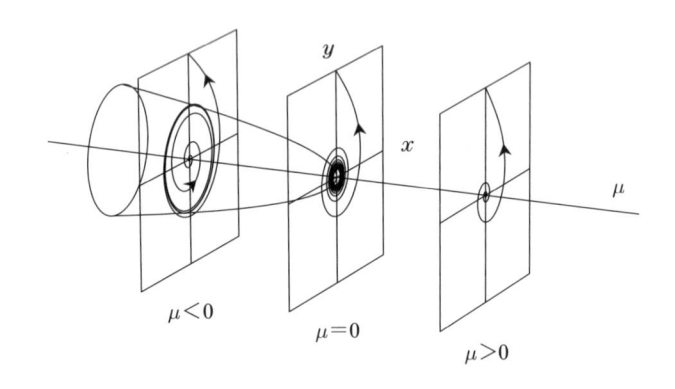

図 6.16 $(\mu, \boldsymbol{x})$-平面でのポアンカレ–アンドロノフ–ホップ分岐 (2).

$$\begin{cases} \dot{r} = d\mu r + ar^3 \\ \dot{\theta} = \omega + c\mu + br^2 \end{cases} \tag{6.29}$$

で与えられる．ただし，a, b, c, d 及び $\omega \neq 0$ は定数である．

定数 a と d の符号の取り方によって，分岐の様子は異なる．$a<0, d>0$ にとったときの分岐の様子は図 6.15 と同じである．$a>0, d>0$ にとったときの分岐の様子は図 6.16 のようになる．$d<0$ の場合は，パラメータ μ の変化の向きを逆にすればよい．

第 7 章
写像の周期点，及びベクトル場の周期軌道の分岐

この章の目的は写像の周期点の分岐とベクトル場の周期軌道の分岐について説明し，分岐のリストを与えることである．具体的には，写像の周期点の分岐については，サドル・ノード分岐，トランスクリティカル分岐，ピッチフォーク分岐，周期倍分岐，及びナイマルク–サッカー分岐について説明する．また，ベクトル場の周期軌道の分岐については，サドル・ノード分岐，ピッチフォーク分岐，周期倍分岐，及びナイマルク–サッカー分岐について説明する．

7.1 はじめに

この章では写像の周期点の分岐について述べる．パラメータ $\mu \in \mathbb{R}^p$ を持つ写像を考える．

$$\boldsymbol{x} \mapsto f(\boldsymbol{x}, \mu), \quad \boldsymbol{x} \in \mathbb{R}^n. \tag{7.1}$$

$\mu = \mu_0$ のとき $\boldsymbol{x} = \boldsymbol{x}_0$ が不動点であるとする．

$$f(\boldsymbol{x}_0, \mu_0) = \boldsymbol{x}_0. \tag{7.2}$$

定義 7.1 $\boldsymbol{x}_0$ において線形化して得られる線形写像

$$\boldsymbol{u} \mapsto A\boldsymbol{u}, \quad \boldsymbol{u} \in \mathbb{R}^n, \tag{7.3}$$

$$A = D_{\boldsymbol{x}}f(\boldsymbol{x}_0, \mu_0) = \left(\frac{\partial f_i}{\partial x_j}(\boldsymbol{x}_0, \mu_0)\right)_{1 \leq i,j \leq n} \tag{7.4}$$

において A のどの固有値も単位円 $S = \{\lambda \in \mathbb{C} | |\lambda| = 1\}$ 上にないとき不動点 $\boldsymbol{x}_0$ は**双曲型**であるという. A の固有値が全て単位円の内側 $\{\lambda \in \mathbb{C} | |\lambda| < 1\}$ にあるとき不動点 $\boldsymbol{x}_0$ は**安定**であるという. A の少なくとも 1 つの固有値が単位円の外側 $\{\lambda \in \mathbb{C} | |\lambda| > 1\}$ にあるとき不動点 $\boldsymbol{x}_0$ は**不安定**であるという.

定義 7.2 パラメータ μ を固定して, 写像 $f(\cdot, \mu): \mathbb{R}^n \to \mathbb{R}^n$ の p 回の合成写像を f^p で表す.

$$\boldsymbol{x} \mapsto f^p(\boldsymbol{x}, \mu), \tag{7.5}$$

$$f^p(\cdot, \mu) = f(\cdot, \mu) \circ \cdots \circ f(\cdot, \mu). \tag{7.6}$$

点 $\boldsymbol{p}$ が f^p の不動点であり, $1 \leq i < p$ なる任意の i に対しては, f^i の不動点ではないとき, $\boldsymbol{p}$ は f の p 周期点であるという.

$$f^p(\boldsymbol{p}, \mu) = \boldsymbol{p}, \quad f^i(\boldsymbol{p}, \mu) \neq \boldsymbol{p} \quad (1 \leq i < p). \tag{7.7}$$

f の p 周期点 $\boldsymbol{p}$ がそれぞれ**双曲型**, **安定**, **不安定**であるとは, f^p の不動点として双曲型, 安定, 不安定であることである.

写像 f の周期点の分岐は合成写像 f^p の不動点の分岐に帰着する. したがって, これ以降は, 写像 f の不動点の分岐について考える.

次の定理は写像の不動点が分岐を起こさないための十分条件を与えている.

定理 7.1 $\mu = \mu_0$ において不動点 $\boldsymbol{x}_0$ が双曲的であればパラメータ μ を μ_0 の近傍で変化させるとき, 不動点は持続して, 安定性の型は変化しない.

したがって, 写像の不動点の分岐を考えるには, $\mu = 0$ のとき, 原点に非双曲型不動点を持つ場合を考えればよい.

7.2 1次元写像のサドル・ノード分岐

1次元写像
$$x \mapsto f(x,\mu) = x + \mu - x^2, \quad x \in \mathbb{R}, \mu \in \mathbb{R} \tag{7.8}$$
を考える．図 7.1 は μ の値を変化させたときの $f(x,\mu)$ のグラフの変化を示している．この図より，写像は次の特徴を持つことがわかる．

① $\mu < 0$ のとき：不動点を持たない．
② $\mu = 0$ のとき：$x = 0$ に固有値 1 をもつ不動点を持つ．
③ $\mu > 0$ のとき：2 つの不動点 $P^+ = (\sqrt{\mu})$ と $P^- = (-\sqrt{\mu})$ を持つ．$P^\pm$ の固有値は $f_x(\pm\sqrt{\mu},\mu) = 1 \mp 2\sqrt{\mu}$ で与えられ，$0 < \mu \ll 1$ ならば P^+ は安定，P^- は不安定である．

この様子を (μ, x)-平面で図示すると図 7.2 となる．ここで，実線は安定不動点の位置を表し，破線は不安定不動点の位置を表す．

パラメータの変化に伴って（上の例では μ を正から負へと変化させたとして），安定不動点と不安定不動点とが接近し，合体し，そして消滅する，このような分岐を**サドル・ノード分岐**という．1 次元写像の場合は，特に，**接線分岐**と呼ばれることもある．

一般に 1 次元写像
$$x \mapsto f(x,\mu) \tag{7.9}$$
が $f(0,0) = 0, f_x(0,0) = 1$ をみたすとき，
$$f_\mu(0,0) \neq 0, \quad f_{xx}(0,0) \neq 0 \tag{7.10}$$

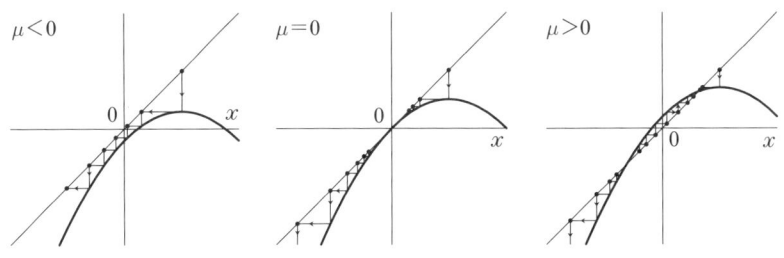

図 7.1 サドル・ノード分岐：$(x, f(x,\mu))$-平面での軌道の変化．

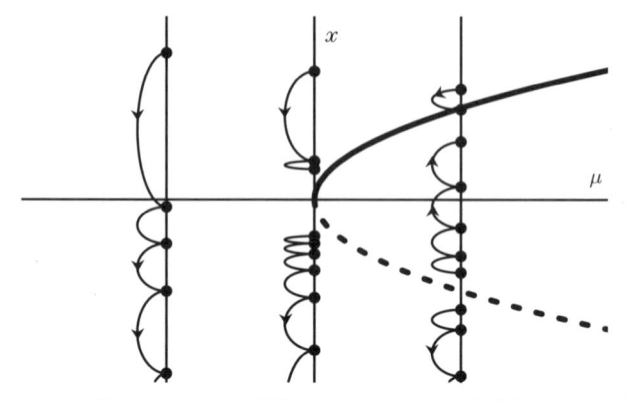

図 7.2 (μ, x)-平面でのサドル・ノード分岐.

ならば，$\mu = 0$ のとき $x = 0$ においてサドル・ノード分岐が生じる．

サドル・ノード分岐を生じる 1 次元写像の標準形は

$$x \mapsto x + \mu \mp x^2 \tag{7.11}$$

で与えられる．マイナス符号（$-$）をとったときの分岐の様子が図 7.2 である．プラス符号（$+$）をとったときの分岐の様子は演習問題として考えて欲しい．

1 次元写像において，固有値 1 を持つ不動点の分岐で，一般的に観測されるのはサドル・ノード分岐のみである．しかし，系に対称性などの拘束条件がある場合には，更に特殊な分岐が観測されることがある．そのようなものとして，トランスクリティカル分岐とピッチフォーク分岐について述べる．

7.3　1 次元写像のトランスクリティカル分岐

これは，写像 $f(x, \mu)$ が $x = 0$ に常に不動点を持つという拘束条件

$$f(0, \mu) = 0 \tag{7.12}$$

の下で一般的に生じる分岐である．

1 次元写像

$$x \mapsto f(x, \mu) = x + \mu x - x^2 \tag{7.13}$$

7.3 1次元写像のトランスクリティカル分岐

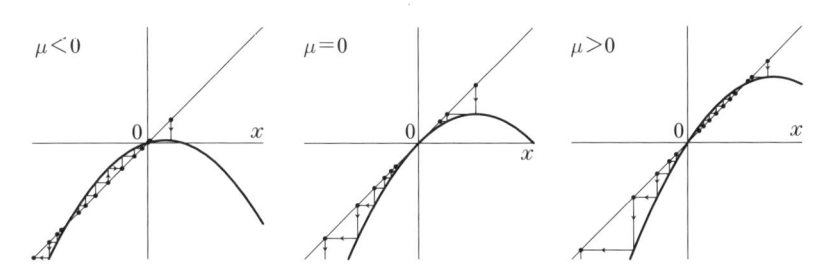

図 7.3 トランスクリティカル分岐：$(x, f(x,\mu))$-平面での軌道の変化.

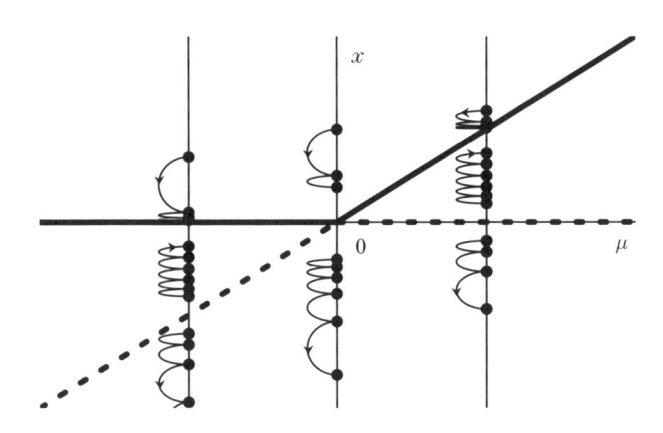

図 7.4 (μ, x)-平面でのトランスクリティカル分岐.

を考える．図 7.3 は μ の値を変化させたときの $f(x,\mu)$ のグラフの変化を示している．この図より，写像は次の特徴を持つことがわかる．

① $\mu < 0$ かつ $|\mu| \ll 1$ のとき：不動点 $O = (0)$ は固有値 $1 + \mu < 1$ を持ち安定．不動点 $P = (\mu)$ は固有値 $1 - \mu > 1$ を持ち不安定．

② $\mu = 0$ のとき：不動点は $O = (0)$ のみで，固有値は 1．

③ $\mu > 0$ かつ $|\mu| \ll 1$ のとき：不動点 $O = (0)$ は固有値 $1 + \mu > 1$ を持ち不安定．不動点 $P = (\mu)$ は固有値 $1 - \mu < 1$ を持ち安定．

この様子を (μ, x)-平面で図示すると図 7.4 となる．ここで，実線は安定不動点の位置を表し，破線は不安定不動点の位置を表す．

パラメータの変化に伴って，不動点 O に他の不動点 P がぶつかり，通過し，

不動点 O は安定から不安定に，不動点 P は不安定から安定に，それぞれ安定性の交替が起きたように見られる．このような分岐を**トランスクリティカル分岐**または**安定性交替型分岐**という．

一般に 1 次元写像
$$x \mapsto f(x, \mu) \tag{7.14}$$
が $f(0,0) = 0, f_x(0,0) = 1$ をみたすとき，
$$f_\mu(0,0) = 0, \quad f_{x\mu}(0,0) \neq 0, \quad f_{xx}(0,0) \neq 0 \tag{7.15}$$
ならば，$\mu = 0$ のとき $x = 0$ においてトランスクリティカル分岐が生じる．

トランスクリティカル分岐を生じる 1 次元写像の標準形は
$$x \mapsto x + \mu x \mp x^2 \tag{7.16}$$
で与えられる．マイナス符号（−）をとったときの分岐の様子が図 7.4 である．プラス符号（+）を取ったときの分岐の様子は演習問題として考えて欲しい．

7.4　1 次元写像のピッチフォーク分岐

これは，写像 $f(x, \mu)$ が x に関して奇関数
$$f(-x, \mu) = -f(x, \mu) \tag{7.17}$$
であるという拘束条件の下で一般的に生じる分岐である．x に関して奇関数であれば，必然的に原点は不動点となるから，この拘束条件は前のトランスクリティカル分岐の拘束条件より強い条件である．

1 次元写像
$$x \mapsto f(x, \mu) = x + \mu x - x^3 \tag{7.18}$$
を考える．図 7.5 は μ の値を変化させたときの $f(x, \mu)$ のグラフの変化を示している．この図より，写像は次の特徴を持つことがわかる．

① $\mu < 0$ かつ $|\mu| \ll 1$ のとき：不動点は $O = (0)$ のみで，固有値 $1 + \mu < 1$ を持ち安定．

② $\mu = 0$ のとき：不動点は $O = (0)$ のみで，固有値は 1．

7.4 1次元写像のピッチフォーク分岐

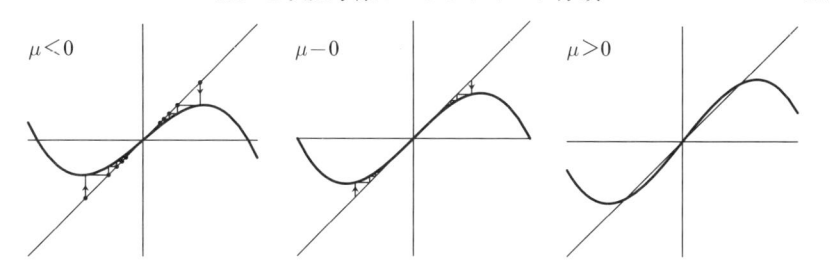

図 7.5 ピッチフォーク分岐：$(x, f(x, \mu))$-平面での軌道の変化.

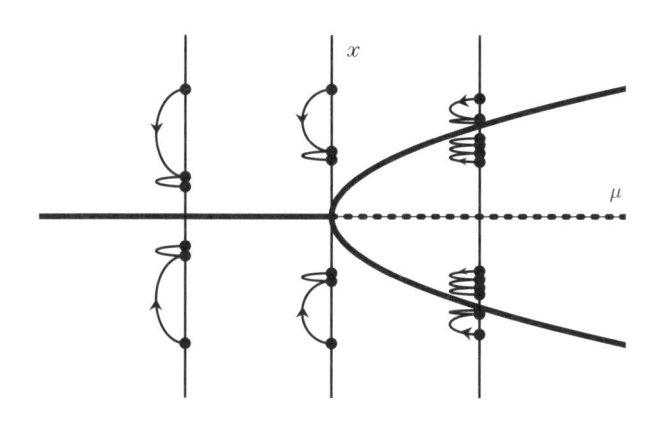

図 7.6 (μ, x)-平面でのピッチフォーク分岐.

③ $\mu > 0$ かつ $|\mu| \ll 1$ のとき：不動点 $O = (0)$ は固有値 $1 + \mu > 1$ を持ち不安定. 不動点 $O = (0)$ の両側に 2 つの不動点 $P^{\pm} = \pm\sqrt{\mu}$ が存在し，固有値 $1 - 2\mu < 1$ を持ち安定.

この様子を (μ, x)-平面で図示すると図 7.6 となる．ここで，実線は安定不動点の位置を表し，破線は不安定不動点の位置を表す．

パラメータの変化に伴って，安定不動点 O が不安定化し，その両側に安定な不動点 $P^{\pm}$ が発生する．このような分岐を**ピッチフォーク分岐**または**熊手型分岐**という．(この名前は (μ, x)-平面での不動点集合が熊手の形に見えることに由来する.) また，時間を反転した力学系も考慮に入れて，不安定不動点 O が安定化し，その両側に不安定な不動点 $P^{\pm}$ が発生する分岐も同じ名前で呼ばれる．

一般に1次元写像

$$x \mapsto f(x, \mu) \tag{7.19}$$

が $f(0,0) = 0, f_x(0,0) = 1$ をみたすとき,

$$f_\mu(0,0) = f_{xx}(0,0) = 0, \quad f_{x\mu}(0,0) \neq 0, \quad f_{xxx}(0,0) \neq 0 \tag{7.20}$$

ならば, $\mu = 0$ のとき $x = 0$ においてピッチフォーク分岐が生じる.

ピッチフォーク分岐を生じる1次元写像の標準形は

$$x \mapsto x + \mu x \mp x^3 \tag{7.21}$$

で与えられる．マイナス符号（−）をとったときの分岐の様子が図 7.4 である．プラス符号（+）を取ったときの分岐の様子は演習問題として考えて欲しい．

7.5　1次元写像の周期倍分岐

1次元写像

$$x \mapsto f(x, \mu) = -x - \mu x + x^3, \quad x \in \mathbb{R}, \mu \in \mathbb{R} \tag{7.22}$$

を考える．図 7.7 は μ の値を変化させたときの $f(x, \mu)$ のグラフの変化を示している．この図より，写像は次の特徴を持つことがわかる．

① $\mu < 0$ かつ $|\mu| \ll 1$ のとき：不動点 $O = (0)$ は固有値 $-1 - \mu$ を持つ. $|-1 - \mu| < 1$ であるから, 不動点 $O = (0)$ は安定.

② $\mu = 0$ のとき：不動点 $O = (0)$ は固有値 -1 を持つ.

③ $\mu > 0$ かつ $|\mu| \ll 1$ のとき：不動点 $O = (0)$ は固有値 $-1 - \mu < -1$ を持ち不安定．不動点 $O = (0)$ の両側に2つの2周期点 $P^\pm = \pm\sqrt{\mu}$ が存在し，安定である.

ここで, $\mu > 0$ かつ $|\mu| \ll 1$ のとき, $P^\pm = \pm\sqrt{\mu}$ が2周期点であることは

$$f(\sqrt{\mu}, \mu) = -\sqrt{\mu} - \mu\sqrt{\mu} + \mu\sqrt{\mu} = -\sqrt{\mu}, \tag{7.23}$$

$$f(-\sqrt{\mu}, \mu) = \sqrt{\mu} + \mu\sqrt{\mu} - \mu\sqrt{\mu} = \sqrt{\mu} \tag{7.24}$$

からわかる．また，これらが安定であることは

$$f_x(x,\mu) = -1 - \mu + 3x^2 \tag{7.25}$$

を使い,

$$D_x(f^2)(\pm\sqrt{\mu},\mu) = f_x(\mp\sqrt{\mu},\mu)f_x(\pm\sqrt{\mu},\mu) = (-1+2\mu)^2 < 1 \tag{7.26}$$

からわかる.

この様子を (μ,x)-平面で図示すると図 7.8 となる.ここで,実線は安定不動点及び安定 2 周期点の位置を表し,破線は不安定不動点の位置を表す.

パラメータの変化に伴って,安定不動点 O が不安定化し,その両側に安定な 2 周期点 $P^\pm$ が発生する分岐を**周期倍分岐**(period doubling bifurcation)という.

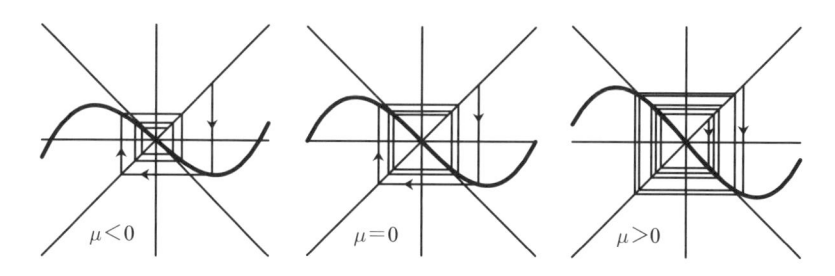

図 7.7 周期倍分岐:$(x, f(x,\mu))$-平面での軌道の変化.

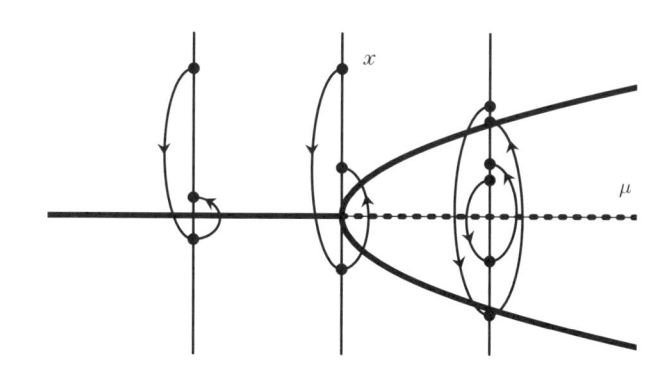

図 7.8 (μ, x)-平面での周期倍分岐.

一般に1次元写像

$$x \mapsto f(x,\mu) \tag{7.27}$$

が $f(0,0) = 0, f_x(0,0) = -1$ をみたすとき,

$$\begin{aligned}(f^2)_\mu(0,0) = (f^2)_{xx}(0,0) = 0, \\ (f^2)_{x\mu}(0,0) \neq 0, \quad (f^2)_{xxx}(0,0) \neq 0\end{aligned} \tag{7.28}$$

ならば, $\mu = 0$ のとき $x = 0$ において周期倍分岐が生じる.

7.6 2次元写像のサドル・ノード分岐, トランスクリティカル分岐, ピッチフォーク分岐, 及び周期倍分岐

2次元写像の不動点の分岐について説明する. 2次元写像

$$\boldsymbol{x} \mapsto f(\boldsymbol{x},\mu) = (f_1(x,y,\mu), f_2(x,y,\mu)), \tag{7.29}$$

$$\boldsymbol{x} = (x,y) \in \mathbb{R}^2, \, \mu \in \mathbb{R} \tag{7.30}$$

を考える. 定理7.1により, $\mu = 0$ のとき, $\boldsymbol{x} = \boldsymbol{0}$ に非双曲型不動点を持つ場合を考えればよい. ここでは, ヤコビ行列

$$A = \begin{pmatrix} (f_1)_x & (f_1)_y \\ (f_2)_x & (f_2)_y \end{pmatrix} (\boldsymbol{0},0) \tag{7.31}$$

が実固有値を持つ場合を考える. 複素共役固有値を持つ場合は次の節で扱う.

ヤコビ行列 (7.31) が, 実固有値 λ_1, λ_2 を持ち, $|\lambda_1| \neq 1$ とすると, $\boldsymbol{x} = \boldsymbol{0}$ が非双曲型不動点となるのは, $\lambda_2 = 1$ または $\lambda_2 = -1$ のときである.

$\lambda_2 = 1$ のときには, 1次元写像の場合と同様に, **サドル・ノード分岐**が起こる. さらに, 1次元写像の場合と同様の拘束条件があれば, **トランスクリティカル分岐**, **ピッチフォーク分岐**が起こる. $\lambda_2 = -1$ のときには, 1次元写像の場合と同様に, **周期倍分岐**が起こる. 一般に低次元写像の分岐現象は, より高次元の写像の分岐現象としても現れる.

図 7.9~7.12 は2次元写像におけるサドル・ノード分岐, トランスクリティカル分岐, ピッチフォーク分岐, 及び周期倍分岐の様子を表している. これら

7.6　2次元写像のサドル・ノード分岐, トランスクリティカル分岐, ピッチフォーク分岐, 及び周期倍分岐　**101**

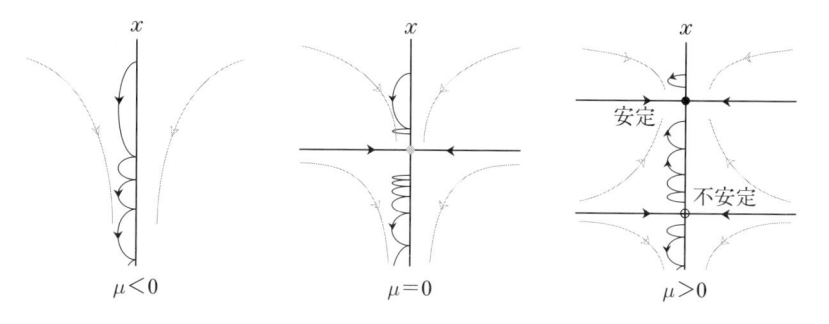

図 7.9　x-平面でのサドル・ノード分岐.

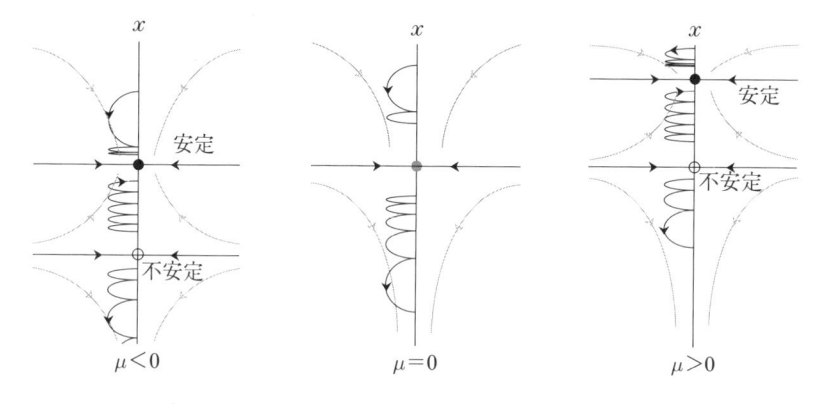

図 7.10　x-平面でのトランスクリティカル分岐.

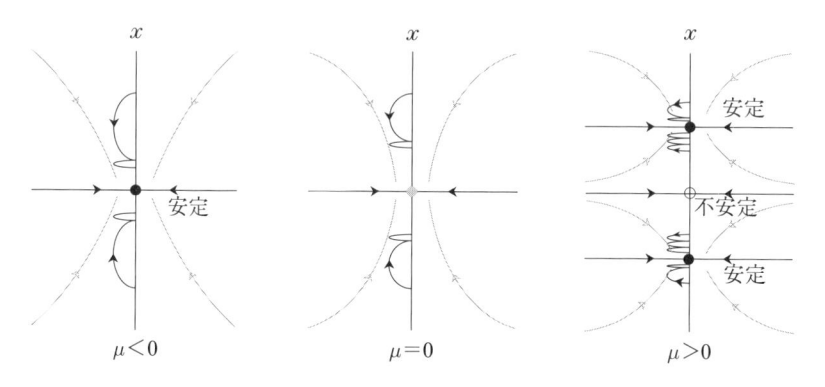

図 7.11　x-平面でのピッチフォーク分岐.

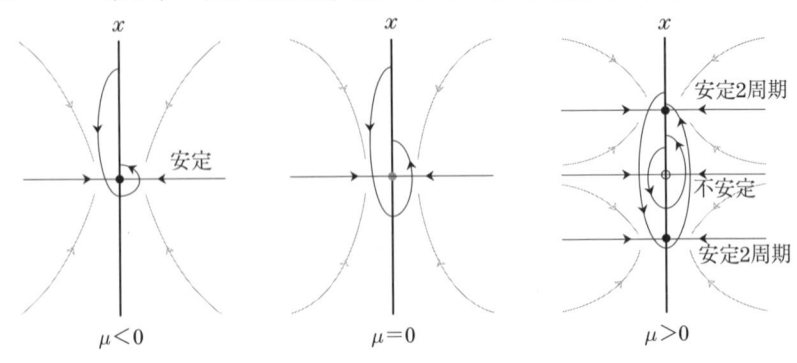

図 7.12　x-平面での周期倍分岐.

の図は，$0 < \lambda_1 < 1$ に相当する場合を描いている．また，矢印は，点の動きを概念的に表したものである．離散力学系では，軌道は点列となるが，煩雑になるのでこのように表している．

7.7　2次元写像のナイマルク–サッカー分岐

次にヤコビ行列 (7.31) が，絶対値 1 の複素共役固有値を持つ場合について述べる．
2 次元写像
$$\begin{pmatrix} x \\ y \end{pmatrix} \mapsto \begin{pmatrix} f_1(x,y,\mu) \\ f_2(x,y,\mu) \end{pmatrix} \tag{7.32}$$
に，極座標変換
$$\begin{cases} x = r\cos\theta \\ y = r\sin\theta \end{cases} \tag{7.33}$$
を施したとき，
$$\begin{pmatrix} r \\ \theta \end{pmatrix} \mapsto \begin{pmatrix} g(r) \\ h(r,\theta) \end{pmatrix} = \begin{pmatrix} r + d\mu r + ar^3 \\ \theta + c_0 + c_1\mu + br^2 \end{pmatrix} \tag{7.34}$$
で与えられる写像を考える．ここで，a, b, c_0, c_1, d は定数である．$g(0) = 0$ であることから，$\boldsymbol{x} = (0,0)$ は不動点である．不動点 $\boldsymbol{0} = (0,0)$ におけるヤコビ行列

7.7 2次元写像のナイマルク–サッカー分岐

$$A(\mu) = \begin{pmatrix} (f_1)_x & (f_1)_y \\ (f_2)_x & (f_2)_y \end{pmatrix} (\mathbf{0}, \mu) \tag{7.35}$$

は

$$A(\mu) = (1 + d\mu) \begin{pmatrix} \cos(c_0 + c_1\mu) & -\sin(c_0 + c_1\mu) \\ \sin(c_0 + c_1\mu) & \cos(c_0 + c_1\mu) \end{pmatrix} \tag{7.36}$$

で与えられる（演習問題として導いてみよ）．固有値は

$$\begin{aligned}(1 + d\mu)&\exp(\pm(c_0 + c_1\mu)i) \\ &= (1 + d\mu)(\cos(c_0 + c_1\mu) \pm i\sin(c_0 + c_1\mu))\end{aligned} \tag{7.37}$$

である．図 7.13 は $a = -0.1, b = 0.01, c_0 = 0.2, c_1 = 0, d = 1$ を固定して，μ の値を変化させたときの $g(r) = r + d\mu r + ar^3$ のグラフの変化を示している．また，図 7.14 は μ の値を変化させたときの $\boldsymbol{x}$-平面での軌道の変化を示している．これらの図より，$d > 0, a < 0$ のとき，写像は次の特徴を持つことがわかる．

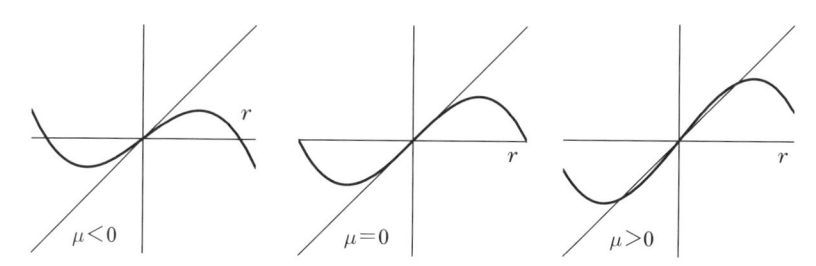

図 7.13 ナイマルク–サッカー分岐：$g(r)$ のグラフの変化 (1)，$d > 0, a < 0$．

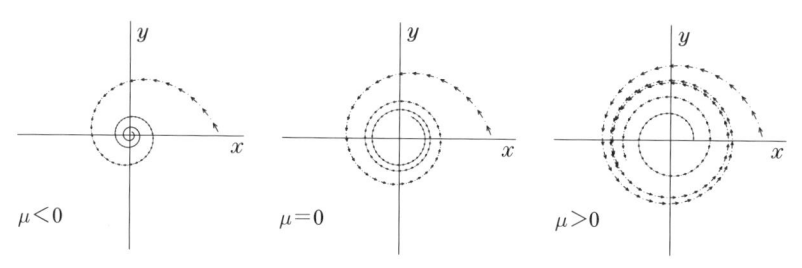

図 7.14 ナイマルク–サッカー分岐：$\boldsymbol{x}$-平面での軌道の変化 (1)，$d > 0, a < 0$．

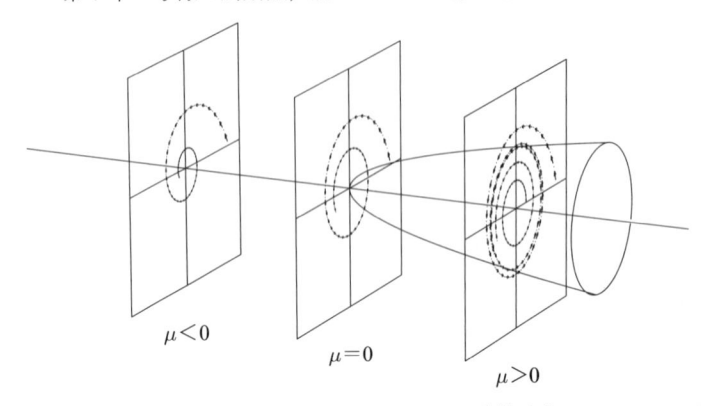

図 7.15 $(\mu, \boldsymbol{x})$-空間でのナイマルク–サッカー分岐 (1), $d > 0, a < 0$.

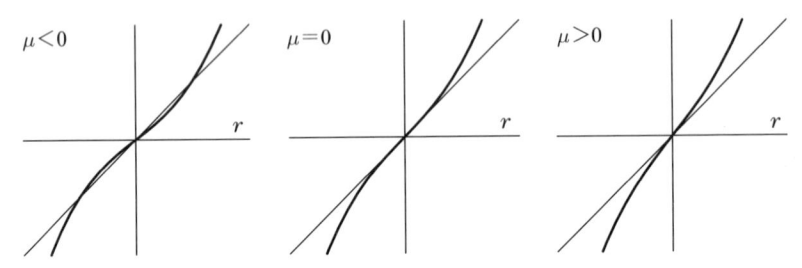

図 7.16 ナイマルク–サッカー分岐：$f(r)$ のグラフの変化 (2), $d > 0, a > 0$.

① $\mu < 0$ かつ $|\mu| \ll 1$ のとき：$\boldsymbol{x} = (0,0)$ に絶対値 $1 + d\mu < 1$ の複素共役固有値 $(1 + d\mu) \exp(\pm(c_0 + c_1\mu)i)$ を持つ安定平衡点が存在する．

② $\mu = 0$ のとき：$\boldsymbol{x} = (0,0)$ に絶対値 1 の複素共役固有値 $\exp(\pm c_0 i)$ を持つ平衡点が存在する．線形化行列は

$$\begin{pmatrix} \cos(c_0) & -\sin(c_0) \\ \sin(c_0) & \cos(c_0) \end{pmatrix} \tag{7.38}$$

である．

③ $\mu > 0$ かつ $|\mu| \ll 1$ のとき：$\boldsymbol{x} = (0,0)$ に絶対値 $1 + d\mu > 1$ の複素共役固有値 $(1 + d\mu) \exp(\pm(c_0 + c_1\mu)i)$ を持つ不安定平衡点が存在する．その周囲に，半径 $r = \sqrt{-d\mu/a}$ の不変円を持つ．不変円は周囲の点を近づけるという意味で安定である．

7.7 2次元写像のナイマルク–サッカー分岐

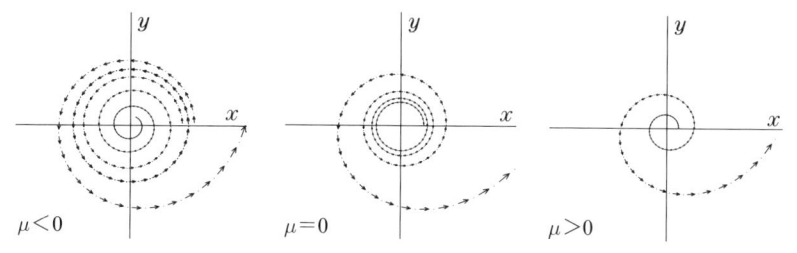

図 7.17　ナイマルク–サッカー分岐：x-平面での軌道の変化 (2), $d > 0, a > 0$.

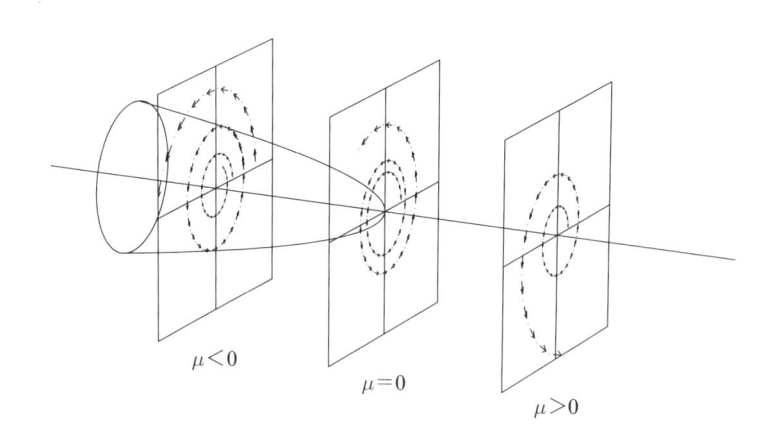

図 7.18　(μ, x)-空間でのナイマルク–サッカー分岐 (2), $d > 0, a > 0$.

この様子を (μ, x)-空間で図示すると図 7.15 となる.

一般に，複素共役固有値を持つ安定不動点が，パラメータの変化に伴って不安定化し，その周囲に安定な不変円が発生する分岐を**ナイマルク–サッカー** (Naimark–Sacker) **分岐**という．また，時間を反転した力学系も考慮に入れて，複素共役固有値を持つ不安定不動点が安定化し，その周囲に不安定な不変円が発生する分岐も同じ名前で呼ばれる．

$d > 0, a < 0$ の場合の分岐の様子が図 7.13〜7.15 である．$d > 0, a > 0$ の場合の分岐の様子は図 7.16〜7.18 となる．$d < 0, a < 0$ の場合と $d < 0, a > 0$ の場合の分岐の様子は演習問題として考えて欲しい．

7.8 ベクトル場の周期軌道の分岐

3次元自律ベクトル場に周期軌道 Γ が存在するとする．第2章2.3節で述べたように，Γ と1点 p で横断的に交わる2次元平面 Σ をとることにより，点 p の近傍で定義された Σ 上の写像，すなわちポアンカレ写像が定義できる．3次元自律ベクトル場の周期軌道の分岐は，ポアンカレ写像の不動点 p の分岐に帰着される．

定義 7.3 ポアンカレ写像の不動点 p が，サドル・ノード分岐，トランスクリティカル分岐，ピッチフォーク分岐，周期倍分岐，及びナイマルク–サッカー分岐を起すとき，周期軌道 Γ は，それぞれ，**サドル・ノード分岐**，**トランスクリ**

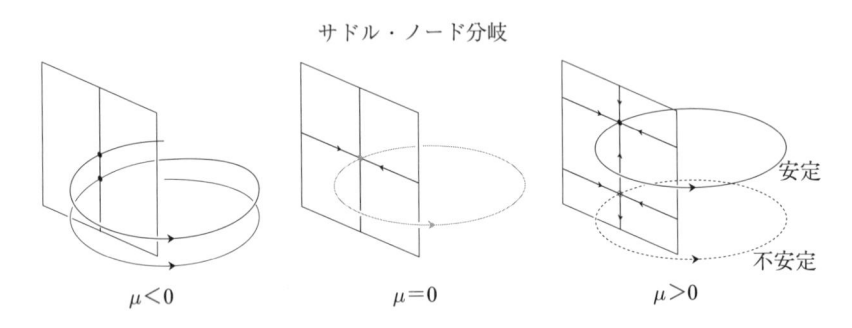

図 7.19 自律ベクトル場の周期軌道のサドル・ノード分岐．

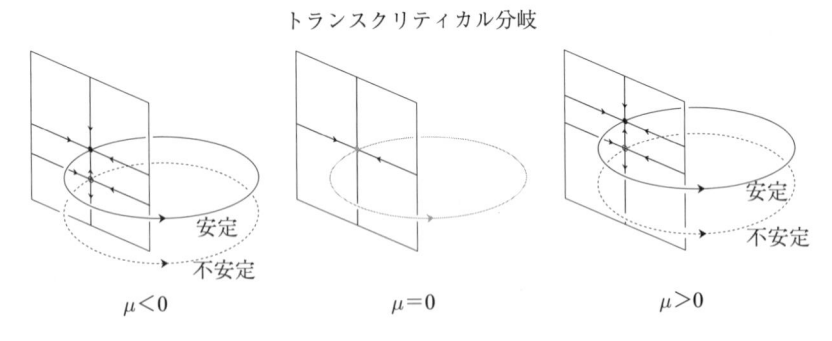

図 7.20 自律ベクトル場の周期軌道のトランスクリティカル分岐．

7.8 ベクトル場の周期軌道の分岐

ティカル分岐,ピッチフォーク分岐,周期倍分岐,及びナイマルク–サッカー分岐を起したという.

図 7.19 は周期軌道のサドル・ノード分岐を説明している. μ を正から負に変化させるとき,安定周期軌道とサドル型不安定周期軌道が合体し,周期軌道が消滅する様子を表している.

図 7.20 と図 7.21 は,それぞれ周期軌道のトランスクリティカル分岐,ピッチフォーク分岐を説明している.

図 7.22 は周期軌道の周期倍分岐を説明している. μ を負から正に変化させるとき,安定周期軌道が不安定化し,周囲に 2 倍の周期をもつ安定周期軌道を発生させる様子を表している.ポアンカレ写像は恒等写像にイソトピックであるから,不動点におけるポアンカレ写像のヤコビ行列の行列式は正でなければならない.したがって,ひとつの固有値が -1 を横切るとき,もうひとつの固有

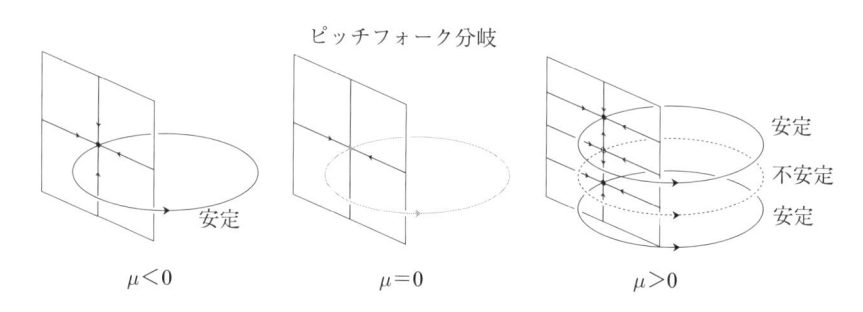

図 7.21 自律ベクトル場の周期軌道のピッチフォーク分岐.

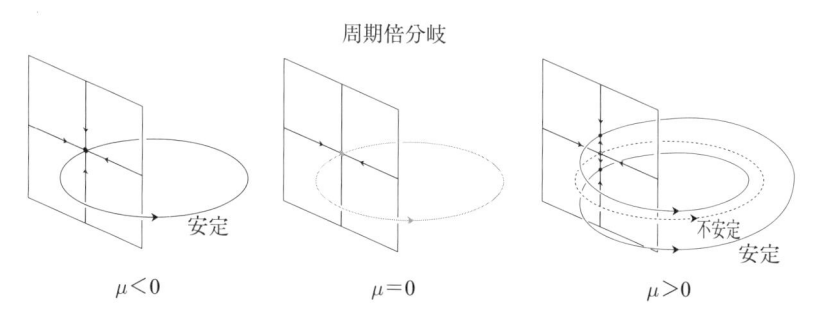

図 7.22 自律ベクトル場の周期軌道の周期倍分岐.

108　第 7 章　写像の周期点，及びベクトル場の周期軌道の分岐

ナイマルク‐サッカー分岐

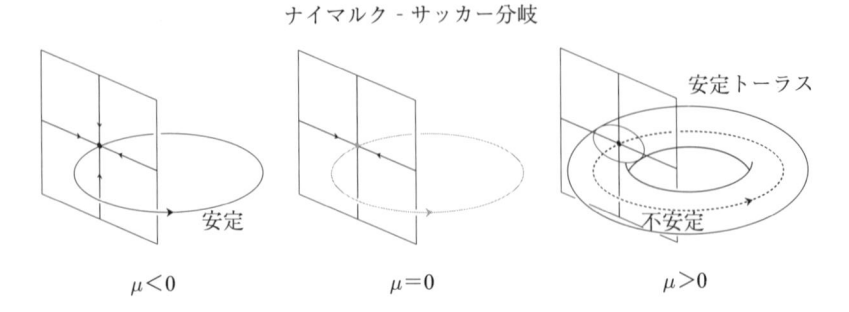

図 7.23　自律ベクトル場の周期軌道のナイマルク–サッカー分岐.

サドル・ノード分岐

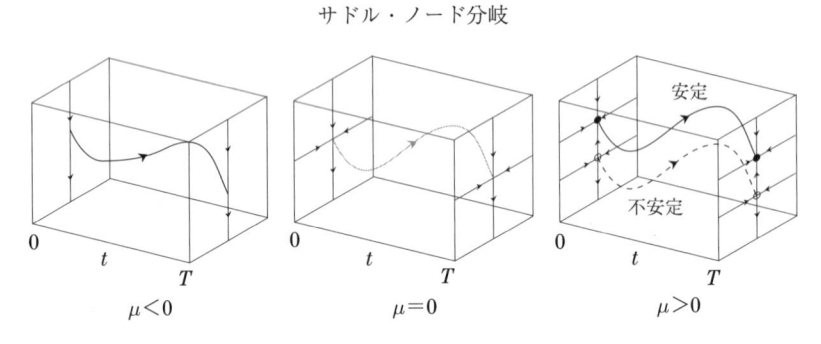

図 7.24　非自律ベクトル場の周期軌道のサドル・ノード分岐.

値は負でなければならない．図ではこの様子までは表現されていない．

　図 7.23 は周期軌道のナイマルク–サッカー分岐を説明している．μ を負から正に変化させるとき，安定周期軌道が不安定化し，周囲に安定な不変トーラスを発生させる様子を表している．ここで不変トーラスが安定であるとは，トーラス面の近傍の軌道は，内側でも外側でも，トーラス面に引き寄せられるという意味である．

　次に，時間に関して周期 T の周期性を持つ 2 次元非自律系ベクトル場

$$\frac{d\boldsymbol{x}}{dt} = g(t, \boldsymbol{x}), \quad \boldsymbol{x} \in \mathbb{R}^2, \tag{7.39}$$

$$g(t, \boldsymbol{x}) = g(t+T, \boldsymbol{x}) \tag{7.40}$$

7.8 ベクトル場の周期軌道の分岐

トランスクリティカル分岐

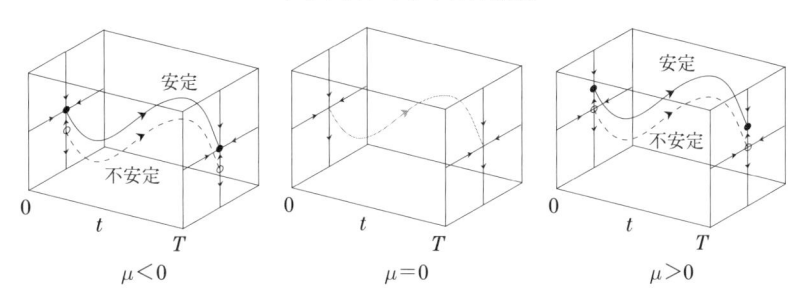

図 7.25 非自律ベクトル場の周期軌道のトランスクリティカル分岐.

ピッチフォーク分岐

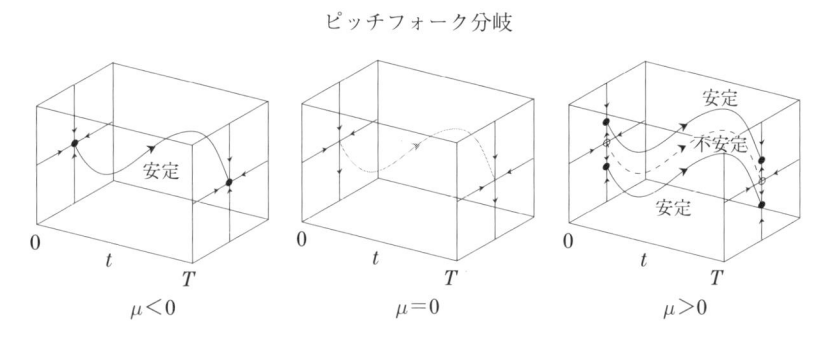

図 7.26 非自律ベクトル場の周期軌道のピッチフォーク分岐.

の周期軌道の分岐を考える．第 2 章 2.3 節で述べたように，このベクトル場の流れを $\varphi : \mathbb{R} \times \mathbb{R} \times \mathbb{R}^2 \to \mathbb{R}^2$ とするとき，$\boldsymbol{x} \in \mathbb{R}^2$ に対して，$\varphi(T, 0, \boldsymbol{x}) \in \mathbb{R}^2$ を対応させる写像

$$P : \mathbb{R}^2 \ni \boldsymbol{x} \mapsto \varphi(T, 0, \boldsymbol{x}) \in \mathbb{R}^2 \tag{7.41}$$

を定義する．これを非自律系のポアンカレ写像，またはストロボ写像という．2 次元非自律系ベクトル場の周期軌道の分岐は，このポアンカレ写像の不動点及び周期点の分岐に帰着される．

図 7.24 は周期 T の周期軌道のサドル・ノード分岐を説明している．μ を正から負に変化させるとき，安定周期軌道とサドル型不安定周期軌道が合体し，周期軌道が消滅する様子を表している．

周期倍分岐

図 7.27 非自律ベクトル場の周期軌道の周期倍分岐.

ナイマルク‐サッカー分岐

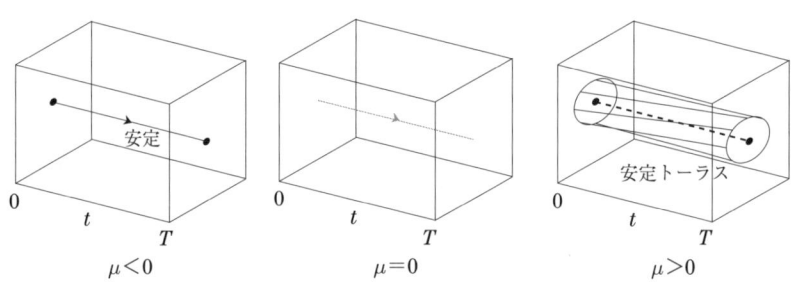

図 7.28 非自律ベクトル場の周期軌道のナイマルク–サッカー分岐.

図 7.25 と図 7.26 は，それぞれ周期 T の周期軌道のトランスクリティカル分岐，ピッチフォーク分岐を説明している．

図 7.27 は周期 T の周期軌道の周期倍分岐を説明している．μ を負から正に変化させるとき，安定周期軌道が不安定化し，周囲に周期 $2T$ をもつ安定周期軌道を発生させる様子を表している．ポアンカレ写像は恒等写像にイソトピックであるから，ポアンカレ写像の不動点におけるヤコビ行列の行列式は正でなければならない．したがって，ひとつの固有値が -1 を横切るとき，もうひとつの固有値は負でなければならない．図ではこの様子までは表現されていない．

図 7.28 は周期 T 周期軌道のナイマルク–サッカー分岐を説明している．μ を負から正に変化させるとき，安定周期軌道が不安定化し，周囲に安定な不変トーラスを発生させる様子を表している．

第8章
1次元写像のアトラクタの分岐

　この章の目的は，1次元写像のアトラクタの分岐を観測することである．具体的には，ロジスティック写像を例にとり，トランスクリティカル分岐，周期倍分岐，サドル・ノード分岐がつぎつぎに起こることを観測する．また，クライシスと呼ばれる分岐について説明する．

8.1 はじめに

　相空間において，近傍の軌道を引き寄せる性質を持つ不変集合をアトラクタと呼ぶ．これまでに出てきた例では，安定不動点や安定周期軌道がアトラクタである．更に複雑な構造をもつアトラクタもあり，「ストレンジ・アトラクタ」と呼ばれることもある．数値計算では，通常，「ある初期値を出発した軌道が引き寄せられて，出て行けなくなり，その上で軌道が稠密に運動するように見える不変集合」として捕らえる．第8章から第10章では，数値計算で観測されるアトラクタが，パラメータの変化に伴って，どのように質的に変化するかを，分岐理論の立場から説明する．

　数値計算で観測されたアトラクタを，数学的にどのように定式化するべきかということ，いいかえれば，アトラクタの定義をどのように与えるか，ということは，力学系理論の大きな問題のひとつである．ここでは，比較的広く受け入れられている次の定義を与えておく．

定義 8.1 写像 $f : \mathbb{R}^n \to \mathbb{R}^n$ において，集合 Λ がアトラクタであるとは，次の条件をみたすことである．

① Λ の開近傍 U で，

$$f(U) \subset U, \quad \Lambda = \bigcap_{i=0}^{\infty} f^i(U) \tag{8.1}$$

をみたすものが存在する．

② ある点 $x \in \Lambda$ が存在して，軌道 $O(x) = \{f^i(x) | i = 0, 1, 2, \cdots\}$ が Λ で稠密である．

この章ではロジスティック写像

$$x \mapsto ax(1-x) \tag{8.2}$$

を使って，1次元写像のアトラクタの分岐について調べる．

図 8.1〜8.3 は初期値として $x = 0.1$ を選び，100 回分の軌道を描いたものである．それぞれの右側の図は，横が時間 t 軸 ($0 \leq t \leq 100$)，縦が x 軸 ($0 \leq x \leq 1$) である．$a = 2.0$ のときは，軌道は安定な不動点に引き寄せられ，そこに落ち着いてしまっていることがわかる（図 8.1）．$a = 3.2$ のときは，軌道は安定な 2 周期軌道に引き寄せられている（図 8.2）．$a = 3.84$ のときは，軌道は安定な 3 周期軌道に引き寄せられている（図 8.3）．図 8.4 は同じく初期

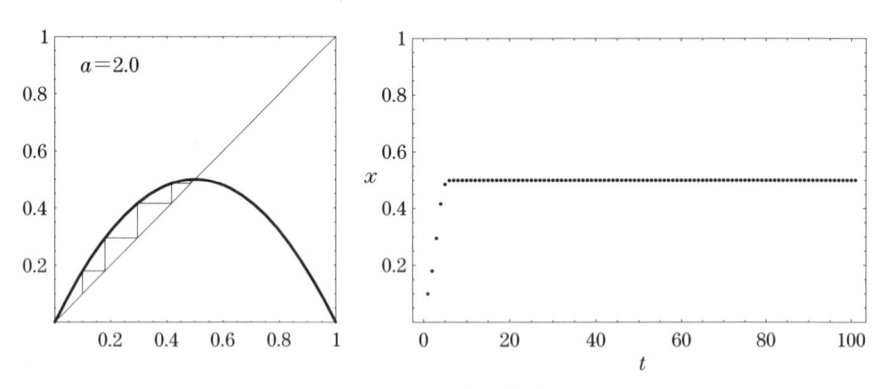

図 8.1 ロジスティック写像の軌道 (1)，$a = 2.0$.

8.1 はじめに

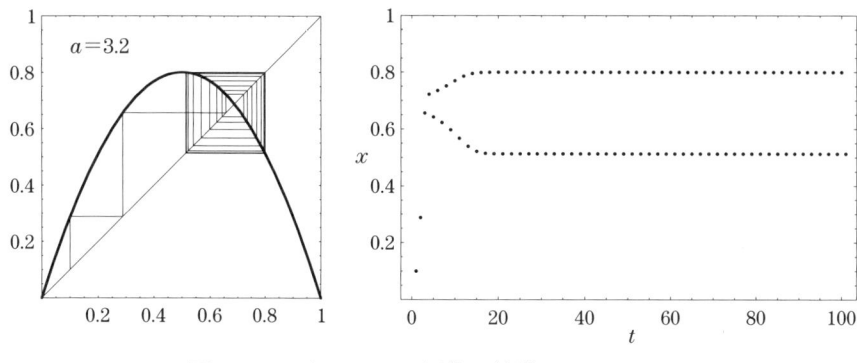

図 8.2 ロジスティック写像の軌道 (2), $a = 3.2$.

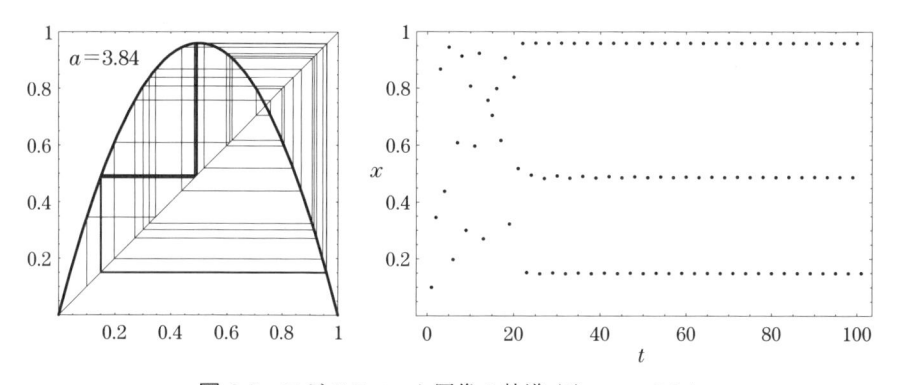

図 8.3 ロジスティック写像の軌道 (3), $a = 3.84$.

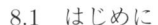

値として $x = 0.1$ を選び，1000 回分の軌道を描いたものである．この図から，$a = 4.0$ のときは，軌道は 1 つの区間からなるように見える領域の中で非周期的な動きをしていることがわかる．パラメータ a の変化に伴って，軌道の漸近的な動きが質的に変化している．この漸近挙動の質的変化を分岐理論の視点で詳しく調べよう．

図 8.5 はパラメータ a を細かく変化させたときのアトラクタの変化の様子を示している．横軸はパラメータ a で 0.2 から 4.2 まで 600 に分割して変化させている．縦軸は x で -0.1 から 1.0 までである．先ず，a をひとつ固定して，$x_0 = 0.01$ を初期値に 1000 回分の軌道を計算する．この部分は，軌道がアトラクタに引き寄せられるまでの期間（過渡状態）と考えて，画面上にはプロッ

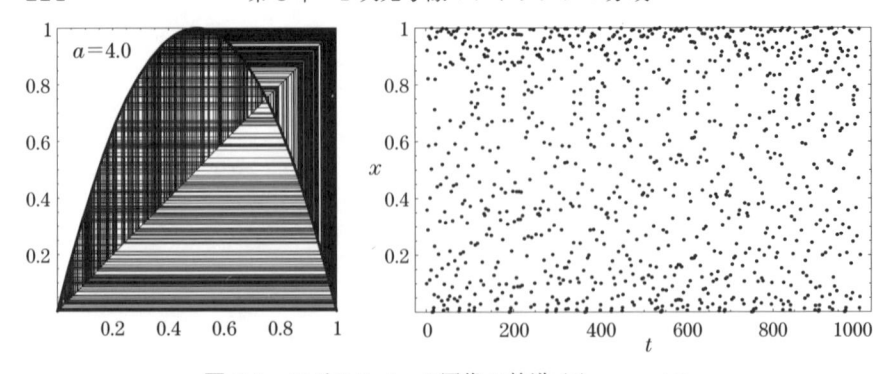

図 8.4 ロジスティック写像の軌道 (4), $a = 4.0$.

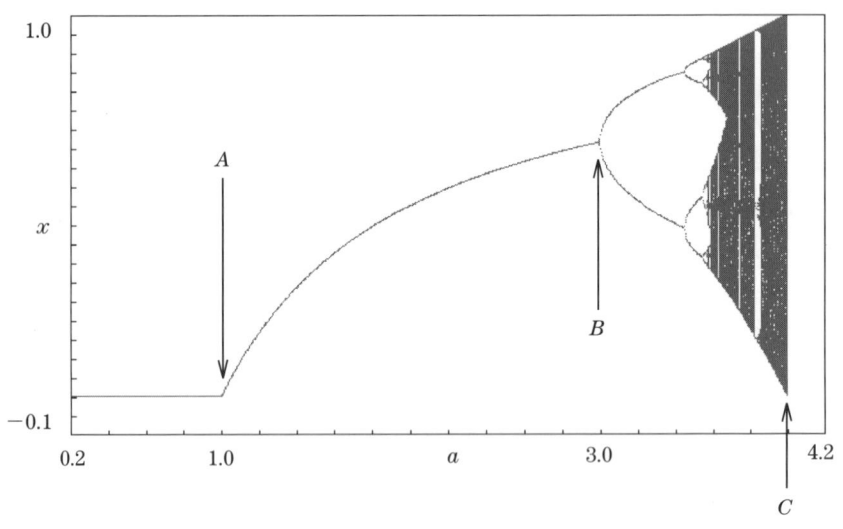

図 8.5 ロジスティック写像の 1 パラメータ分岐図 (1).

トしない．その後，1000 回分の軌道を画面にプロットする．次に，パラメータ a を変化させ，再び $x_0 = 0.01$ を初期値に 1000 回分の軌道をプロットせずに計算し，その後，1000 回分の軌道を画面にプロットする．これを $a = 0.2$ から $a = 4.2$ まで繰り返して得られたのが，図 8.5 である．このような図を **1 パラメータ分岐図**という．

ここで使用した 1000 回という回数には，特別な根拠はない．経験的に，こ

のくらいでいいだろうというだけである．また，このような1パラメータ分岐図を作るとき，パラメータを変える毎に初期値をどのように選ぶかは重要な問題である．主に3つの選び方がある．第1の選び方は，毎回，固定した値を初期値にする方法である．図8.5はこの方法で描いた．第2の選び方は，前回の終了値を次の回の初期値とする方法である．この場合，きれいな分岐図が得られることが多いが，システムが複数のアトラクタをもつ場合は，1つのアトラクタの分岐しか観測できないことがある．第3の選び方は，ある範囲を決めて，毎回，ランダムに初期値を与える方法である．システムが複数のアトラクタをもつ場合も，すべてのアトラクタの分岐を捕らえられる可能性がある．しかし，ひとつの画面に複数のアトラクタの分岐図が重ね書きされることになり，見にくい図となることもある．どのような初期値の選び方が良いかはシステムと目的に依存する．また，システムの分岐の様子がある程度わかるまでは，いろいろな方法を試してみる必要がある．

この図をもとにして更に詳しくアトラクタの分岐を調べよう．

8.2 トランスクリティカル分岐

図8.5のA点における，分岐を調べよう．図8.6は分岐点Aの前後（$a = 0.7, 1.0, 1.4$）における写像のグラフを示している．この図から，パラメータを増加させるとき，不安定不動点と安定不動点がぶつかり，すり抜け，安定性の交替が起こる，**トランスクリティカル分岐**であることがわかる．不安定不動点となった原点は分岐図には現れていないが，存在し続けている．この不安定不

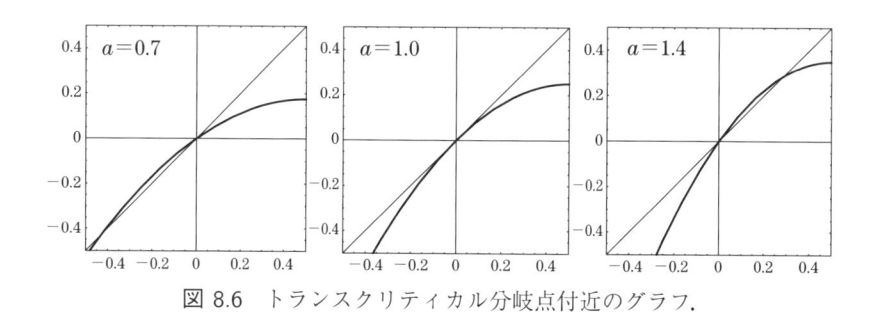

図8.6 トランスクリティカル分岐点付近のグラフ．

動点は $a = 4.0$（図 8.5 の C 点）においてアトラクタを崩壊させる「境界クライシス」と呼ばれる分岐の原因になる．

8.3 周期倍分岐

次に，図 8.5 の点 B における，分岐を調べよう．図 8.7 は分岐点 B ($a = 3.0$) における 2 回合成写像 f^2 のグラフを表している．図 8.8 は分岐点 B の前後 ($a = 2.9, 3.0, 3.1$) における f^2 のグラフの拡大図である．この図から，パラメータを増加させるとき，安定不動点が不安定化し，周囲に安定な 2 周期軌道

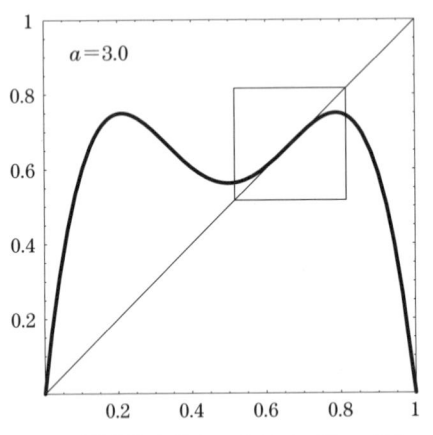

図 8.7 周期倍分岐点における f^2 のグラフ．

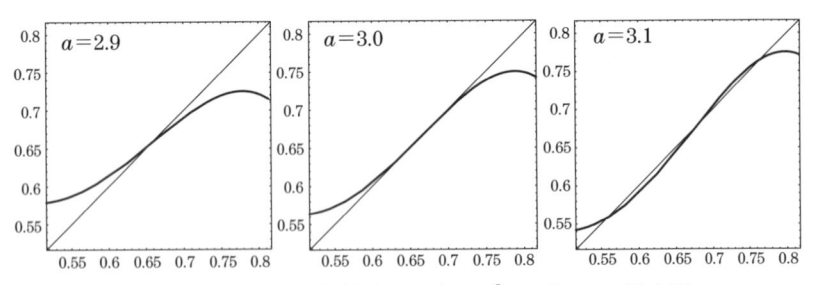

図 8.8 周期倍分岐点付近における f^2 のグラフの拡大図．

8.3 周期倍分岐

を発生させる，**周期倍分岐**であることがわかる．この周期倍分岐のパラメータ値と不動点の位置は，$f_a(x) = ax(1-x)$ に対して，次の計算から求められる．

$$\begin{cases} f_a(x) = x \\ f_a'(x) = -1 \end{cases} \tag{8.3}$$

$$\iff \begin{cases} ax(1-x) = x \\ a(1-2x) = -1 \end{cases} \tag{8.4}$$

$$\iff (a, x) = \left(3, \frac{2}{3}\right),\ (-1, 0). \tag{8.5}$$

$a > 0$ より $a = 3$, $x = \dfrac{2}{3}$ である．

図 8.9 は図 8.5 を $3.0 \leq a \leq 4.0$ の範囲で拡大したものである．また，図 8.10 は図 8.9 の中の区間 D の範囲（$3.4 \leq a \leq 3.7$）を拡大したものである．周期倍分岐点 B から更にパラメータを増加させるとき，安定 2 周期軌道はやがて不安定化し，その周囲に安定な 4 周期軌道を発生させる．さらに，安定 4 周期軌道はやがて不安定化し，その周囲に安定な 8 周期軌道を発生させる．このよう

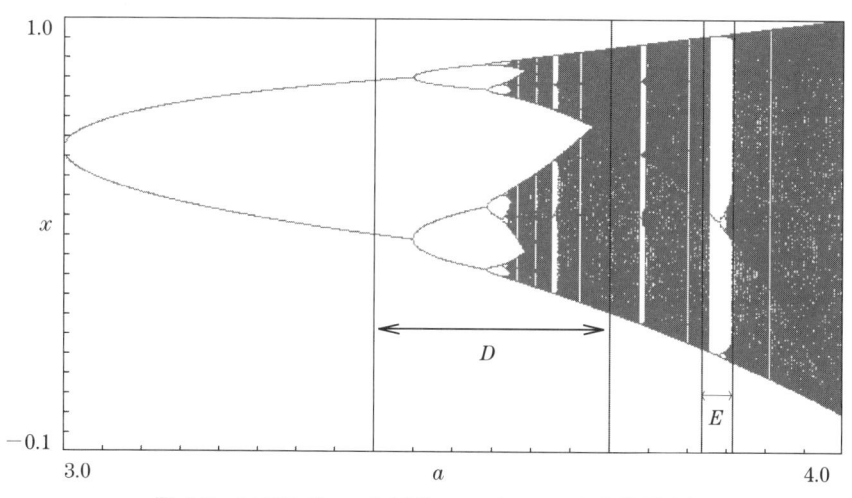

図 8.9 ロジスティック写像の 1 パラメータ分岐図 (2).

な周期倍分岐が繰り返し生じることにより，2のべき乗周期の安定周期軌道がつぎつぎに発生する．周期倍分岐を起こすパラメータ値の間隔は等比数列的に減少し，**周期倍分岐列**はある値に収束するように見える．安定な 2^n 周期軌道が周期倍分岐を起すパラメータ値を a_n とし，

$$d_n = \frac{a_n - a_{n-1}}{a_{n+1} - a_n} \tag{8.6}$$

とすると，数値計算から

$$a_\infty = \lim_{n \to \infty} a_n = 3.61547\cdots, \tag{8.7}$$

$$d_\infty = \lim_{n \to \infty} d_n = 4.669202\cdots \tag{8.8}$$

となることが知られている．周期倍分岐のパラメータ列の収束先 a_∞ は，**ファイゲンバウム点**と呼ばれる．周期倍分岐のパラメータ値の間隔の収束先 d_∞ は，**ファイゲンバウム定数**と呼ばれる．

システムはここから非周期的アトラクタが生じ得るパラメータ領域に入る．パラメータの増加に伴い，次々に，2^n 個の区間が2個づつ融合して，2^{n-1} 個の区間になり，最後に，2個の区間が1つの区間になる（図 8.10 の右の部分）．

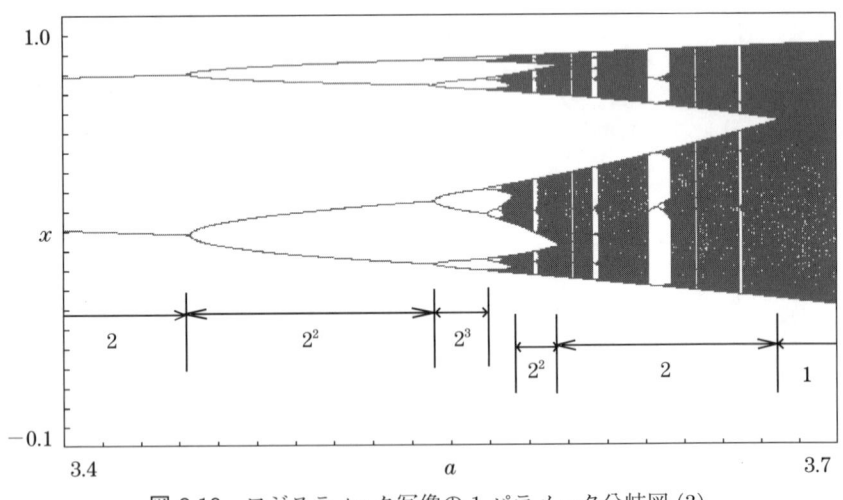

図 8.10 ロジスティック写像の 1 パラメータ分岐図 (3).

8.4 サドル・ノード分岐

図 8.11 は図 8.9 の中の区間 E の範囲（$3.82 \leq a \leq 3.86$）を拡大したものである．この図中の点 F における，分岐を調べよう．点 F の左側では，軌道は一つの閉区間の中を稠密に動いているように見える．しかし，点 F の右側では，軌道は安定 3 周期軌道に引き寄せられている．

図 8.12 は分岐点 F（$a = 3.828427$）における 3 回合成写像 f^3 のグラフを表している．図 8.13 は分岐点 F の前後（$a = 3.824, 3.828427, 3.832$）における f^3 のグラフの拡大図である（図 8.12 中の四角形の領域を拡大したもの）．この図から，パラメータを増加させるとき，安定 3 周期軌道と不安定 3 周期軌道が対発生する，**サドル・ノード分岐**であることがわかる．

更にパラメータを増加させるとき，安定 3 周期軌道はやがて不安定化し，その周囲に安定な 6 周期軌道を発生させる．更に安定 6 周期軌道も不安定化し，その周囲に安定な 12 周期軌道を発生させる．このような周期倍分岐が繰り返し生じることにより，$3 \cdot 2^n$ 型の周期をもつ安定周期軌道が発生する．この周期倍分岐の列も，2 のべき乗の周期倍分岐列のときと同様に，等比数列的に収

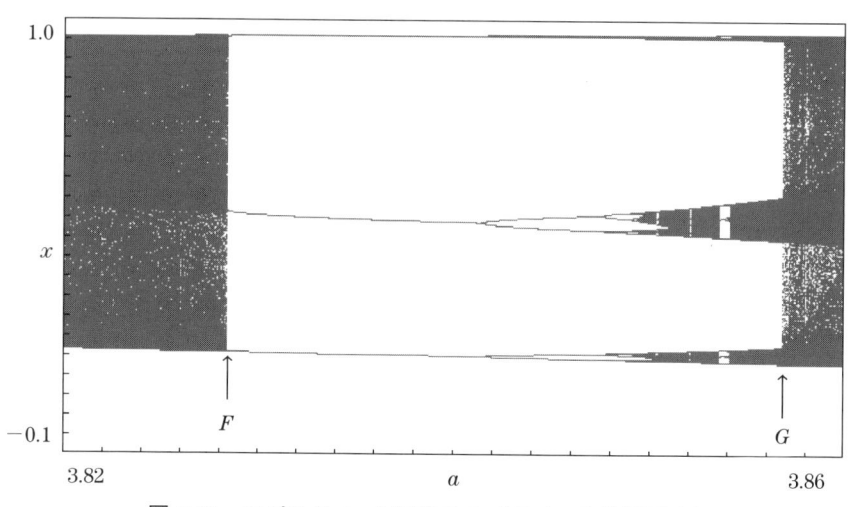

図 8.11 ロジスティック写像の 1 パラメータ分岐図 (4)．

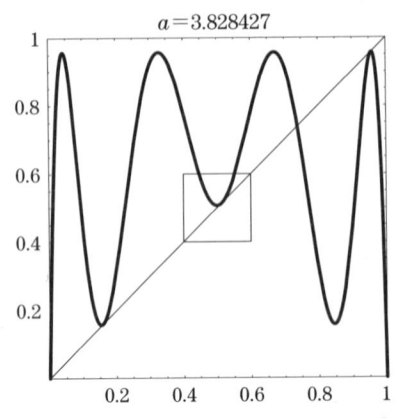

図 8.12　サドル・ノード分岐点における f^3 のグラフ.

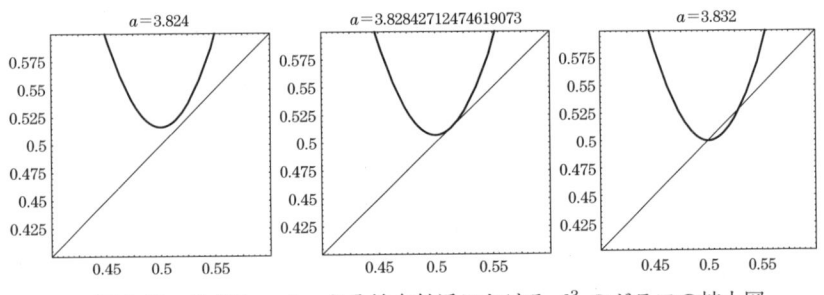

図 8.13　サドル・ノード分岐点付近における f^3 のグラフの拡大図.

束する．パラメータの更なる増加に伴い，次々に，$3 \cdot 2^n$ 個の区間が 2 個づつ融合して，$3 \cdot 2^{n-1}$ 個の区間になり，最後に，3 つの区間になる．

8.5　クライシス

次に，図 8.11 の中の点 G における，分岐を調べよう．点 G の左側では，軌道は 3 つの閉区間の中を稠密に動いているように見える．しかし，点 G の右側では，軌道の行動範囲は突然 1 つ大きな閉区間に広がっている．図 8.14 は分岐点 G ($a = 3.8568$) における 3 回合成写像 f^3 のグラフを表している．図 8.15 は分岐点 G の前後 ($a = 3.855, 3.8568, 3.858$) における f^3 のグラフの拡大図

8.5 クライシス

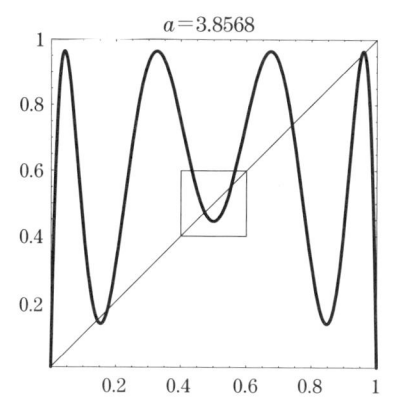

図 8.14 クライシス分岐点における f^3 のグラフ.

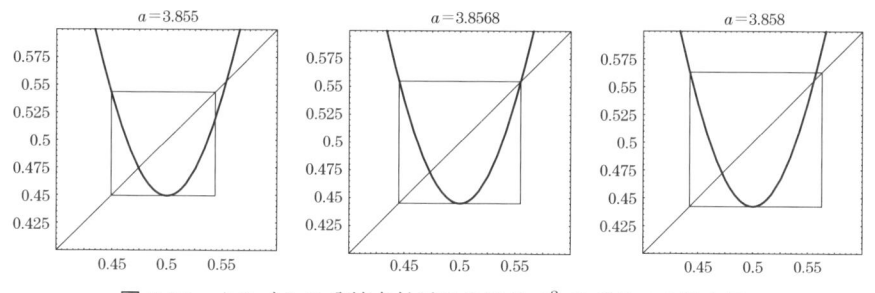

図 8.15 クライシス分岐点付近における f^3 のグラフの拡大図.

である（図 8.14 中の四角形の領域を拡大したもの）．図 8.15 中の四角形の領域は極小値 $f^3(\frac{1}{2})$ の軌道によって定まる区間 $[f^3(\frac{1}{2}), f^6(\frac{1}{2})]$ を表している．分岐点の手前 $a \leq 3.8568$ では，この四角領域内の軌道は外に出ることはできないが，分岐点の後 $a > 3.8568$ では，極小値の軌道を通って，四角領域の外に出ることができる．この図から，パラメータを増加させるとき，軌道を捕らえていた 3 つの閉区間が，サドル・ノード分岐で発生し存続し続けていた不安定 3 周期軌道に接触し，出口ができたことにより，軌道が外の大きな区間に逃げ出していたことがわかる．これは，前の章で調べた周期点の安定性の変化による分岐とは別の種類の分岐である（大域的分岐と呼ばれる）．このように，アトラクタが，不安定周期点に接触し，突然大きなアトラクタになる分岐現象を**クラ**

イシスという．高次元の写像やベクトル場でも同じように，アトラクタが突然大きなアトラクタに変化する現象があり，クライシスと呼ばれているが，詳細なメカニズムについては未だ十分にはわかっていない点も多い．

　パラメータが $a = 4.0$（図 8.5 の C 点）になると，1 つの閉区間に稠密に広がっていたアトラクタは不安定不動点である原点に接触し，更にパラメータが $a = 4.0$ を超えると，軌道は $x < 0$ の側に逃げ出すことができるようになり，アトラクタは崩壊する．これは本質的に，上述のクライシスと同じ現象であるが，この場合は，外側にアトラクタは存在せず，軌道は無限遠に発散してしまう．これらを，区別するため，前のクライシスを「**内部クライシス**（interior crisis）」，今のクライシスを「**境界クライシス**（boundary crisis）」と呼び分けることがある．

第 9 章
2次元写像のアトラクタの分岐

　エノン写像を題材にして2次元写像のアトラクタの分岐を調べる．分岐図のなかに，サドル・ノード分岐，周期倍分岐列，クライシス分岐が観測される．また，フィッシュフック窓と呼ばれる，2パラメータ空間において特徴的な窓（安定周期点が存在するパラメータ領域）が観測される．更に，分岐曲線の方程式と数値解法について述べる．

9.1　はじめに

　この章では**エノン写像**を題材にして，2次元写像のアトラクタの分岐を調べる．エノン写像は次の式で定義される，2つのパラメータ (a, b) を持つ2次元写像である[6]．

$$\begin{pmatrix} x \\ y \end{pmatrix} \mapsto \begin{pmatrix} y + 1 - ax^2 \\ bx \end{pmatrix}. \tag{9.1}$$

この写像は，$(a, b) = (0.3, 1.4)$ のときに，図9.1のようなカオスアトラクタを持つ．

9.2　1パラメータ分岐図

　図9.2はパラメータ b を0.3に固定したときの1パラメータ分岐図である．

124　第9章　2次元写像のアトラクタの分岐

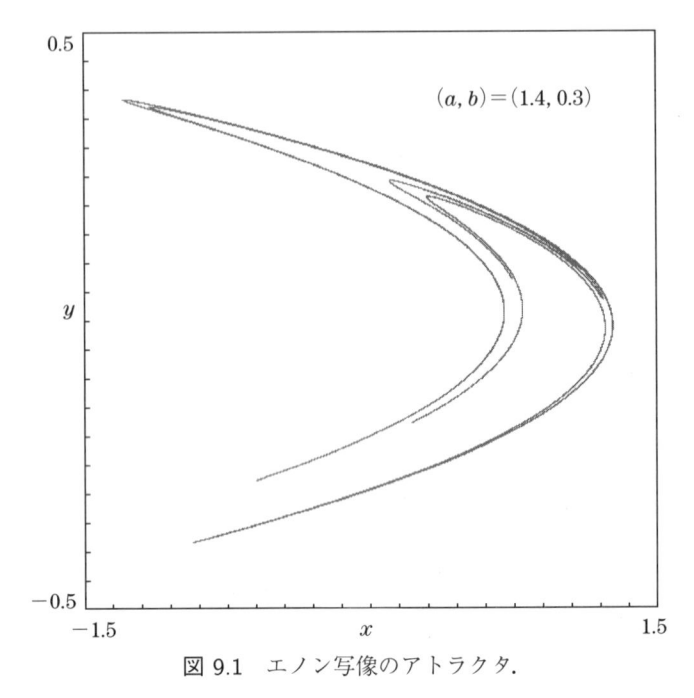

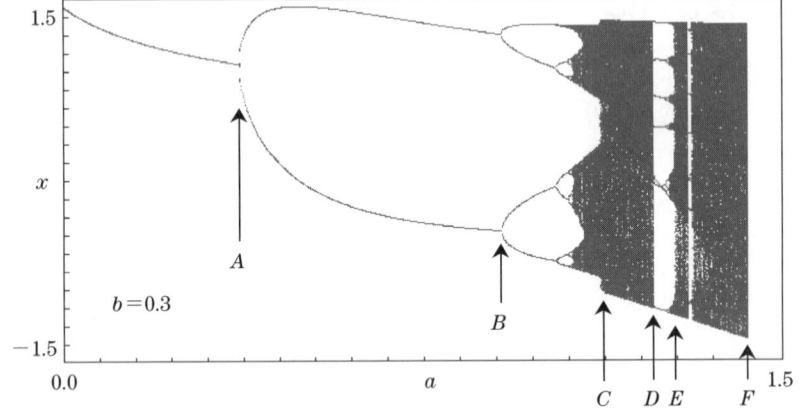

図 9.1　エノン写像のアトラクタ.

図 9.2　エノン写像の1パラメータ分岐図.

9.2 1パラメータ分岐図

図 9.3 点 A の前後におけるアトラクタの分岐.

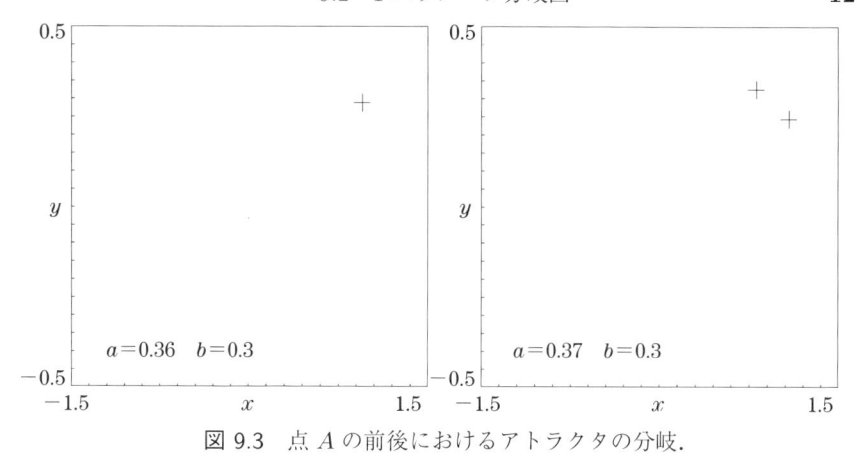

横軸はパラメータ a を $0.0 \leq a \leq 1.5$ での範囲で 600 分割している．縦軸は変数 x で $-1.5 \leq x \leq 1.5$ の範囲で 300 分割して描いている．相空間は 2 次元の (x, y) 平面であるから，1 パラメータ分岐図は本来，3 次元の (x, y, a) 空間に描かれるべきものである．しかし，それではかえって煩雑で理解しにくい図になってしまう恐れがあるので，(x, a) 平面への射影をとっている．しかし，このことは，分岐図から現象を推測するときには注意を要する．

この 1 パラメータ分岐図では，初期値のとり方として，前回の終了値を使用する方法を採用した．すなわち，$a = 0.2$ を出発するとき，$(x, y) = (0.01, 0.01)$ を初期値にとり，過渡状態として 1000 回分の軌道を計算した後に，更に 1000 回分の軌道をプロットした．その後，a を更新するごとに，前回の終了値を新たな初期値として使用した．

図 9.3〜9.7 は図 9.2 における点 A〜点 E におけるパラメータ値に対する，(x, y) 平面上のアトラクタの様子を示している．1 次元写像の 1 パラメータ分岐図で調べたことから，以下のことが予想される．

① 点 A では安定不動点が不安定化して周囲に安定な 2 周期軌道を発生させる**周期倍分岐**が起きていること．
② 点 B では安定 2 周期軌道が不安定化し，周囲に安定な 4 周期軌道を発生させる**周期倍分岐**が起きていること．

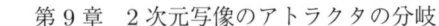

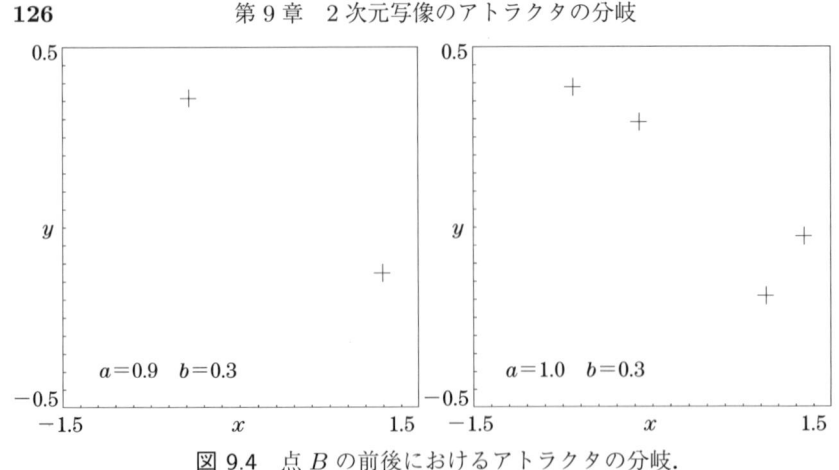

図 9.4 点 B の前後におけるアトラクタの分岐.

図 9.5 点 C の前後におけるアトラクタの分岐.

③ 点 D では安定 7 周期軌道と不安定 7 周期軌道が対発生する**サドル・ノード分岐**が起きていること.

④ 点 C, 点 E では**内部クライシス**が起き,アトラクタが一気に拡大していること.

⑤ 点 F では**境界クライシス**が起き,アトラクタが崩壊し,軌道が発散していること.

9.2 1パラメータ分岐図

図 9.6 点 D の前後におけるアトラクタの分岐.

図 9.7 点 E の前後におけるアトラクタの分岐.

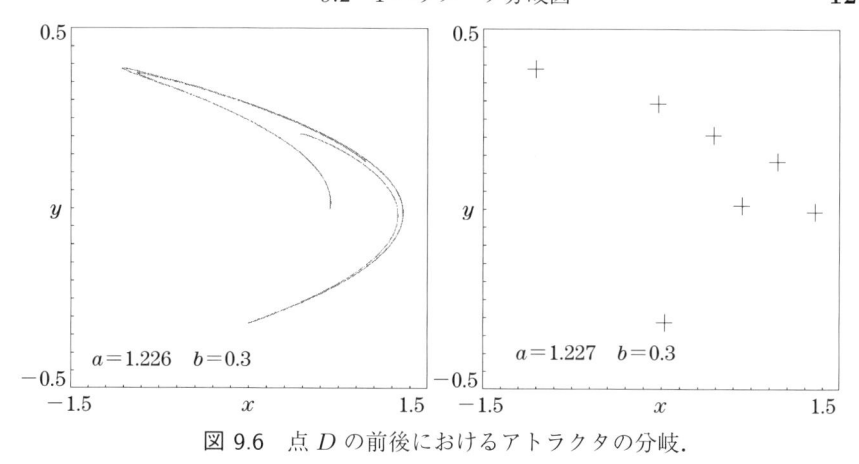

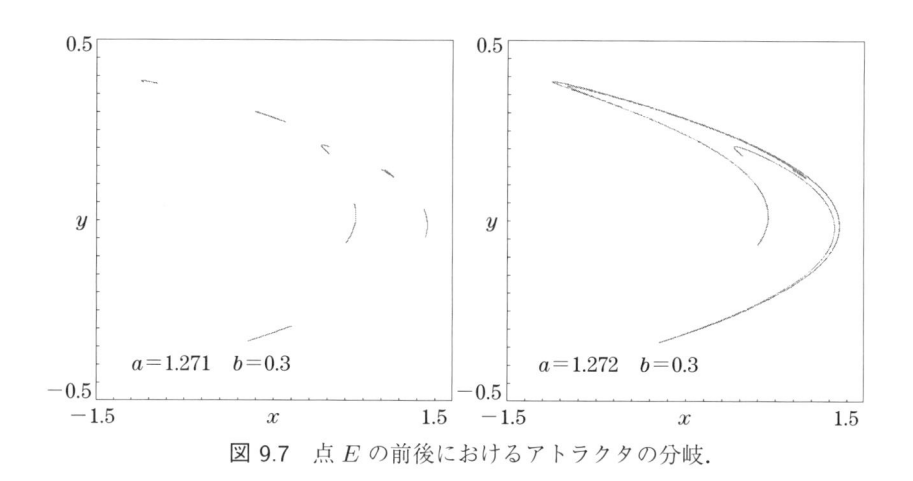

　周期倍分岐とサドル・ノード分岐に関しては，後で述べる分岐方程式を解くことによって，この予想は確かめられる．しかし，クライシスなどの大域的な分岐に関しては，予想を確かめるのは簡単ではない．特に，2次元写像の場合には，1次元写像に比べて複雑であり，例えば，周期点の安定多様体と不安定多様体の交差や接触に関する，より詳しい解析が必要である．

9.3 2パラメータ分岐図

更に，パラメータ b を変化させたときの分岐の様子も知るために，図 9.8〜9.10 のような 2 パラメータ分岐図が使われる．図 9.8 の横軸はパラメータ a を $0 \leq a \leq 2.0$ での範囲で 640 分割し，縦軸はパラメータ b を $-1 \leq b \leq 1$ の範囲で 480 分割して描いている．パラメータ (a,b) を固定して，初期値から過渡状態として 1000 回分の軌道を計算した後，その点が周期点であるか否かを判定する．周期性の判定は，その点の軌道を N 回まで計算し，もとの点の ε-近傍に戻ってくるまでの回数をカウントし，それをその点の周期 per とする．N 回までに戻ってこない場合には，$N+1$ 以上の周期をもつ点または非周期点と判断し，$per = 0$ とする．また，軌道を計算する途中で，原点から，例えば $R = 10^3$ よりも離れた場合には，発散とみなし，$per = -1$ とする．これらの

図 9.8 エノン写像の 2 パラメータ分岐図 (1)．
（口絵のカラーも参照．）

9.3 2パラメータ分岐図

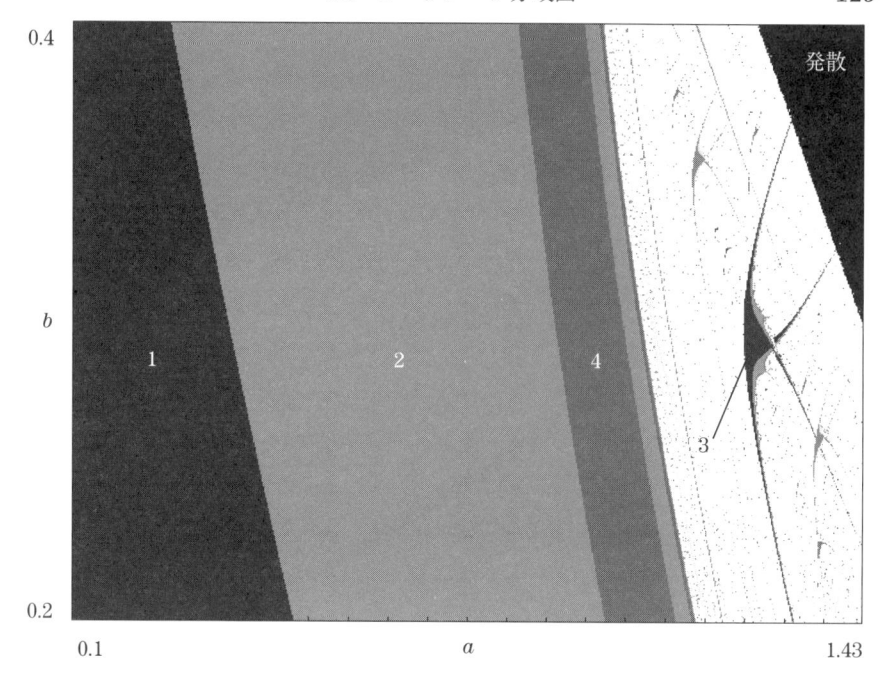

図中ラベル: 発散, 1, 2, 4, 3
軸: b (縦, 0.2〜0.4), a (横, 0.1〜1.43)

図 9.9 エノン写像の2パラメータ分岐図 (2).
（口絵のカラーも参照.）

値 (a, b, per) をファイルに出力し，次のパラメータ値に更新して，同様のことを繰り返す．図 9.8〜9.10 においては，$N = 32, \varepsilon = 10^{-6}$ を使用した．パラメータの更新は，$b = -1$ から $b = 1$ に向って，先ず，b を固定して，a を 0 から 2 まで変化させ，次に，b を更新して，再び a を 0 から 2 まで変化させるという順序で行った．初期値のとり方は，b を更新するごとに，$a = 0$ のときに，$(x, y) = (0.01, 0.01)$ を与え，それ以降は前回の終了値を初期値とした．

こうした作業によって，(a, b, per) の値を記したデータファイルが得られる．このファイルを読み込み，あらかじめ per の値に応じて決めておいた色で，画面上の (a, b) に対応する位置に点をプロットする．図 9.9, 図 9.10 は図 9.8 の一部を拡大したものである．これらの図中の数字は周期 per の値を表している．図 9.9 では，左から右に向かって 1 周期 → 2 周期 → 4 周期 → … という，周期倍分岐列が認められる．パラメータ空間において，カオス領域の中にある

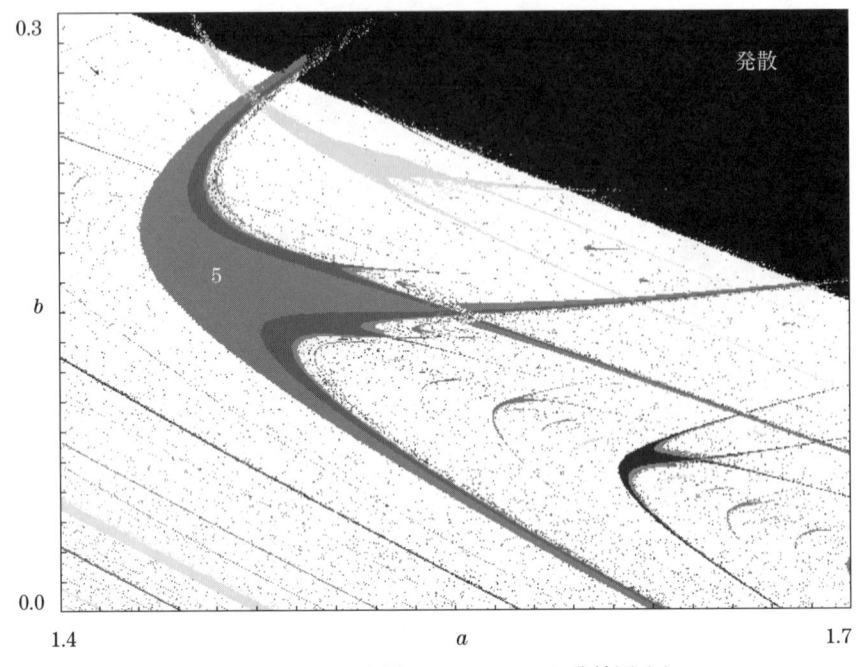

図 9.10　エノン写像の 2 パラメータ分岐図 (3).
（口絵のカラーも参照.）

安定周期領域を窓（window）という．図 9.9 の右側には 3 周期の窓，図 9.10 の左側には 5 周期の窓が認められる．このような形の窓をフィッシュフック窓（fishuhook window，釣り針型窓）という．フィッシュフック窓の境界はサドル・ノード分岐曲線と周期倍分岐曲線からなる．これらの分岐曲線を後の節で計算する．

9.4　分岐曲線の方程式

2 パラメータ分岐図上で異なる色が接する境界線は，安定な周期軌道の周期が変化したことを表しており，分岐が起きていることを示している．これらの分岐曲線の方程式を導き，数値的に解く方法について述べる．

9.4 分岐曲線の方程式

定義 9.1 エノン写像を

$$H(\,\cdot\,;a,b):\mathbb{R}^2\to\mathbb{R}^2, \tag{9.2}$$

$$H(x,y;a,b)=(y+1-ax^2,bx) \tag{9.3}$$

で表す．$H(\,\cdot\,;a,b)$ の 2 回合成写像 $H^2(\,\cdot\,;a,b)$ を

$$H^2(\,\cdot\,;a,b):\mathbb{R}^2\to\mathbb{R}^2, \tag{9.4}$$

$$H^2(x,y;a,b)=H(H(x,y;a,b);a,b) \tag{9.5}$$

で定義する．また，$k\geq 2$ に対して k 回合成写像を

$$H^k(\,\cdot\,;a,b):\mathbb{R}^2\to\mathbb{R}^2, \tag{9.6}$$

$$H^k(x,y;a,b)=H(H^{k-1}(x,y;a,b);a,b) \tag{9.7}$$

で定義する．$H^k(\,\cdot\,;a,b)$ のヤコビ行列は

$$H^k(x,y;a,b)=(h_1(x,y;a,b),h_2(x,y;a,b)) \tag{9.8}$$

とするとき

$$DH^k=\begin{pmatrix}\frac{\partial h_1}{\partial x} & \frac{\partial h_1}{\partial y} \\ \frac{\partial h_2}{\partial x} & \frac{\partial h_2}{\partial y}\end{pmatrix} \tag{9.9}$$

で与えられる．

(a,b) を固定したとき，(x,y) が H^k の不動点となるための必要十分条件は

$$H^k(x,y;a,b)=(x,y) \tag{9.10}$$

をみたすことである．

更に，この点においてヤコビ行列 $DH^k(x,y;a,b)$ が固有値 λ を持つための必要十分条件は，

$$\det(DH^k(x,y;a,b)-\lambda I)=0 \tag{9.11}$$

$$\iff$$

$$\lambda^2-T\lambda+D=0 \tag{9.12}$$

をみたすことである．ここで，

$$T = \text{trace}(DH^k(x,y;a,b)), \quad D = \det(DH^k(x,y;a,b)) \quad (9.13)$$

である．この2次方程式が，それぞれ $\lambda = 1$（サドル・ノード分岐），$\lambda = -1$（周期倍分岐），$|\lambda| = 1$ の共役複素数（ナイマルク–サッカー分岐）を解に持つ条件を求めることにより次の定理を得る[13],[17]．

定理 9.1 (1) 点 (x,y) が k 周期となるための必要条件は

$$H^k(x,y;a,b) = (x,y) \quad (9.14)$$

をみたすことである．

(2) 更に，点 (x,y) が，サドル・ノード分岐，周期倍分岐，ナイマルク–サッカー分岐を起すためには，それぞれ次の条件をみたすことが必要である．

サドル・ノード分岐：

$$1 - T + D = 0. \quad (9.15)$$

周期倍分岐：

$$1 + T + D = 0. \quad (9.16)$$

ナイマルク–サッカー分岐：

$$D = 1 \quad \text{and} \quad T^2 < 4. \quad (9.17)$$

ここで，$T = \text{trace}(DH^k(x,y;a,b)), D = \det(DH^k(x,y;a,b))$ である．

方程式 (9.14) は2次元のベクトル方程式であるからスカラー方程式としては2本である．分岐条件と合わせると，4つの変数に対して3本のスカラー方程式からなる拘束条件であるから，解は4次元空間内において一般には1次元の曲線となる．この曲線をパラメータ平面に射影したものが2パラメータ分岐図上の分岐曲線となる．

定理において，$k = 1$ の場合，すなわち，不動点の場合は解析的に解くことができる．不動点の位置は次の方程式で与えられる．

$$H(x,y;a,b) = (x,y) \tag{9.18}$$

$$\iff \begin{cases} y + 1 - ax^2 = x \\ bx = y \end{cases} \tag{9.19}$$

$$\iff \begin{cases} x = \frac{1}{2a}\{b - 1 \pm \sqrt{(b-1)^2 + 4a}\} \\ y = \frac{b}{2a}\{b - 1 \pm \sqrt{(b-1)^2 + 4a}\} \end{cases} \tag{9.20}$$

ヤコビ行列 DH は

$$DH = \begin{pmatrix} -2ax & 1 \\ b & 0 \end{pmatrix} \tag{9.21}$$

で与えられることより，固有値 λ を持つための条件は

$$\det(DH(x,y;a,b) - \lambda I) = 0 \tag{9.22}$$

$$\iff \lambda(\lambda + 2ax) - b = 0 \tag{9.23}$$

となる．周期倍分岐条件として $\lambda = -1$ を代入し，式 (9.20) の x を代入すると，

$$4a = 3(b-1)^2 \tag{9.24}$$

を得る．式 (9.20) に代入して a を消去すると，不動点の周期倍分岐曲線は b を媒介変数として

$$(x, y, a, b) = \left(-\frac{2}{3(b-1)}, -\frac{2b}{3(b-1)}, \frac{3}{4}(b-1)^2, b\right) \tag{9.25}$$

で与えられる．

高い周期の周期点の分岐方程式は一般に解析的に解くことが困難である．次の節では分岐方程式の数値解法について述べる．

9.5 分岐方程式の数値解法

先ず，一般的な連立非線型方程式の数値解法について述べる．話を具体的にするため，3 変数の連立方程式

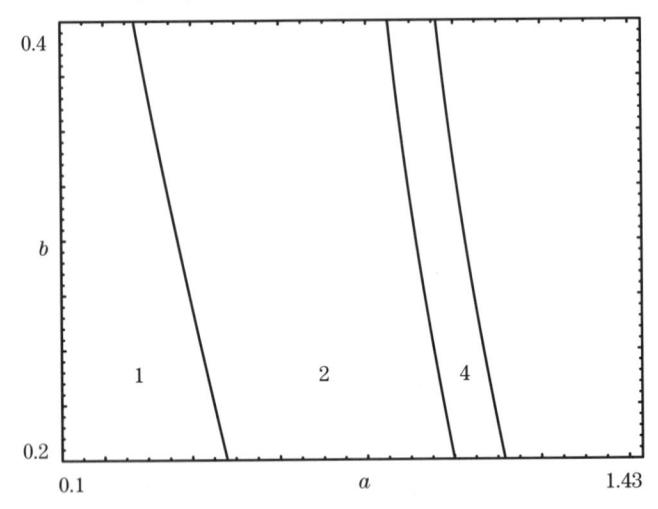

図 9.11　エノン写像の分岐曲線 (1)：不動点，2 周期点，4 周期点の周期倍分岐曲線.

$$F_1(x,y,z) = 0, \tag{9.26}$$

$$F_2(x,y,z) = 0, \tag{9.27}$$

$$F_3(x,y,z) = 0 \tag{9.28}$$

を考える．$\boldsymbol{x}_n = (x_n, y_n, z_n)^T$ を解の推定値とし，次のニュートン法のアルゴリズムによって，$\boldsymbol{x}_{n+1} = (x_{n+1}, y_{n+1}, z_{n+1})^T$ に改善する．

$$\boldsymbol{x}_{n+1} = \boldsymbol{x}_n - \boldsymbol{d}_n. \tag{9.29}$$

但し，$\boldsymbol{d}_n = (d_n^1, d_n^2, d_n^3)^T$ は連立 1 次方程式

$$D \begin{pmatrix} d_n^1 \\ d_n^2 \\ d_n^3 \end{pmatrix} = \begin{pmatrix} F_1(\boldsymbol{x}_n) \\ F_2(\boldsymbol{x}_n) \\ F_3(\boldsymbol{x}_n) \end{pmatrix} \tag{9.30}$$

の解として与える．ここで，D はヤコビ行列

$$D = \begin{pmatrix} \frac{\partial F_1}{\partial x} & \frac{\partial F_1}{\partial y} & \frac{\partial F_1}{\partial z} \\ \frac{\partial F_2}{\partial x} & \frac{\partial F_2}{\partial y} & \frac{\partial F_2}{\partial z} \\ \frac{\partial F_3}{\partial x} & \frac{\partial F_3}{\partial y} & \frac{\partial F_3}{\partial z} \end{pmatrix} \tag{9.31}$$

9.5 分岐方程式の数値解法

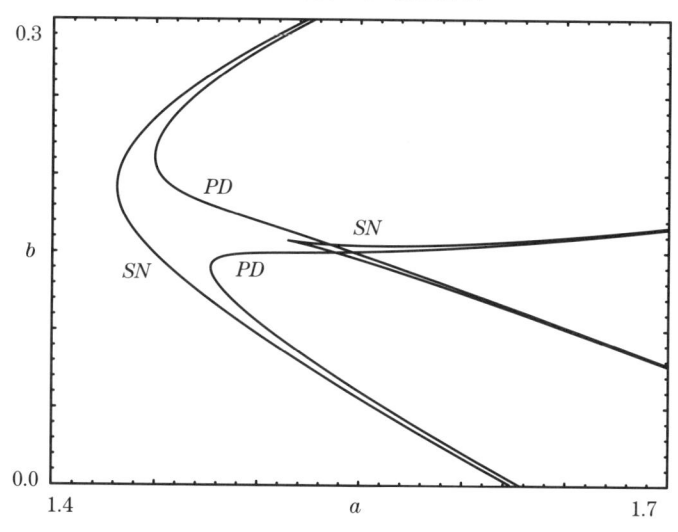

図 9.12 分岐曲線 (2): 5 周期フィッシュフック窓近傍の分岐曲線. SN はサドル・ノード分岐曲線, PD は周期倍分岐曲線.

であるが, 各成分は数値的に, 十分小さい h を使って,

$$\frac{\partial F_1}{\partial x} = \frac{F_1(x_n + h, y_n, z_n) - F_1(x_n, y_n, z_n)}{h} \tag{9.32}$$

などで代用する.

次に 4 変数 $\boldsymbol{x} = (x, y, z, w)$ の間に 3 本の方程式

$$F_1(x, y, z, w) = 0, \tag{9.33}$$

$$F_2(x, y, z, w) = 0, \tag{9.34}$$

$$F_3(x, y, z, w) = 0 \tag{9.35}$$

が成り立つ場合を考える. 解は 4 次元空間内で一般に 1 次元の曲線となる. ニュートン法を繰り返し適用することにより, 曲線を追跡する. 求める解曲線上に十分近い 2 つの数値解 $\boldsymbol{z}_k, \boldsymbol{z}_{k+1}$ が得られているとする. このとき, ニュートン法を使って次の数値解 $\boldsymbol{z}_{k+2}$ を得るためには, 1) ニュートン法を実行するための最初の推定値 $\boldsymbol{z}'_{k+2}$ をどのように与えるか, 2) 3 変数の方程式とするためにどの変数を固定するか, を決定しなければならない. 推定値 $\boldsymbol{z}'_{k+2}$ は点 $\boldsymbol{z}_k$ と点

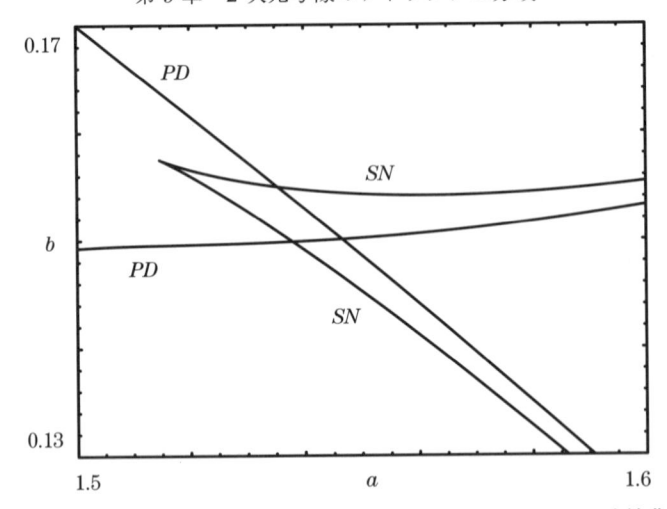

図 9.13 分岐曲線 (3)：(2) の拡大図．SN はサドル・ノード分岐曲線，PD は周期倍分岐曲線．

z_{k+1} を延長した線上に

$$z'_{k+2} = z_{k+1} + \frac{z_{k+1} - z_k}{|z_{k+1} - z_k|} p \qquad (9.36)$$

で与えられる点としてとるとよい．ここで，p は曲線上での数値解の間隔を定めるパラメータである．また，固定する変数は，ベクトル $q = z_{k+1} - z_k = (q_1, q_2, q_3, q_4)$ の成分の絶対値が最大のものに対応する変数を固定するとよい．例えば，q_4 が最大の絶対値を持つときは，変数 w を固定して，3 変数 (x, y, z) に関する方程式として，数値解を求めればよい．この方法を繰り返すことにより，4 次元空間内での 1 次元の解曲線を追跡していくことができる．

9.6 分岐図のアートへの応用

2 パラメータ分岐図は各 (a, b) に整数 per を対応させ，この値によって色を与えた図である．(a, b) が周期軌道に対応していれば，周期のほかに，周期点の座標，固有値，固有ベクトルなどの実数値を対応させることができる．これらの実数値に応じて色にグラデーションなどを与えれば，美しいコンピュータグラフィックスを得ることができるであろう．

第 10 章
3次元ベクトル場のアトラクタの分岐

レスラー方程式を題材にして3次元自律ベクトル場のアトラクタの分岐を調べる．周期アトラクタの分岐は，ポアンカレ写像によって，2次元写像の周期点の分岐に帰着される．分岐図のなかに，サドル・ノード分岐，周期倍分岐列，フィッシュフック窓が観測される．

10.1 はじめに

この章では3つのパラメータ (a, b, c) を持つ3次元自律ベクトル場であるレスラー方程式を例にとり，3次元自律ベクトル場のアトラクタの分岐を調べる．第3章で紹介したようにレスラー方程式は次の式で定義される[19]．

$$\begin{cases} \dfrac{dx}{dt} = -(y+z) \\[4pt] \dfrac{dy}{dt} = x + ay \\[4pt] \dfrac{dz}{dt} = b + z(x-c) \end{cases} \quad (10.1)$$

a, b, c はパラメータで，$(a, b, c) = (0.2, 0.2, 5.7)$ のとき，図3.19のようなアトラクタが観測される．この軌道に横断的に交わる半平面として

$$\Sigma = \{(x, y, z) | x \leq 0, y = 0\} \tag{10.2}$$

をポアンカレ断面として設定する．レスラー方程式のアトラクタの分岐はこのポアンカレ断面上の 2 次元写像，すなわちポアンカレ写像のアトラクタの分岐として捉えることができる．

10.2　1 パラメータ分岐図

図 10.1 はパラメータ (a, b) を $(a, b) = (0.2, 0.2)$ に固定したときの 1 パラメータ分岐図である．横軸はパラメータ c を $2.0 \leq c \leq 6.0$ での範囲で 600 分割している．縦軸は変数 x で $-10 \leq x \leq 0$ の範囲で 300 分割して描いている．相空間は 2 次元の (x, z) 平面であるから，1 パラメータ分岐図は本来，3 次元の (x, z, c) 空間に描かれるべきものである．しかし，それではかえって煩雑で理解しにくい図になってしまう恐れがあるので，(x, c) 平面への射影をとっている．

この 1 パラメータ分岐図では，初期値のとり方として，前回の終了値を使用する方法を採用した．すなわち，$c = 2.0$ を出発するとき，$(x, y, z) = (0.01, 0.01, 0.01)$ を初期値にとり，微分方程式の軌道を数値的に計算し，軌道

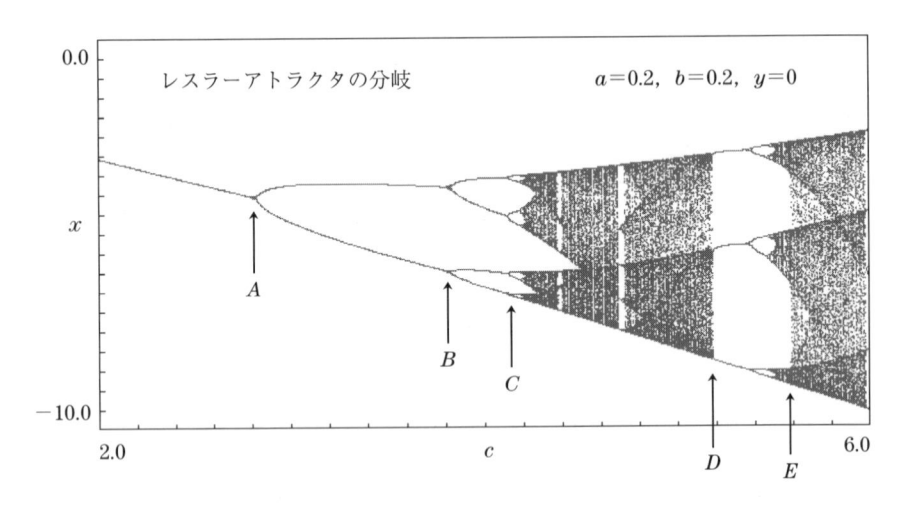

図 10.1　レスラーアトラクタの 1 パラメータ分岐図．

10.2 1パラメータ分岐図

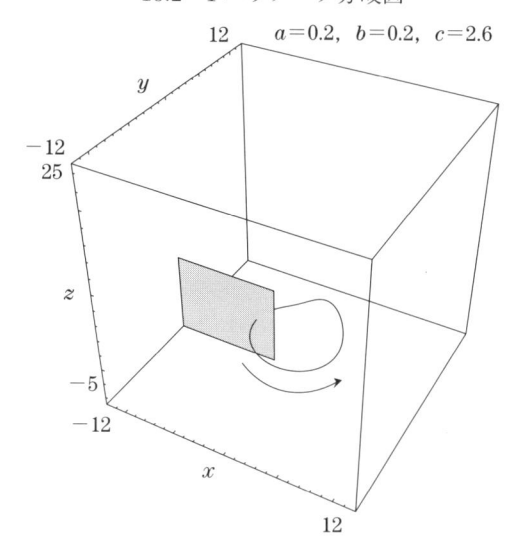

$a=0.2,\ b=0.2,\ c=2.6$

図 10.2　1周期アトラクタ. $(a,b,c)=(0.2,0.2,2.6)$.

とポアンカレ断面 Σ との交点を求める．過渡状態として 100 回分の交点を計算した後に，更に 100 回分の交点をプロットした．その後，c を更新するごとに，前回の終了値を新たな初期値として使用した．

図 10.2〜10.6 は，それぞれ $c=2.6, 3.2, 4.0, 5.3, 5.8$ におけるアトラクタの様子を示している．

1次元写像，2次元写像の1パラメータ分岐図で調べたことから，図 10.1 における点 A〜点 E における分岐について，以下のことが予想される．

① 点 A では安定1周期軌道が不安定化して周囲に安定2周期軌道を発生させる**周期倍分岐**が起きていること．
② 点 B では安定2周期軌道が不安定化し，周囲に安定4周期軌道を発生させる**周期倍分岐**が起きていること．
③ 点 C では安定4周期軌道が不安定化し，周囲に安定8周期軌道を発生させる**周期倍分岐**が起きていること．
④ 点 D では安定3周期軌道と不安定3周期軌道が対発生する**サドル・ノード分岐**が起きていること．
⑤ 点 E では**内部クライシス**が起き，アトラクタが一気に拡大していること．

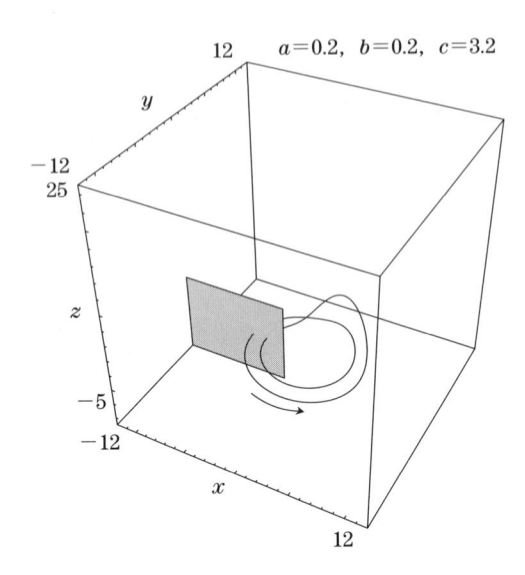

図 10.3 2周期アトラクタ. $(a, b, c) = (0.2, 0.2, 3.2)$.

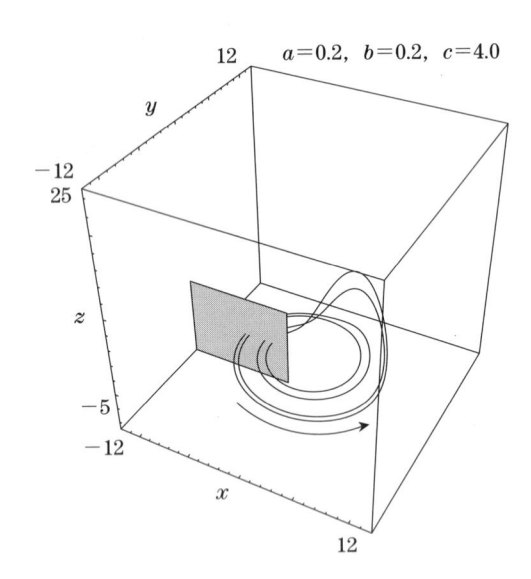

図 10.4 4周期アトラクタ. $(a, b, c) = (0.2, 0.2, 4.0)$.

10.2 1パラメータ分岐図

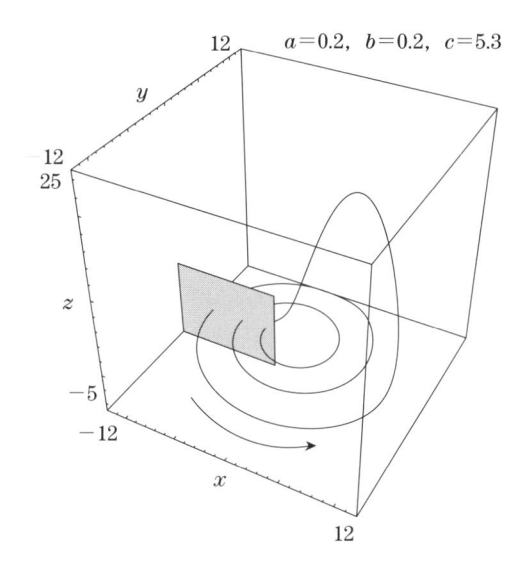

図 10.5 3周期アトラクタ. $(a, b, c) = (0.2, 0.2, 5.3)$.

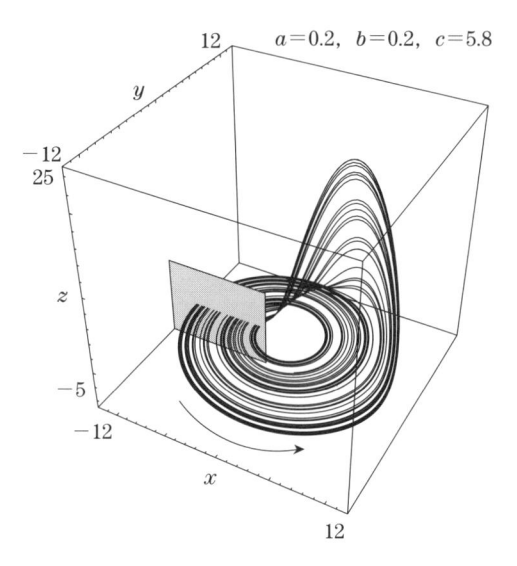

図 10.6 カオスアトラクタ. $(a, b, c) = (0.2, 0.2, 5.8)$.

10.3　2パラメータ分岐図

更に，パラメータ a を変化させ，図 10.7 のような 2 パラメータ分岐図を作った．パラメータ b は $b = 0.2$ に固定する．横軸はパラメータ c を $2.0 \leq c \leq 6.0$ での範囲で 640 分割し，縦軸はパラメータ a を $0.1 \leq a \leq 0.3$ の範囲で 480 分割して描いている．パラメータ (a, c) を固定して，初期値から微分方程式の軌道を数値的に計算し，軌道とポアンカレ断面 Σ との交点を求める．過渡状態として 100 回分の交点を求めた後，その点がポアンカレ写像の周期点であるか否かを判定する．周期性の判定は，その点の軌道を N 回まで計算し，もとの点の ε-近傍に戻ってくるまでの回数をカウントし，それをその点の周期 per とする．N 回までに戻ってこない場合には，$N + 1$ 以上の周期を持つ点または非周期点と判断し，$per = 0$ とする．これらの値 (a, c, per) をファイルに出力

図 10.7　レスラーアトラクタの 2 パラメータ分岐図，$b = 0.2$．
（口絵のカラーも参照．）

し，次のパラメータ値に更新して，同様のことを繰り返す．図 10.7 においては，$N = 32, \varepsilon = 10^{-3}$ を使用した．パラメータの更新は，$a = 0.1$ から $a = 0.3$ に向って，先ず，a を固定して，c を 2.0 から 6.0 まで変化させ，次に，a を更新して，再び c を 2.0 から 6.0 まで変化させるという順序で行った．初期値のとり方は，a を更新するごとに，$c = 2.0$ のときに，$(x, y, z) = (0.01, 0.01, 0.01)$ を与え，それ以降は前回の終了値を初期値とした．

こうした作業によって，(a, c, per) の値を記したデータファイルが得られる．このファイルを読み込み，あらかじめ per の値に応じて決めておいた色で，画面上の (c, a) に対応する位置に点をプロットする．図 10.7 中の数字は周期を表している．図 10.7 の左下から右上に向かって，1 周期 →2 周期 →4 周期 → · · · という，周期倍分岐列が認められる．領域の境界部分に見える黒い領域は，過渡状態の切捨てが不十分であるため，周期軌道としてうまく認識できなかったところである．また，図 10.7 の右上には 3 周期の**フィッシュフック窓**が認められる．

第 11 章
区分線形力学系

　この章では**連続区分線形ベクトル場**の解析手法について述べる[11]~[13].このベクトル場は,$\mathbb{R}^3$ を平面によっていくつかの領域に分割するとき,各領域で線形ベクトル場となっていて,さらに,$\mathbb{R}^3$ 全体で連続になるように接続されているものである.線形ベクトル場の流れの様子については,第 4 章で学んだが,その知識を使って,区分線形ベクトル場の流れの様子を想像することができる.さらに,アトラクタの構造や分岐の仕組みについて理解を深めることができる.

　先ず,区分線形ベクトル場が豊富な分岐現象やカオス現象を含んでいることを示す.次に,線形共役のもとでの標準形が決定され,再帰時間座標の導入により種々の分岐方程式が導出されることについて述べる.

11.1　ストレンジ・アトラクタ

　次の微分方程式で定義される 3 次元自律ベクトル場を考える.

$$\begin{cases} \dfrac{dx}{dt} = c_1 x + y + \dfrac{1}{2} c_1 \{|x-1| - |x+1|\} \\ \dfrac{dy}{dt} = c_2 x + z + \dfrac{1}{2} c_2 \{|x-1| - |x+1|\} \\ \dfrac{dz}{dt} = (c_3 + a_3) x + a_2 y + a_1 z + \dfrac{1}{2} c_3 \{|x-1| - |x+1|\} \end{cases} \quad (11.1)$$

この方程式の右辺は絶対値関数を含んだ連続な区分線形関数である.$\mathbb{R}^3$ を 3 つ

11.1 ストレンジ・アトラクタ

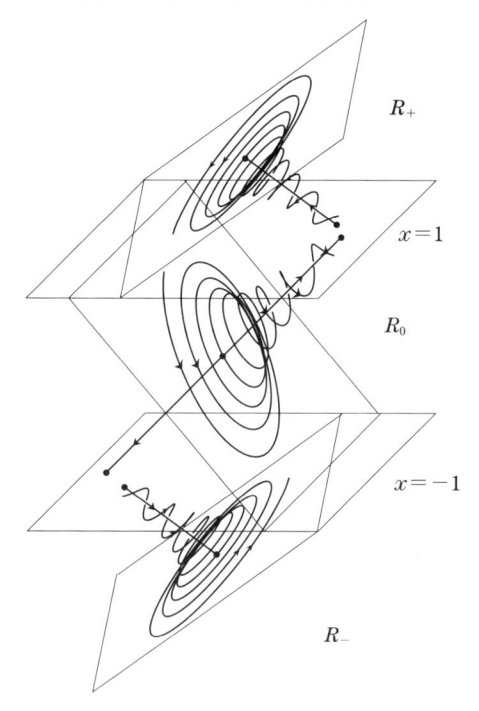

図 11.1 3次元原点対称3領域系の相空間.

の領域

$$R_+ = \{\boldsymbol{x} = (x,y,z) \in \mathbb{R}^3 | x \geq 1\}, \tag{11.2}$$

$$R_0 = \{\boldsymbol{x} = (x,y,z) \in \mathbb{R}^3 | |x| \leq 1\}, \tag{11.3}$$

$$R_- = \{\boldsymbol{x} = (x,y,z) \in \mathbb{R}^3 | x \leq -1\} \tag{11.4}$$

に分割するとき，ベクトル場はそれぞれの領域で線形ベクトル場となっている．さらに，これらの線形ベクトル場は，$\mathbb{R}^3$ 全体で連続になるように接続されている．線形ベクトル場の流れの様子については，第4章で学んだ．その知識を使って，区分線形ベクトル場の流れの様子を想像することができ，さらに，アトラクタの構造や分岐の仕組みについて理解を深めることができる．

図 11.1 は領域 R_0 では複素共役固有値 $\alpha_0 \pm \beta_0 i$ $(\alpha_0 < 0)$ と実固有値 $\gamma_0 > 0$ を持ち，領域 $R_\pm$ では複素共役固有値 $\alpha_1 \pm \beta_1 i$ $(\alpha_1 > 0)$ と実固有値 $\gamma_1 < 0$

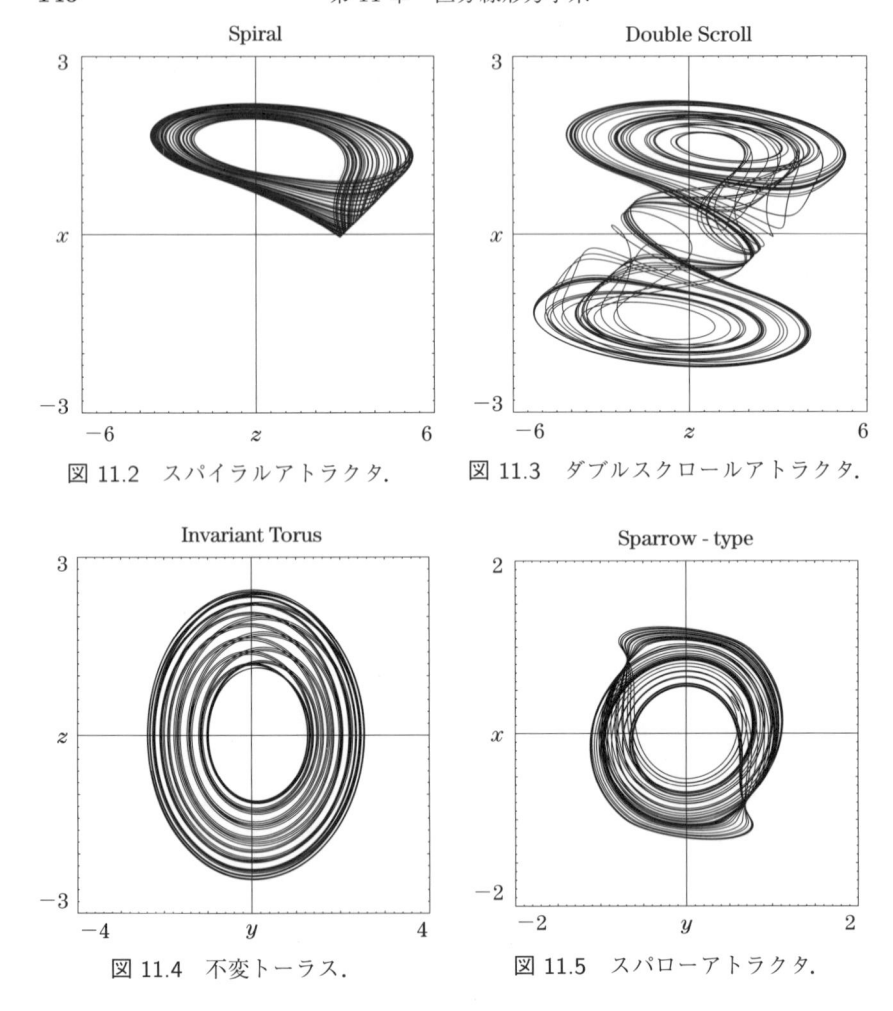

図 11.2　スパイラルアトラクタ.

図 11.3　ダブルスクロールアトラクタ.

図 11.4　不変トーラス.

図 11.5　スパローアトラクタ.

を持つ場合の方程式 (11.1) の相空間を模式的に表したものである．パラメータ $a_1, a_2, a_3, c_1, c_2, c_3$ を変えることにより，図 11.2〜5 のような様々なアトラクタが現れる．(次の節で述べるように，パラメータ $a_1, a_2, a_3, c_1, c_2, c_3$ は各領域の固有値から決定できる.)

　図 11.2 はレスラーのスパイラルアトラクタと同様の構造を持っている．固有値は

11.1 ストレンジ・アトラクタ

$$\alpha_0 \pm \beta_0 i = -0.68 \pm 1.90i, \quad \gamma_0 = 1.55, \tag{11.5}$$

$$\alpha_1 \pm \beta_1 i = 0.09 \pm 2.13i, \quad \gamma_1 = -2.76, \tag{11.6}$$

対応するパラメータは

$$(a_1, a_2, a_3) = (0.19, -1.9644, 6.3122), \tag{11.7}$$

$$(c_1, c_2, c_3) = (-2.77, -2.61, -13.91) \tag{11.8}$$

である．

図 11.3 はダブルスクロールである．第 3 章で述べた方程式の変数と座標を線形変換して得られる．固有値は

$$\alpha_0 \pm \beta_0 i = -0.68 \pm 1.90i, \quad \gamma_0 = 1.55, \tag{11.9}$$

$$\alpha_1 \pm \beta_1 i = 0.13 \pm 2.13i, \quad \gamma_1 = -2.76, \tag{11.10}$$

対応するパラメータは

$$(a_1, a_2, a_3) = (0.19, -1.9644, 6.3122), \tag{11.11}$$

$$(c_1, c_2, c_3) = (-2.69, -2.383, -14.049) \tag{11.12}$$

である．

図 11.4 は安定な不変トーラスである．固有値は

$$\alpha_0 \pm \beta_0 i = -0.04815 \pm 1.0083i, \quad \gamma_0 = 0.1963, \tag{11.13}$$

$$\alpha_1 \pm \beta_1 i = 0.03434 \pm 1.00416i, \quad \gamma_1 = -0.13868, \tag{11.14}$$

対応するパラメータは

$$(a_1, a_2, a_3) = (0.1, -1.0, 0.2), \tag{11.15}$$

$$(c_1, c_2, c_3) = (-0.17, -0.01699, -0.1717) \tag{11.16}$$

である．

また，固有値のタイプを反転させて

$$\alpha_0 > 0, \quad \gamma_0 < 0, \quad \alpha_1 < 0, \quad \gamma_1 > 0 \tag{11.17}$$

としたときには，図 11.5 のようなアトラクタが現れる．これはスパロー（C.T. Sparrow）によって研究されたアトラクタと同様の構造を持つ[21]．固有値は

$$\alpha_0 \pm \beta_0 i = 0.068 \pm 1.0i, \quad \gamma_0 = -1.3, \tag{11.18}$$

$$\alpha_1 \pm \beta_1 i = -0.3579 \pm 2.89i, \quad \gamma_1 = -0.3579, \tag{11.19}$$

対応するパラメータは

$$(a_1, a_2, a_3) = (-1.164, -0.827824, -1.306011), \tag{11.20}$$

$$(c_1, c_2, c_3) = (1.2482, -8.532633, 16.98886) \tag{11.21}$$

である．

　区分線形ベクトル場では，滑らかな非線形ベクトル場に劣らず，豊富な分岐現象やカオス現象が観測される．一つの方程式のパラメータを変えることによって，これまで種々の方程式で観測されたアトラクタが出現する．これらのことは，区分線形ベクトル場が分岐やカオスを研究するうえで適切な対象の一つであることを示している．

11.2　標準形

　区分線形ベクトル場の定義を，3 次元 2 領域系の場合に限って与えよう．3 次元ユークリッド空間 $\mathbb{R}^3$ に 1 つの平面 $V = \{\boldsymbol{x} \in \mathbb{R}^3 | \langle \boldsymbol{\alpha}, \boldsymbol{x} \rangle = 1\}$ を考える．ここで，$\boldsymbol{\alpha} \in \mathbb{R}^3$ は法線ベクトルで $\|\boldsymbol{\alpha}\| = 1$，$\langle , \rangle$ は内積を表す．平面 V によって $\mathbb{R}^3$ を 2 つの領域 R_-, R_+ に分ける；

$$R_- = \{\boldsymbol{x} \in \mathbb{R}^3 | \langle \boldsymbol{\alpha}, \boldsymbol{x} \rangle - 1 \leq 0\}, \tag{11.22}$$

$$R_+ = \{\boldsymbol{x} \in \mathbb{R}^3 | \langle \boldsymbol{\alpha}, \boldsymbol{x} \rangle - 1 > 0\}. \tag{11.23}$$

2 つの 3×3 行列 A, B と，点 $P \in \mathbb{R}^3$ によって与えられるベクトル場 $\xi : \mathbb{R}^3 \to \mathbb{R}^3$；

$$\xi(\boldsymbol{x}) = \begin{cases} A\boldsymbol{x} & , \boldsymbol{x} \in R_- \\ B(\boldsymbol{x} - P) & , \boldsymbol{x} \in R_+ \end{cases} \tag{11.24}$$

を V, A, B 及び P によって定義される（3 次元 2 領域）区分線形ベクトル場

11.2 標準形

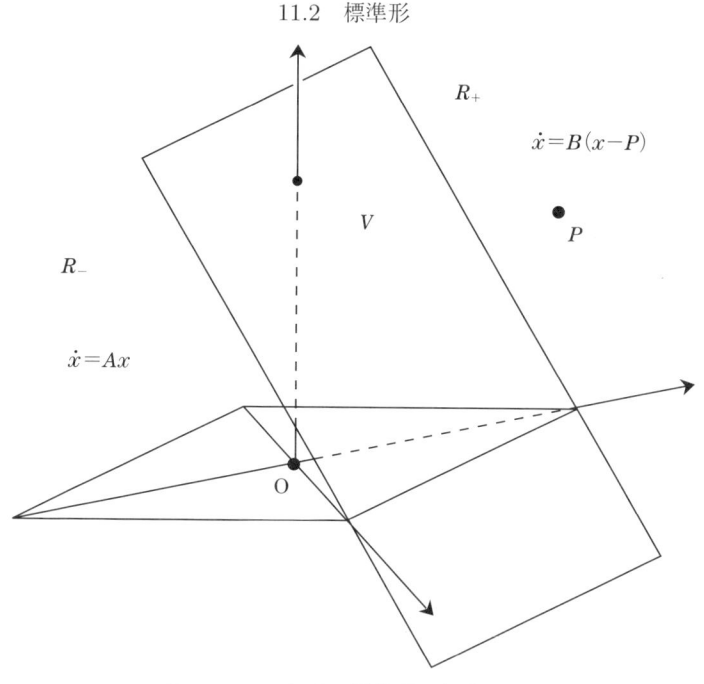

図 11.6 3次元2領域系の相空間.

という．このベクトル場は一般には平面 V 上で不連続である．このベクトル場が平面 V 上の各点で連続のとき，(したがって，$\mathbb{R}^3$ 全体で連続のとき，) **連続区分線形ベクトル場**といい，平面 V を**境界**と呼ぶ（図 11.6）．$\mathbb{R}^3$ の元は列ベクトル，$\boldsymbol{\alpha}^T$ は $\boldsymbol{\alpha} \in \mathbb{R}^3$ の転置を表すとする．

定理 11.1 区分線形ベクトル場 $\xi(\boldsymbol{x})$ が連続であるための必要十分条件は

$$B - A = \boldsymbol{p}\boldsymbol{\alpha}^T, \quad \boldsymbol{p} = BP \tag{11.25}$$

をみたす $\boldsymbol{p} \in \mathbb{R}^3$ が存在することである．この条件がみたされるとき，$\xi(\boldsymbol{x})$ は

$$\xi(\boldsymbol{x}) = A\boldsymbol{x} + \frac{1}{2}\boldsymbol{p}\{|\langle\boldsymbol{\alpha}, \boldsymbol{x}\rangle - 1| + \langle\boldsymbol{\alpha}, \boldsymbol{x}\rangle - 1\} \tag{11.26}$$

とかける．

さて，線形ベクトル場は線形変換によってジョルダン標準形に移される．同じように，連続区分線形ベクトル場を線形変換によってできるだけ簡単な形のものに移すことを考えよう．

定義 11.1 1次元または2次元の線形部分空間 E で A に関して不変（すなわち，$A(E) \subset E$）なものは必ず境界 V と交わるとき，ξ は固有であるという．

定理 11.2 (標準形 [11], [12], [17])　固有な連続区分線形ベクトル場は適当な線形変換で次のベクトル場に変換される．

$$\xi(\boldsymbol{x}) = A\boldsymbol{x} + \frac{1}{2}\boldsymbol{p}\{|\langle \boldsymbol{\alpha}, \boldsymbol{x}\rangle - 1| + \langle \boldsymbol{\alpha}, \boldsymbol{x}\rangle - 1\} \tag{11.27}$$

$$= \begin{cases} A\boldsymbol{x} & , \boldsymbol{x} \in R_- \\ B(\boldsymbol{x} - P) & , \boldsymbol{x} \in R_+ \end{cases} \tag{11.28}$$

$$A = \begin{pmatrix} 0 & 1 & 0 \\ 0 & 0 & 1 \\ a_3 & a_2 & a_1 \end{pmatrix}, \quad B = \begin{pmatrix} c_1 & 1 & 0 \\ c_2 & 0 & 1 \\ c_3 + a_3 & a_2 & a_1 \end{pmatrix}, \tag{11.29}$$

$$\boldsymbol{p} = (c_1, c_2, c_3)^T, \quad \boldsymbol{\alpha} = (1, 0, 0)^T, \tag{11.30}$$

$$P = (1 - a_3/b_3, c_1 a_3/b_3, c_2 a_3/b_3)^T. \tag{11.31}$$

ここで，$a_i, c_i \ (i = 1, 2, 3)$ は，行列 A, B の固有値（それらは，元のベクトル場の対応する行列の固有値に等しい）をそれぞれ $\mu_i, \nu_i \ (i = 1, 2, 3)$ とするとき，次の式から決まる実数である．

$$a_1 = \mu_1 + \mu_2 + \mu_3, \quad a_2 = -(\mu_1\mu_2 + \mu_2\mu_3 + \mu_3\mu_1), \quad a_3 = \mu_1\mu_2\mu_3$$
$$b_1 = \nu_1 + \nu_2 + \nu_3, \quad b_2 = -(\nu_1\nu_2 + \nu_2\nu_3 + \nu_3\nu_1), \quad b_3 = \nu_1\nu_2\nu_3$$
$$c_1 = b_1 - a_1, \quad c_2 = b_2 - a_2 + c_1 a_1, \quad c_3 = b_3 - a_3 + a_2 c_1 + a_1 c_2.$$

この定理から固有な連続区分線形ベクトル場の線形共役類は6個の独立な実数 $(a_1, a_2, a_3, b_1, b_2, b_3)$ によって決定することがわかる．また，a_i, b_i は $\mu_i, \nu_i \ (i =$

1, 2, 3) によって定まるので，線形共役類は 6 個の固有値の組（これは，全て実数の場合もあれば複素共役の対を含むこともある）$(\mu_1, \mu_2, \mu_3, \nu_1, \nu_2, \nu_3)$ によって決定するということもできる．これを**固有値パラメータ**と呼ぶ．これ以後，上の標準形で与えられる固有な連続区分線形ベクトル場 ξ を考え，更に行列 A, B は正則であるとする．

11.3 分岐方程式

分岐方程式を導くための準備として境界 V 上に再帰時間座標を導入する[13], [17]．境界 V を 2 つの領域

$$V_+ = \{\boldsymbol{x} \in V | \langle \boldsymbol{\alpha}, A\boldsymbol{x} \rangle > 0\}, \quad V_- = \{\boldsymbol{x} \in V | \langle \boldsymbol{\alpha}, A\boldsymbol{x} \rangle \leq 0\} \tag{11.32}$$

に分ける．点 $\boldsymbol{x}$ を V_+ 上にとる．ベクトル場 ξ のフローで点 $\boldsymbol{x}$ を正の時間の向きに動かすとき最初に V を打つ点を $\boldsymbol{y}$，その時間を $s > 0$ とする．また，点 $\boldsymbol{x}$ を負の時間の向きに動かすとき最初に V を打つ点を $\boldsymbol{z}$，その時間を $t > 0$ とする（図 11.7）．指数行列を使って $\boldsymbol{y}, \boldsymbol{z}$ は

$$\boldsymbol{y} = e^{Bs}(\boldsymbol{x} - P) + P, \quad \boldsymbol{z} = e^{-At}\boldsymbol{x} \tag{11.33}$$

と書ける．ベクトル場 ξ が連続であることから，V 上の任意の点 $\boldsymbol{w}$ に対して $A\boldsymbol{w} = B(\boldsymbol{w} - P)$ が成り立つことに注意すると，$\boldsymbol{x}, \boldsymbol{y} \in V$ であるから

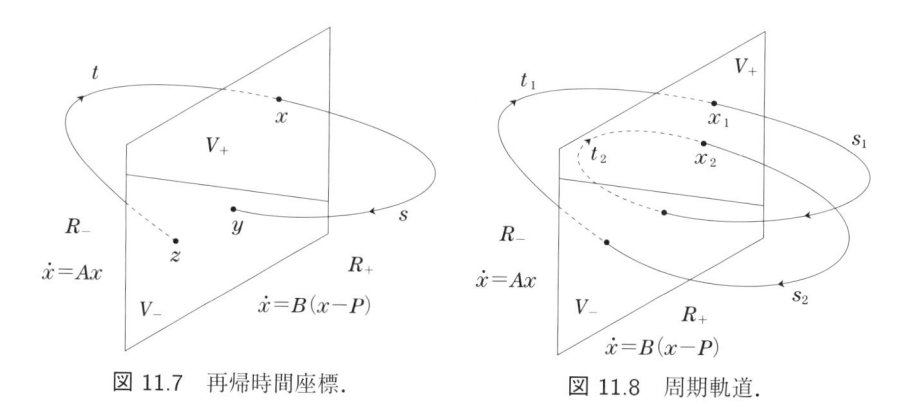

図 11.7 再帰時間座標．

図 11.8 周期軌道．

$$y = A^{-1}B(y-P) = A^{-1}Be^{Bs}(x-P) \tag{11.34}$$
$$= A^{-1}e^{Bs}B(x-P) = A^{-1}e^{Bs}Ax = e^{Cs}x, \tag{11.35}$$

ただし, $C = A^{-1}BA$, が成り立つ. $x, y, z \in V$ であるから,

$$\alpha^T e^{-At} x = 1, \qquad \alpha^T x = 1, \qquad \alpha^T e^{Cs} x = 1 \tag{11.36}$$

をみたす. 基本ベクトル e_1, e_2, e_3 及び h を

$$e_1 = (1,0,0)^T, \, e_2 = (0,1,0)^T, \, e_3 = (0,0,1)^T, \, h = (1,1,1)^T \tag{11.37}$$

で定義すると, 上の式は

$$[e_1 \alpha^T e^{-At} + e_2 \alpha^T + e_3 \alpha^T e^{Cs}]x = h \tag{11.38}$$

と書ける. この式の [ ] 内は 3×3 行列で, これが逆行列を持つとき,

$$K(t,s) = [e_1 \alpha^T e^{-At} + e_2 \alpha^T + e_3 \alpha^T e^{Cs}]^{-1} \tag{11.39}$$

とすると

$$x = K(t,s)h \tag{11.40}$$

となる. この式は, 再帰時間の組 (t,s) を与えると V_+ 上の点 x がただ一つ定まることを示している. これを点 x の**再帰時間座標**という. 行列 A, B は固有値 μ_1, μ_2, μ_3 及び ν_1, ν_2, ν_3 から定まるのであるから $K(t,s)$ はこれらの固有値と t, s とから定まる.

$$K(t,s) = K(\mu_1, \mu_2, \mu_3, \nu_1, \nu_2, \nu_3, t, s). \tag{11.41}$$

さて, いま図 11.8 のような境界と 4 点で交わる周期軌道があったとする. このとき, $x_1, x_2 \in V_+$ が $x_i = K(t_i, s_i)h$ $(i=1,2)$ で表されることに注意すると

$$e^{Cs_1} K(t_1, s_1) h = e^{-At_2} K(t_2, s_2) h, \tag{11.42}$$
$$e^{Cs_2} K(t_2, s_2) h = e^{-At_1} K(t_1, s_1) h, \tag{11.43}$$

が成り立つ. この式は 2 本の 3 次元ベクトル方程式であるから, 6 本のスカラー

11.3 分岐方程式

方程式としてみられる．しかし，両辺はそれぞれ V 上の点を表しているので独立な方程式はそれぞれ 2 本で，合計 4 本のスカラー方程式となる．したがって，解集合は $(\mu_1, \mu_2, \mu_3, \nu_1, \nu_2, \nu_3, t_1, s_1, t_2, s_2)$ がなす 10 次元空間において余次元 4 の 6 次元超曲面である．周期点 $\boldsymbol{x}_1$ の位置は $\boldsymbol{x}_1 = K(t_1, s_1)\boldsymbol{h}$ から得られる．

周期軌道に対するポアンカレ写像の接写像の固有値を，その周期軌道の固有値と呼ぶ．上の周期軌道の固有値は，行列

$$M = e^{At_1}e^{Bs_2}e^{At_2}e^{Bs_1} \tag{11.44}$$

の固有値から得られる．すなわち，M はつねに固有ベクトル $A\boldsymbol{x}_1$ に対する固有値として 1 を持つが，残りの 2 つの固有値が上の周期軌道の固有値となる．周期軌道の固有値 λ_1, λ_2 が $\max\{|\lambda_1|, |\lambda_2|\} < 1$ をみたすとき周期軌道は安定であるという．周期軌道が安定性を失う（余次元 1 の）分岐には次の 3 つがある．

(1) サドル・ノード分岐：周期アトラクタとサドル型周期軌道とが衝突して消滅する（あるいは逆に無から周期アトラクタとサドル型周期軌道が対発生する）分岐で，周期軌道の固有値の一つが 1 になることで特徴づけられる．

(2) 周期倍分岐：周期アトラクタがサドル型周期軌道となりその周りに 2 倍の周期を持つ周期アトラクタが発生する（またはその逆の）分岐で，周期軌道の固有値の一つが -1 になることで特徴づけられる．

(3) （周期軌道の）ナイマルク–サッカー分岐：周期アトラクタが周期リペラとなりその周りに安定な不変トーラス（準周期アトラクタ）が発生する（またはその逆の）分岐で，周期軌道の固有値が絶対値 1 の共役複素数になることで特徴づけられる．

上の定義で周期アトラクタを周期リペラに，周期リペラを周期アトラクタに読みかえた場合も同じ名前の分岐で呼ばれる．時間反転した系で考えれば同じだからである．

行列 M の固有方程式が 1 を解に持つことを使うと，分岐集合の方程式は，周期軌道を持つための条件にそれぞれ次の条件を加えればよいことがわかる．

(1) サドル・ノード分岐

$$2 - T + D = 0. \tag{11.45}$$

(2) 周期倍分岐

$$T + D = 0. \tag{11.46}$$

(3) ナイマルク–サッカー分岐

$$D = 1, \quad -1 < T < 3. \tag{11.47}$$

ただし，$T = \text{trace}(M)$，$D = \det(M)$．それぞれ分岐方程式の解集合は $(\mu_1, \mu_2, \mu_3, \nu_1, \nu_2, \nu_3, t_1, s_1, t_2, s_2)$ がなす 10 次元空間において余次元 5 の 5 次元超曲面となる．この超曲面をパラメータ $(\mu_1, \mu_2, \mu_3, \nu_1, \nu_2, \nu_3)$ のなす 6 次元空間に射影した（余次元 1 の）5 次元超曲面が分岐集合である．たとえば，6 個のうち 4 つを固定して 2 パラメータ空間で考えると分岐集合は 1 次元の曲線となる．

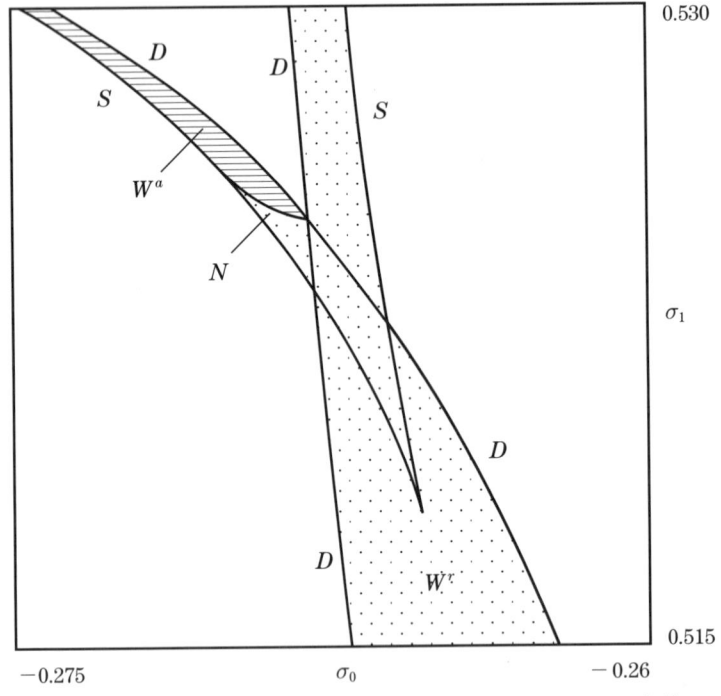

図 11.9 区分線形ベクトル場の分岐曲線 (1)．S はサドル・ノード分岐曲線，D は周期倍分岐曲線，N はナイマルク–サッカー分岐曲線，W^a は周期アトラクタ窓領域，W^r は周期リペラ窓領域を表す．

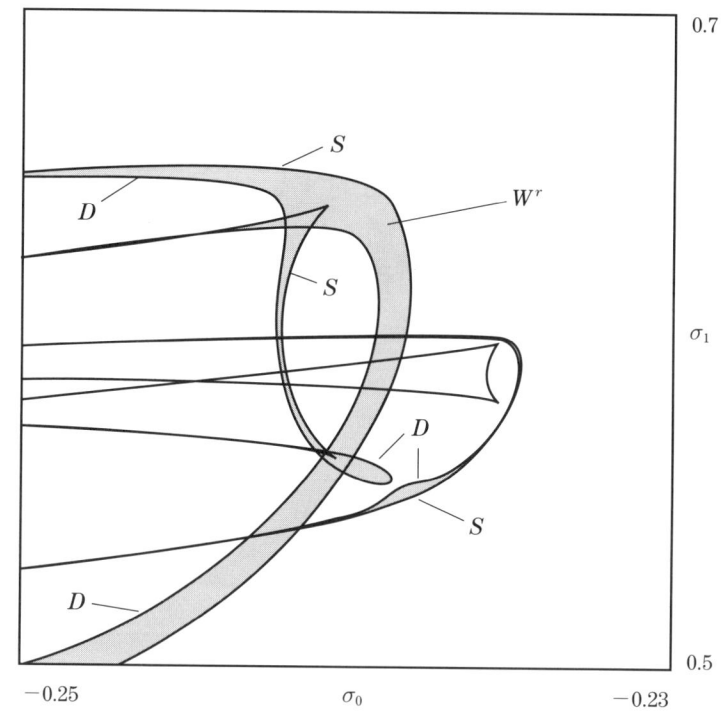

図 11.10 区分線形ベクトル場の分岐曲線 (2). S はサドル・ノード分岐曲線, D は周期倍分岐曲線, W^r は周期リペラ窓領域を表す.

図 11.9–10 は $\mu_1 = \gamma_0$, $\mu_2, \mu_3 = \sigma_0 \pm i\omega_0$, $\nu_1 = \gamma_1$, $\nu_2, \nu_3 = \sigma_1 \pm i\omega_1$ として $(\omega_0, \gamma_0, \omega_1, \gamma_1) = (1.0, 0.25, 1.0, -0.25)$ を固定したときの (σ_0, σ_1)–平面におけるサドル・ノード分岐曲線 S, 周期倍分岐曲線 D, ナイマルク–サッカー分岐曲線 N を表している. これらの曲線は, 周期アトラクタや周期リペラが存在するパラメータ領域, すなわち窓領域の境界となる. 窓領域という言葉は, 通常, 周期アトラクタの存在するパラメータ領域に対して使われるが, 時間を反転したとき, リペラがアトラクタとなることを考慮して, 周期リペラに対しても窓領域という言葉を使った. 図中の W^a, W^r は, それぞれ周期アトラクタ窓領域, 周期リペラ窓領域を表している.

第12章
大域結合写像におけるカオス的遍歴の発生機構[36]

カオス的遍歴を題材にして，高次元の力学系における分岐現象について説明する．大域結合写像における，不変部分空間の階層構造，および不変部分空間の直交補空間方向の安定性について述べる．そのうえで，大域結合写像におけるカオス的遍歴が，不変部分空間上でのクライシス誘導型間欠性と直交補空間方向の安定性の反転によって生じることを明らかにする．

12.1 はじめに

この章ではカオス的遍歴を題材にして，高次元の力学系における分岐現象について説明する[9]．

カオス的遍歴は，1990年に金子[8]，池田・大塚・松本[7]，津田[22]~[24],[28]によって，高次元力学系に特有の振舞いとして提唱された概念である．秩序状態にあったシステムが内的要因で乱れはじめ，やがて完全にバラバラになった後，別の秩序状態を見つけて落ち着く．しかし，それも長くは続かず，また乱れはじめバラバラになる．こうした動きを永遠に続ける振舞いをカオス的遍歴と呼ぶ．

ここで言う高次元とは，100次元あるいはそれ以上の次元を想定している．次元が高くなることで観測にかかりやすくなる現象であると考えられる．しかし，高次元の力学系を解析する手法は未だ確立していない．さいわい，金子氏が扱った大域結合写像はきれいな対称性を持つため，階層的な低次元部分力学

系の解析に帰着させることができる．先ず，このシステムを解剖して高次元力学系を数学的に解析していく足がかりを構築したい．

12.2 大域結合写像

パラメータ a $(0.0 \leq a \leq 2.0)$ を持つ 1 次元写像

$$g_a(x) = 1 - ax^2 \tag{12.1}$$

を考える．この写像はカオスの研究ではよく知られた写像でロジスティックマップと呼ばれている．パラメータ a を 0 から 2 まで変化させるとき図 12.1 のような興味深い分岐を起こす．

このロジスティックマップ g_a を N 個用意し相互に結合させたシステムを考える．各 g_a のパラメータ a にばらつきを持たせるとか，結合の仕方に変化を持たせるとか，いろいろなバリエーションが考えられるが，ここでは最もシンプルな場合として，すべての g_a のパラメータ a は同一の値をとり，結合の仕方はすべての g_a が対等な立場で全結合する平均場結合をとることにする．このようなシステムは**大域結合写像**（Globally Coupled Map, GCM）と呼ばれ

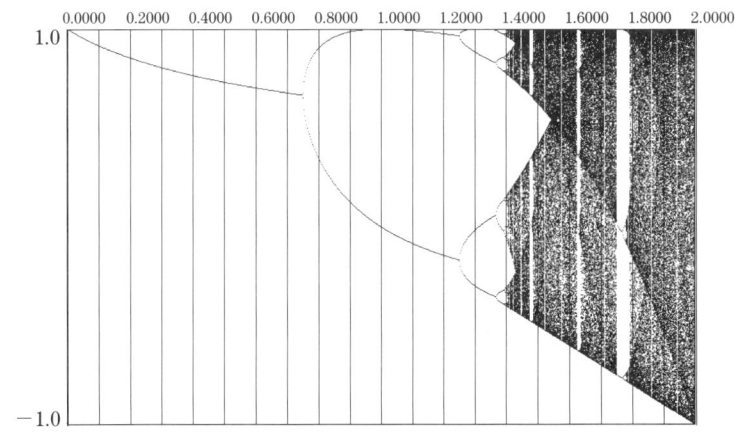

図 12.1 ロジスティックマップの分岐図．横軸は $0 \leq a \leq 2$，縦軸は $-1 \leq x \leq 1$．

る．具体的には次の式で定義される，2つのパラメータ a, ε を持つ $\mathbb{R}^N (N \geq 1)$ 上の写像である．

$$F_{a,\varepsilon} : \mathbb{R}^N \to \mathbb{R}^N, x = (x_1, \cdots, x_N)^T \mapsto y = (y_1, \cdots, y_N)^T, \tag{12.2}$$

$$y_i = (1-\varepsilon)g_a(x_i) + \frac{\varepsilon}{N}\sum_{j=1}^{N} g_a(x_j) \quad (1 \leq i \leq N). \tag{12.3}$$

例として $N = 3$ の場合は次のようになる．

$$\begin{cases} y_1 = (1-\varepsilon)g_a(x_1) + \frac{\varepsilon}{3}\{g_a(x_1) + g_a(x_2) + g_a(x_3)\} \\ y_2 = (1-\varepsilon)g_a(x_2) + \frac{\varepsilon}{3}\{g_a(x_1) + g_a(x_2) + g_a(x_3)\} \\ y_3 = (1-\varepsilon)g_a(x_3) + \frac{\varepsilon}{3}\{g_a(x_1) + g_a(x_2) + g_a(x_3)\} \end{cases} \tag{12.4}$$

N は通常，数 100 程度の大きな数が使われる．十分大きな N に対して，普遍的に現れる振舞いを知りたいという欲求が背後にあるからである．しかし，数学的な構造を解明していくには $N = 100$ では大きすぎ，先ずは $N = 10$ 程度のシステムから解析することになる．

　幾つかの振動子が相互に結合したシステム（結合振動子系）において，ばらばらの振動をしていた振動子が同期して同一の振動を始める現象がある．このような現象は「引き込み」と呼ばれている．ロジスティックマップを振動子と考えれば，GCM もひとつの結合振動子系と見ることができ，引き込みが生じることが予想される．金子邦彦は 1990 年に，パラメータ (a, ε) を変化させたとき，GCM にどのような引き込みが起こるかを調べ，図 12.2 の相図を作った[8],[9]．ランダムに選んだ初期値に対して，$F_{a,\varepsilon}$ を繰り返し施し，軌道を計算する．過渡的状態が終了したと思われる時点まで，数万回の繰り返しを行う．その後，引き込んで同一の動きをしているロジスティックマップを 1 つのクラスとしてまとめ，いくつのクラスに分けられるかという，クラスター形成の視点から，GCM の振舞いを調べる．金子は，$N = 200$ の GCM に対して，a を 0.01 きざみ，ε を 0.02 きざみで変えて行きながら，ランダムに選んだ 500 個の初期値からク

12.2 大域結合写像

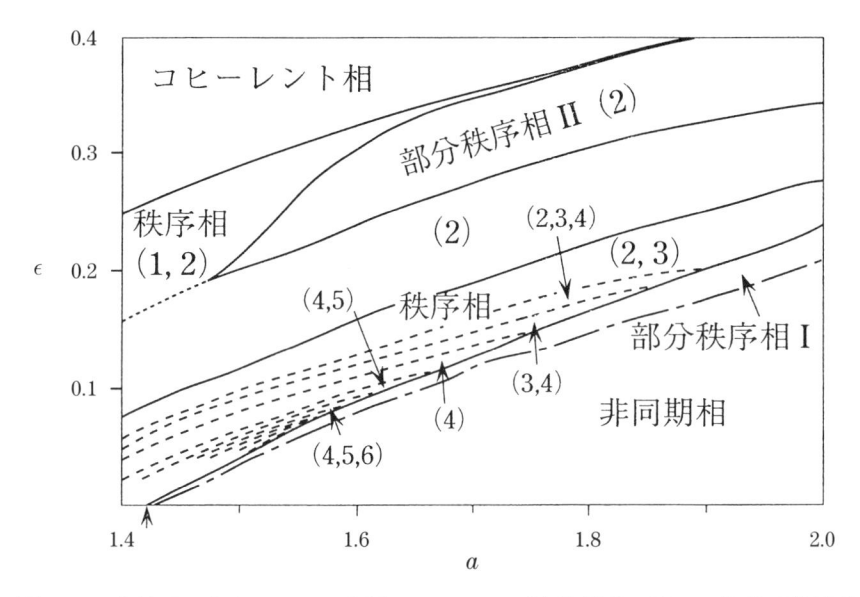

図 12.2 金子氏による GCM の相図. $N = 200$. (金子邦彦・津田一郎著,「複雑系のカオス的シナリオ」複雑系双書 1, 朝倉書店, 1996, p.134 より. オリジナルの図は, K. Kaneko, Clustering, coding, switching, hierarchical ordering, and control in a network of chaotic elements, Physica D, **41**, pp. 137–172(1990), ⓒ 1990 Elsevier Science の Fig. 3. 両出版社, 著者の許可を得て転載.)

ラスターを求めた. そして, GCM の振舞いを次の 4 つの相に分類した.

1) **コヒーレント相**: すべての要素（すなわち, ロジスティックマップ）が完全に引き込んで振動する. クラスターの数は 1 つ. 非線型性のパラメータ a が小さく, 結合の強さを表すパラメータ ϵ が大きい左上の領域で発生している.

2) **非同期相**: 各要素がすべて, まったくばらけて振動する. クラスターの数は N 個. 非線型性のパラメータ a が大きく, 結合の強さを表すパラメータ ϵ が小さい右下の領域で発生している.

3) **秩序相**: いくつかのクラスターに分かれて, それぞれでそろって振動する. クラスターの数は N に比べて非常に小さい. 相図の中にある数字は 10% 以上の割合を占めたクラスター数. たとえば, 秩序相 (2) からパラメータをとると

き，システムは過渡状態を終えた後，2クラスターの状態に落ち着く．2クラスターの構成比は100：100や120：80など様々な値を取りうるが，どのような値を取るかは初期値に依存して決まる．また，たとえば，秩序相 (2, 3) からパラメータをとるとき，システムは過渡状態を終えた後，2クラスターの状態か3クラスターの状態かに落ち着く．どちらの状態に落ち着くか，構成比はどのような値をとるかは初期値に依存して決まる．他のラベル (1,2)，(2,3,4) なども同様の意味である．この状態は，一度実現すれば安定で，クラスターの組換えが起こることは無い．

4) 部分秩序相：ここでは，クラスターの組み替えが間欠的に起きる．すなわち，ランダムに初期値を与えて，$F_{a,\varepsilon}$ を繰り返し施す．すると，システムはたとえば2クラスター状態を見つけて，しばらくこの状態を保つ．しかし，しばらくすると，この状態が乱れ始め，いったん完全にバラけた状態になる．そして，しばらくすると，別のクラスター状態，たとえば3クラスター状態を見つけて，しばらくその状態を保つ．しかし，この状態もやがて乱れ始めて，再び完全にバラけた状態になる．このような過程を際限無く繰り返すのが部分秩序相である．部分秩序相は2つの領域に分かれており，秩序相と非同期相との間に位置する領域を部分秩序相 I，コヒーレント相と秩序相との間に位置する領域を部分秩序相 II と名付けた．相図の中で「部分秩序相 II (2)」とあるのは初期値のとり方によっては2クラスター状態に落ち着くことがあることを示している．

このように，準安定な状態の間を乱れた状態を通して経巡る現象を**カオス的遍歴** (Chaotic Itinerancy) と呼ぶ．カオス的遍歴は池田・大塚・松本[7]による光乱流のシミュレーション，津田[22]~[24],[28] の生理的な非平衡神経回路モデル，そして金子の GCM で同時に見出されたものであり，その英訳 (Chaotic Itinerancy) は Peter Davis の示唆によってつけられたものである．カオス的遍歴の発生メカニズムはどのシステムでも同じであるとは限らないと思う．むしろ，いくつかの典型的な発生メカニズムが存在している可能性があると私は考えている．

12.3 数学的解釈

クラスターに分かれるという現象を数学的に解釈すると次のようになる．すべてが引き込んで同期するコヒーレント状態は

$$H^1 = \{x \in \mathbb{R}^N | x_1 = x_2 = \cdots = x_N\} \tag{12.5}$$

で定義される1次元の不変部分空間があり，軌道は H^1 上のアトラクターに引き寄せられたと考えられる．また，2クラスター状態が安定であるということは，ある2次元の不変部分空間，例えば，

$$H^2 = \{x \in \mathbb{R}^N | x_1 = x_2 = \cdots = x_n, \, x_{n+1} = x_{n+2} = \cdots = x_N\} \tag{12.6}$$

上のアトラクターに引き寄せられたと考えられる．一般に，安定な k クラスター状態の存在は，ある k 次元不変部分空間とその上のアトラクターが存在して，軌道はそのアトラクターに引き寄せられ，結果として自由度 k の運動をするようになったと考えられる．

カオス的遍歴は幾つかの不変部分空間上にアトラクターの残骸（吸引的性質とともに，反発的性質を持つ不変集合．この実体が何であるかということが問題である．）が存在し，これらのアトラクター残骸間を軌道が経巡る現象と考えられる．たとえば，2クラスター状態をしばらく続け，やがて乱れ始め，完全にばらばらの状態を経て，3クラスター状態を見つけ，しばらくその状態を続けるが，やがて乱れ始める，という現象は次のように解釈できる．すなわち，軌道は2次元不変部分空間上のアトラクタ残骸に引き寄せられ，しばらくそこに滞在するが，やがてそこを離脱し，彷徨う．そして，3次元不変部分空間上のアトラクタ残骸を見つけ，しばらくそこに滞在した後，また離脱する．真正のアトラクタが存在せず，いくつものアトラクタ残骸が共存する場合にこのような遍歴を生じると考えられる．

この章では，次の順序でカオス的遍歴の発生メカニズムを明らかにする．第12.4節では不変部分空間がどのような仕方で，どれだけ存在するかを明らかにする．（この結果として，不変部分空間の階層構造が明らかになる．）第12.5節では不変部分空間の補空間方向への不安定性を明らかにする．第12.6節，第12.7

節で一本の典型的軌道を解析することにより，10GCM におけるカオス的遍歴の発生メカニズムを明らかにする．結論として，低次元の不変部分空間上のアトラクタがクライシス誘導型間欠性を起こし，直交補空間方向が安定になったり不安定になったりすることにより，カオス的遍歴が生じていることが明らかになる．

12.4 不変部分空間の階層構造

N 次対称群を S_N で表す．置換 $\sigma \in S_N$ に対して写像 $P_\sigma : \mathbb{R}^N \to \mathbb{R}^N$ を

$$P_\sigma(x_1, x_2, \cdots, x_N) = (x_{\sigma(1)}, x_{\sigma(2)}, \cdots, x_{\sigma(N)}) \tag{12.7}$$

で定義する．すなわち，P_σ は σ による座標の置換である．また，$\mathbb{R}^N$ の線形部分空間 H_σ を

$$H_\sigma = \{x \in \mathbb{R}^N | x_i = x_{\sigma(i)}, 1 \leq i \leq N\} \tag{12.8}$$

で定義する．σ を巡回置換表示するとき，巡回置換の長さを大きいほうから順に並べてできる列を σ の型といい，$[\sigma]$ で表す．

例 12.1 $N = 6$ で

$$\sigma = \begin{pmatrix} 1 & 2 & 3 & 4 & 5 & 6 \\ 2 & 1 & 3 & 5 & 6 & 4 \end{pmatrix} = (12)(3)(456) \quad \text{(巡回置換表示)} \tag{12.9}$$

とする．このとき，

$$P_\sigma(x_1, x_2, x_3, x_4, x_5, x_6) = (x_2, x_1, x_3, x_5, x_6, x_4), \tag{12.10}$$

$$H_\sigma = \{x \in \mathbb{R}^6 | x_1 = x_2, x_4 = x_5 = x_6\}, \tag{12.11}$$

$$[\sigma] = [3, 2, 1]. \tag{12.12}$$

定理 12.1 $F : \mathbb{R}^N \to \mathbb{R}^N$ を GCM とする．
(1) 任意の $\sigma \in S_N$ に対して，F は P_σ-不変である．

12.4 不変部分空間の階層構造

$$P_\sigma F = F P_\sigma. \tag{12.13}$$

(2) 任意の $\sigma \in S_N$ に対して，H_σ は F-不変な線形部分空間である．

$$F(H_\sigma) \subset H_\sigma. \tag{12.14}$$

(3) σ_1, σ_2 が群の意味で共役であるとする．すなわち，ある τ に対して

$$\tau \sigma_1 = \sigma_2 \tau \tag{12.15}$$

が成り立つとする．このとき，F を $H_{\sigma_1}, H_{\sigma_2}$ に制限した力学系 $F|_{H_{\sigma_1}}, F|_{H_{\sigma_2}}$ は位相共役である．すなわち，

$$P_\tau F|_{H_{\sigma_1}} = F|_{H_{\sigma_2}} P_\tau \tag{12.16}$$

が成り立つ．

置換 σ_1, σ_2 が共役であるための必要十分条件は σ_1, σ_2 の型が一致することである．したがって，部分力学系の族 $\{(H_\sigma, F|_{H_\sigma}) : \sigma \in S_N\}$ の位相共役類は σ の型 $[\sigma]$ によって決定される．

例 12.2 4GCM を考える．図 12.3 は不変部分空間の階層構造を表している．

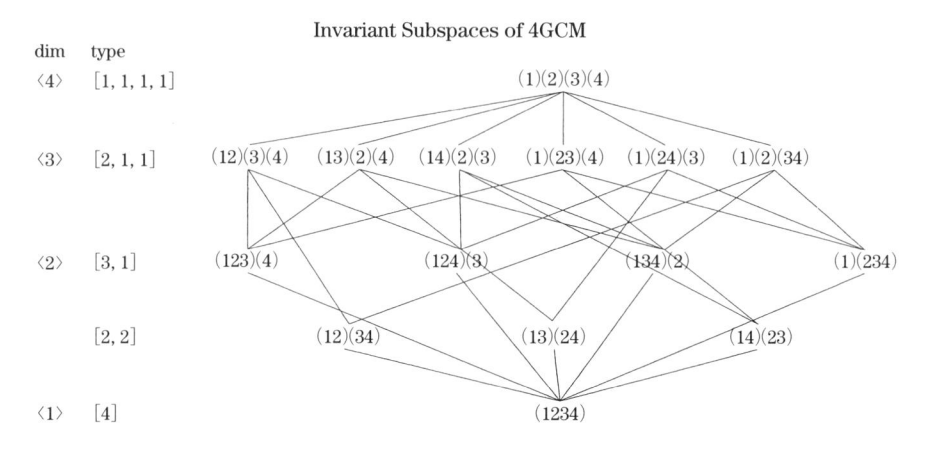

Invariant Subspaces of 4GCM

dim	type						
⟨4⟩	[1,1,1,1]				(1)(2)(3)(4)		
⟨3⟩	[2,1,1]	(12)(3)(4) (13)(2)(4) (14)(2)(3) (1)(23)(4) (1)(24)(3) (1)(2)(34)
⟨2⟩	[3,1]	(123)(4) (124)(3) (134)(2) (1)(234)
	[2,2]	(12)(34) (13)(24) (14)(23)
⟨1⟩	[4]	(1234)

図 12.3 4GCM の不変部分空間部分空間の階層構造．

部分空間は対応する置換の巡回置換で表されている．3次元不変部分空間は全部で6個あるがそれらは全て位相共役である．タイプが全て [2,1,1] であるからである．2次元不変部分空間は全部で7個あり，そのうちタイプが [3,1] であるものが4個，タイプが [2,2] であるものが3個存在する．

命題 12.1 k 次元不変部分空間の異なるタイプの数は，N を k 個の正整数に分割する場合の数に等しく，母関数

$$x^k(1-x)^{-1}(1-x^2)^{-1}(1-x^3)^{-1}\cdots(1-x^k)^{-1} \quad (12.17)$$

の x^N の係数に等しい[27]．

$N=50$ のとき，異なるタイプの数は $k=11$ のとき最大値 17475 となり，$N=100$ では，異なるタイプの数は $k=18$ のとき最大値 11087828 をとる．GCM は多数の不変部分空間を持ち，N が増えると不変部分空間の数も階乗のオーダーで増加するシステムである．

次に，軌道がある時刻にどの不変部分空間の近くにいるかを知るために，有効次元の概念を導入する．

定義 12.1（平均有効次元） 点 $x \in \mathbb{R}^N$ の精度 δ の有効次元（Effective Dimension, **ED**）を

$$ED(x,\delta) = \min\{\dim H_\sigma | H_\sigma \cap B_\delta(x) \neq \emptyset\} \quad (12.18)$$

で定義する．すなわち，x の δ 近傍と交わる最低次元の不変部分空間の次元である．x の精度 δ 時間 T の**平均有効次元**（Mean of Effective Dimension, **MED**）を

$$MED(x,\delta,T) = \frac{1}{T}\sum_{i=0}^{T-1} ED(F^i(x),\delta) \quad (12.19)$$

で定義する．x の精度 δ 部分空間型（Subspace Type, **ST**）を x の δ 近傍と交わる最低次元の不変部分空間の型で定義する．

$$ST(x,\delta) = [\sigma],$$
$$\dim H_\sigma = ED(x,\delta),\ H_\sigma \cap B_\delta(x) \neq \emptyset. \quad (12.20)$$

12.4 不変部分空間の階層構造

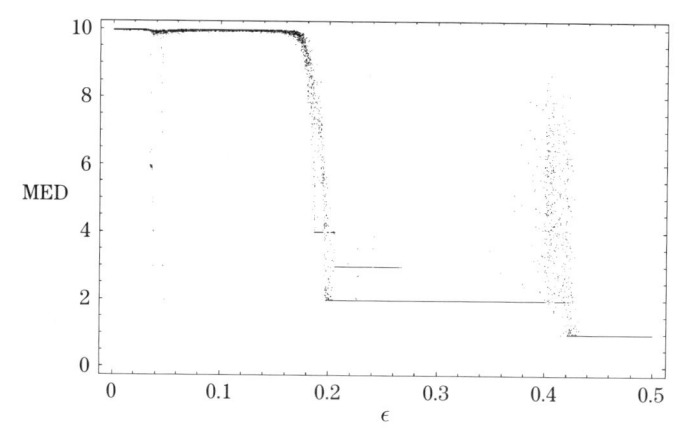

図 12.4 10GCM の平均有効次元. $a = 1.90, \delta = 10^{-4}, T = 10^4$, 横軸は $0.0 \leq \varepsilon \leq 0.5$, 縦軸は $0 \leq MED \leq 10$. 10 回分を重ね描きした.

図 12.4 は 10GCM において $a = 1.90$ を固定し，$0.0 \leq \varepsilon \leq 0.5$ の範囲で ε を 0.0005 刻みで変化させたときの平均有効次元を表したものである．初期値をランダムに与え，5000 回のトランジェントを切った後，$\delta = 10^{-10}, T = 10^4$ を使って MED を計算する．この試行を各 ε に対して 10 回行い，10 回分を重ねてプロットする．異なる次元の部分空間にアトラクタが共存している可能性があるからである．$0.44 \leq \varepsilon \leq 0.5$ の範囲では，MED = 1.0 となり，コヒーレント状態に対応していることがわかる．$\varepsilon = 0.3$ の近くでは，MED = 2.0 となり，2 クラスター状態に対応していることがわかる．$\varepsilon = 0.24$ の近くでは，MED = 2.0 と MED = 3.0 の 2 つの値をとり，2 クラスター状態と 3 クラスター状態が共存していることがわかる．$\varepsilon = 0.41$ と $\varepsilon = 0.18$ の付近で見られるばらつきのある点は，MED が非整数値をとり，軌道がいろいろな次元の不変部分空間の周りを彷徨ったことを表しており，カオス的遍歴を起こしていると考えられる．$0.0 \leq \varepsilon \leq 0.14$ の範囲では，MED は，ほぼ 10.0 となり，非同期状態に対応していることがわかる．これらのことから，MED が GCM の振舞いを解析する上で有効な概念であることがわかる．そこで，更に広いパラメータの範囲で MED を計算するため，次の手順に従ってデータを集める．

0. パラメータ空間をメッシュに分割する．

第 12 章 大域結合写像におけるカオス的遍歴の発生機構

1. パラメータを 1 つとり，セットする．
2. 初期点をランダムに与える．
3. トランジェントを切る．(例えば，5000 回．)
4. MED を計算する．(例えば，$\delta = 10^{-4}, T = 10^3$.)
5. 最終点に対して部分空間型 ST と周期 PE を計算する．(たとえば，精度 10^{-4} で 32 周期以下の周期点であればその周期を PE とし，それ以外の場合は PE=0 とする．)
6. 2 に戻る（繰り返し 10 回．)
7. 1 に戻り次のパラメータに移る．

こうして得られたデータを条件に応じてソートして条件にあうパラメータ位置に点をプロットする．

図 12.5(b) は MED = 2 となったパラメータ領域を示している．平均有効次元が整数値 2 をとるということは，軌道は，トランジェントを切った後，ずっとある 2 次元不変部分空間の上にいたことを意味し，この 2 次元不変部分空間上

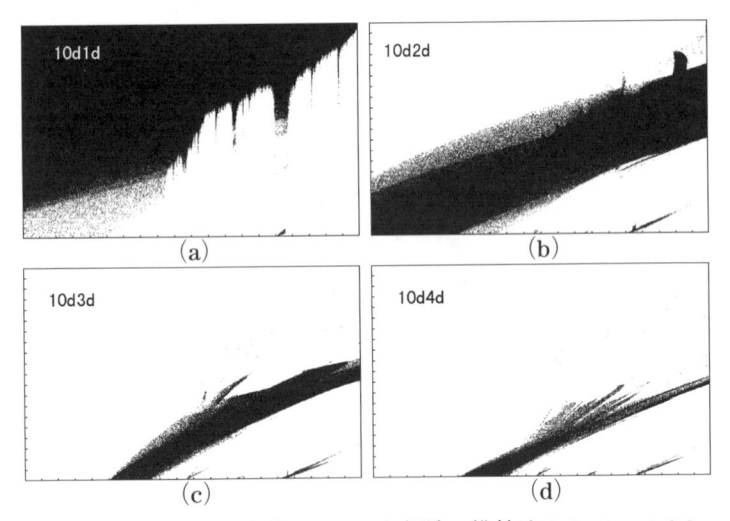

図 12.5 10GCM の安定パラメータ領域．横軸は $1.0 \leq a \leq 2.0$，縦軸は $0.0 \leq \varepsilon \leq 0.5$．色の濃淡はランダムな初期値がアトラクタに引き寄せられる頻度の差を表している．
(a) 1 次元，(b) 2 次元，(c) 3 次元，(d) 4 次元．

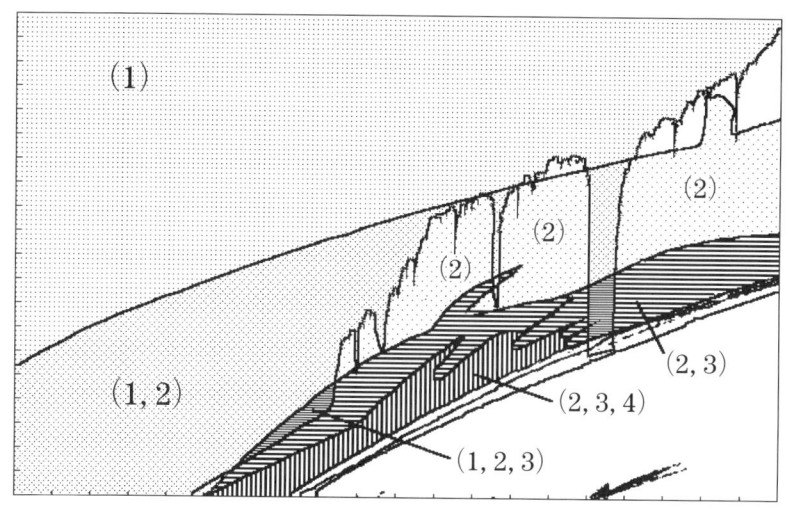

図 12.6 10GCM の $1d, 2d, 3d, 4d$ の安定パラメータ領域の境界を抽出して重ね描きした.横軸は $1.0 \leq a \leq 2.0$,縦軸は $0.0 \leq \varepsilon \leq 0.5$.

にアトラクタが存在していることがわかる.そこでこの領域を $2d$ 安定パラメータ領域と呼ぶ.同様に図 12.5 (a),(c) および (d) は,それぞれ MED = 1, 3 および 4 となった領域である.今は 10GCM を使っているから,このような図は全部で 10 枚作れるが,複雑になりすぎるのを避けるため,これら 4 つの領域のみを使い,境界を抽出して重ねて描いたのが図 12.6 である.MED = 1 のみの領域 (1) はコヒーレント相に対応する.MED = 1 と 2 が重なった領域 (1,2) は秩序相 (1,2) に,MED = 2 のみの領域 (2) は秩序相 (2) に,それぞれ対応する.また,MED = 2 と MED = 3 が重なった領域 (2,3) は秩序相 (2,3) に対応する.9 < MED となる領域は図 12.7 (a) に示すように非同期相に対応する.1 < MED < 9 で非整数のものの領域は図 12.7 (b) である.ある次元の不変部分空間に入ったり出たり,また別の次元の不変部分空間に入ったり出たりを繰り返しているために,整数値をとらなかったと考えられ,カオス的遍歴が生じているパラメータ領域を示していると推測される.次に MED = 2 のデータを更に,部分空間型 ST の値でソートしてプロットすると図 12.8 を得る.10GCM の場合,2 次元の不変部分空間のタイプは 5 つ ([5,5], [6,4], [7,3], [8,2], [9,1]) である.これらの領域の境界を抽出し,重ねて描いたのが図 12.9 である.例え

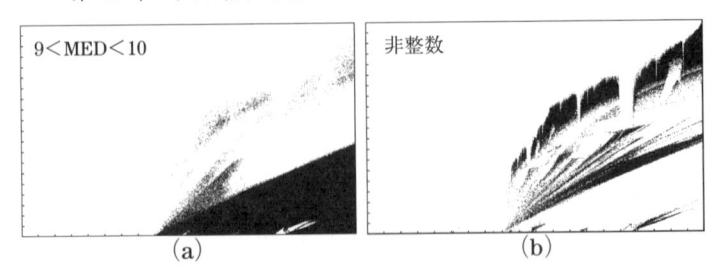

図 12.7 (a) $9 < MED \leq 10$ となる領域.
(b) $1 < MED < 9$ で非整数のものの領域.
横軸は $1.0 \leq a \leq 2.0$, 縦軸は $0.0 \leq \varepsilon \leq 0.5$.

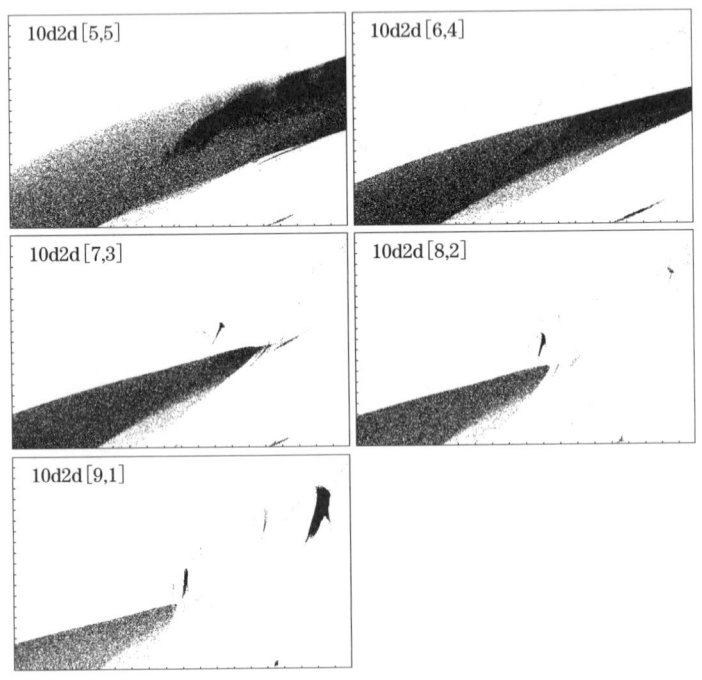

図 12.8 10GCM の $2d$ 安定パラメータ領域を部分空間型で分解した領域. 横軸は $1.0 \leq a \leq 2.0$, 縦軸は $0.0 \leq \varepsilon \leq 0.5$. 色の濃淡はランダムな初期値がアトラクタに引き寄せられる頻度の差を表している.

12.5 補空間方向の不安定性

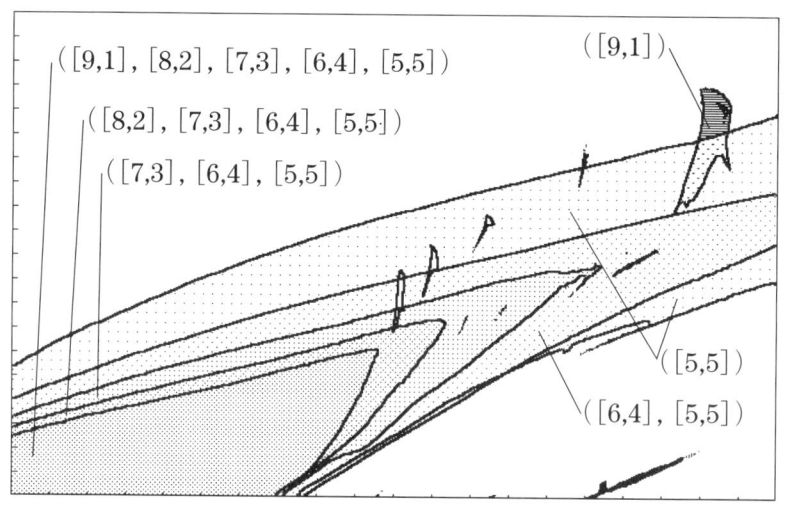

図 12.9 10GCM の $2d$ 安定パラメータ領域を部分空間型で分解した領域の境界を抽出して重ね描きした．横軸は $1.0 \leq a \leq 2.0$，縦軸は $0.0 \leq \varepsilon \leq 0.5$.

ば領域 $([5,5])$ にパラメータをとったとき実現する 2 クラスターの構成比は常に 5 対 5 であることがわかる．また，領域 $([5,5],[6,4])$ にパラメータをとるとき実現する 2 クラスターの構成比は 5 対 5 か 6 対 4 であり，それ以外の構成比は安定なクラスターとしては実現し得ないことがわかる．

12.5 補空間方向の不安定性

$F = F_{a,\varepsilon}$ を 12.2 節で定義した大域結合写像とする．$x = (x_1, \cdots, x_N)^T \in \mathbb{R}^N$ のとき，F の微分は次で与えられる．

$$DF(x) : \mathbb{R}^N \to \mathbb{R}^N, (\xi_1, \cdots, \xi_N)^T \to (\eta_1, \cdots, \eta_N)^T, \quad (12.21)$$
$$\eta_i = (1-\varepsilon)Dg_a(x_i) \cdot \xi_i + \frac{\varepsilon}{N}\sum_{j=1}^{N}Dg_a(x_j) \cdot \xi_j \quad (i = 1, \cdots, N).$$

すなわち，

$$DF(x) = (1-\varepsilon)\begin{pmatrix} Dg_a(x_1) & & 0 \\ & \ddots & \\ 0 & & Dg_a(x_N) \end{pmatrix}$$

$$+ \frac{\varepsilon}{N}\begin{pmatrix} 1 \\ \vdots \\ 1 \end{pmatrix}(Dg_a(x_1), \cdots, Dg_a(x_N)).$$

ここで,$g_a(t) = 1 - at^2$ であったから,$Dg_a(t) = -2at$ である.この DF の表現から次の命題が導かれる.

命題 12.2 任意の $\sigma \in S_N$ を与える.$x \in H_\sigma$ とする.
(1) H_σ の直交補空間 $H_\sigma^\perp$ は $DF(x)$ に関して不変である.
(2) σ の巡回置換表示を

$$\sigma = (i_{11}, \cdots, i_{1m_1})(i_{21}, \cdots, i_{2m_2})\cdots(i_{k1}, \cdots, i_{km_k}) \tag{12.22}$$

とするとき,直交補空間 $H_\sigma^\perp$ 方向の $DF(x)$ の固有値は

$$(1-\varepsilon)Dg_a(x_{i_{j1}}) \quad j = 1, \cdots, k \tag{12.23}$$

で与えられる.
(3) H_σ の横断リアプノフ(Lyapunov)数

$$\lim_{n\to\infty} \frac{1}{n}\log|DF^n(x)(v)|,\ x \in H_\sigma,\ v \in H_\sigma^\perp \tag{12.24}$$

は H_σ 上での偏リアプノフ数

$$\lambda_{i_{j1}} = \lim_{n\to\infty} \frac{1}{n}\sum_{m=0}^{n-1} \log|Dg_a(\pi_{i_{j1}} \circ F^m(x))|,\ x \in H_\sigma,\ j = 1, \cdots, k$$

に $\log(1-\varepsilon)$ を加えた数に等しい.ただし,

$$\pi_{i_{j1}} : \mathbb{R}^N \to \mathbb{R};\ \pi_{i_{j1}}(x) = x_{i_{j1}}, \quad j = 1, \cdots, k \tag{12.25}$$

は $x_{i_{j1}}$ 成分への射影である.

12.5 補空間方向の不安定性

例 12.3 10GCM を考える.

$$\sigma = (1,2,3,4,5,6)(7,8,9,10), \tag{12.26}$$
$$H_\sigma = \{x \in \mathbb{R}^{10} | x_1 = x_2 = \cdots = x_6,\ x_7 = \cdots = x_{10}\}. \tag{12.27}$$

$x \in H_\sigma$ とする．このとき，

$$u_{1,1} = (1,1,1,1,1,1,0,0,0,0)^T \tag{12.28}$$
$$u_{1,2} = (1,-1,0,0,0,0,0,0,0,0)^T \tag{12.29}$$
$$u_{1,3} = (1,1,-2,0,0,0,0,0,0,0)^T \tag{12.30}$$
$$u_{1,4} = (1,1,1,-3,0,0,0,0,0,0)^T \tag{12.31}$$
$$u_{1,5} = (1,1,1,1,-4,0,0,0,0,0)^T \tag{12.32}$$
$$u_{1,6} = (1,1,1,1,1,-5,0,0,0,0)^T \tag{12.33}$$
$$u_{2,1} = (0,0,0,0,0,0,1,1,1,1)^T \tag{12.34}$$
$$u_{2,2} = (0,0,0,0,0,0,1,-1,0,0)^T \tag{12.35}$$
$$u_{2,3} = (0,0,0,0,0,0,1,1,-2,0)^T \tag{12.36}$$
$$u_{2,4} = (0,0,0,0,0,0,1,1,1,-3)^T \tag{12.37}$$

と置くと，$u_{1,1}, u_{2,1}$ は H_σ の直交基底を与え，$u_{1,2}, u_{1,3}, u_{1,4}, u_{1,5}, u_{1,6}$, $u_{2,2}, u_{2,3}, u_{2,4}$ は $H_\sigma^\perp$ の直交基底を与える．$u_{1,2}, u_{1,3}, u_{1,4}, u_{1,5}, u_{1,6}, u_{2,2}$, $u_{2,3}, u_{2,4}$ は $DF(x)$ の固有ベクトルで，$u_{1,2}, u_{1,3}, u_{1,4}, u_{1,5}, u_{1,6}$ の固有値は $(1-\varepsilon)Dg_a(x_1)$：

$$DF(x) \cdot u_{1,i} = (1-\varepsilon)Dg_a(x_1) \cdot u_{1,i} \quad (i=2,\cdots,6), \tag{12.38}$$

$u_{2,2}, u_{2,3}, u_{2,4}$ の固有値は $(1-\varepsilon)Dg_a(x_7)$：

$$DF(x) \cdot u_{2,i} = (1-\varepsilon)Dg_a(x_7) \cdot u_{2,i} \quad (i=2,\cdots,4) \tag{12.39}$$

で与えられる．また，x_1, x_7 方向の偏リアプノフ数は

$$\lambda_i = \lim_{n\to\infty} \frac{1}{n} \sum_{m=0}^{n-1} \log |Dg_a(\pi_i \circ F^m(x))|, \quad i=1,7 \tag{12.40}$$

で与えられ，H_σ の横断リアプノフ数は

$$\log(1-\varepsilon) + \lambda_1 \quad : 重複度 = 6 - 1 = 5, \quad (12.41)$$

$$\log(1-\varepsilon) + \lambda_7 \quad : 重複度 = 4 - 1 = 3 \quad (12.42)$$

となる．

この命題から不変部分空間 H_σ の補空間方向の不安定性は H_σ 上の軌道によって決まり，全空間の次元 N には依存しないことがわかる．したがって，たとえば，図 12.8 で示した 10GCM の $2d[6,4]$ 安定パラメータ領域は，100GCM の $2d[60,40]$ 安定パラメータ領域とも 200GCM の $2d[120,80]$ 安定パラメータ領域とも一致することがわかる．

12.6 カオス的遍歴の観測

この節と次の節で 10GCM のおけるカオス的遍歴の発生機構を明らかにする．結論として，低次元の不変部分空間上のアトラクタがクライシス誘導型間欠性を起こし，直交補空間方向が安定になったり不安定になったりすることにより，カオス的遍歴が生じていることが明らかになる．

さて，部分秩序相の計算においては，「見かけの引き込み」と呼ばれる問題がしばしば起こる[10]．たとえば，2 つの要素 x_i, x_j が 10^{-30} まで接近し，その後，再び離れていく，という現象が理論上あったとする．ところが，たとえば倍精度の計算でも一番下の桁は 10^{-16} であり，われわれのデジタル計算機の上では，いったんはまったく同じ値となってしまう．いったん同じ値になってしまうと，2 つの要素が元来離れようとしていても，このデジタル計算機の上ではもはや離れようがなくなってしまう．これを「見かけの引き込み」問題という．こうした問題を取り除くために，金子の手法に従い，もとの系に小さな雑音を加えることにする．つまり，$[-\sigma, \sigma]$ からとった一様な乱数 η_i を加える．

$$y_i = (1-\varepsilon)g_a(x_i) + \frac{\varepsilon}{N}\sum_{j=1}^{N} g_a(x_j) + \eta_i,$$
$$\eta_i \in [-\sigma, \sigma], \quad (1 \le i \le N).$$

10GCM $a=1.9$, $\epsilon=0.186$, $\delta=10^{-13}$, $\sigma=10^{-15}$

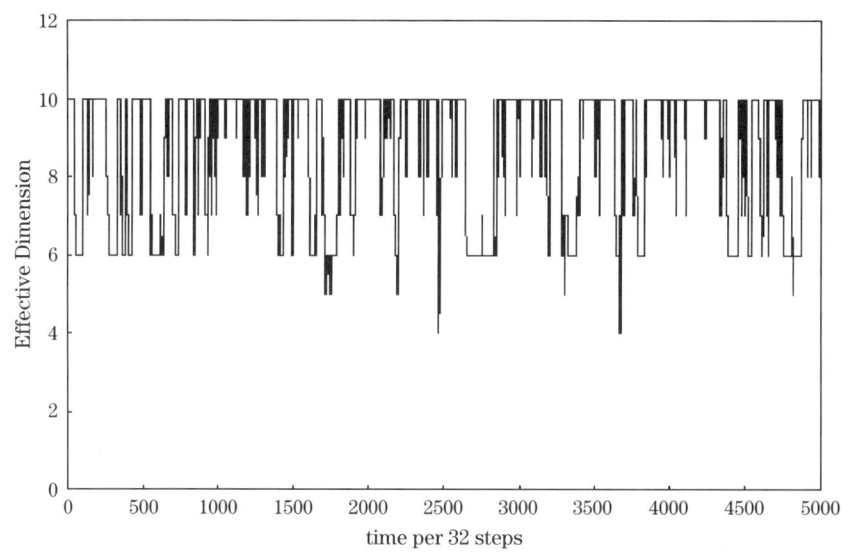

図 12.10 10GCM の有効次元の変化. $a=1.9$, $\varepsilon=0.186$, 有効次元の精度 $\delta=10^{-13}$, ノイズの大きさ $\sigma=10^{-15}$, 倍精度で計算. ランダムに与えた初期値 $x(0)\in\mathbb{R}^{10}$ の軌道を $x(t)$ とし, 点 $x(t)$ における有効次元 $ED(x(t),\delta)$ を 32 ステップ毎に 5000 回記録したもの.

σ をノイズの大きさと呼ぶ.

10GCM において, パラメータを $a=1.90, \varepsilon=0.186$ に固定する. 有効次元の精度 δ を 10^{-13}, ノイズの大きさ σ を 10^{-15} として, 軌道を倍精度で計算する. 図 12.10 は, ランダムに与えた初期値 $x(0)\in\mathbb{R}^{10}$ の軌道を $x(t)$ とし, 点 $x(t)$ における有効次元 $ED(x(t),\delta)$ を 32 ステップ毎に 5000 回記録したものである. $ED(x(t),\delta)$ は 6 と 10 の間の値をとりながら (まれに 4, 5 の値をとる), 増減しており, カオス的遍歴が起きていることがわかる.

この振舞いを詳しく調べるため, あらためてランダムにとった初期値を $x(0)$ とし, 同じ条件 (有効次元の精度 $\delta=10^{-13}$, ノイズの大きさ $\sigma=10^{-15}$, 倍精度計算) で軌道を計算し, 10000 ステップ分の $x(t)$ の座標をすべて記録す

る．図 12.11（上）は 0 ステップ（初期値）から 10000 ステップまでの有効次元 $ED(x(t), \delta)$ のグラフである．図 12.11（下）は 4000 ステップから 6000 ステップまでの間を拡大したものである．4000 ステップから 4500 ステップにかけて $ED(x(t), \delta)$ は 10 から 6 まで減少し，4500 ステップから 5100 ステップあたりまで 6 の値をとりつづけ，5100 ステップから 5500 ステップまでで $ED(x(t), \delta)$ は 10 に増加する．

4600 ステップにおける $x = x(t)$ の座標 $(x_1, x_2, \cdots, x_{10})$ は次のようになっている．

$$x_1 = 0.8680111717440510 \quad x_2 = 0.7132627407502350 \tag{12.43}$$

$$x_3 = 0.8680111717440530 \quad x_4 = -0.3057604271100400 \tag{12.44}$$

$$x_5 = 0.7108613712018920 \quad x_6 = -0.3057604271100450 \tag{12.45}$$

$$x_7 = -0.0088623218480510 \quad x_8 = 0.7122016989087070 \tag{12.46}$$

$$x_9 = -0.0088623218480513 \quad x_{10} = -0.3057604271100360 \tag{12.47}$$

これを並べ替えると次のようになる．

$$x_4 = -0.3057604271100400 \tag{12.48}$$

$$x_6 = -0.3057604271100450 \tag{12.49}$$

$$x_{10} = -0.3057604271100360 \tag{12.50}$$

$$x_1 = 0.8680111717440510 \tag{12.51}$$

$$x_3 = 0.8680111717440530 \tag{12.52}$$

$$x_7 = -0.0088623218480510 \tag{12.53}$$

$$x_9 = -0.0088623218480513 \tag{12.54}$$

$$x_2 = 0.7132627407502350 \tag{12.55}$$

$$x_5 = 0.7108613712018920 \tag{12.56}$$

$$x_8 = 0.7122016989087070 \tag{12.57}$$

12.6 カオス的遍歴の観測

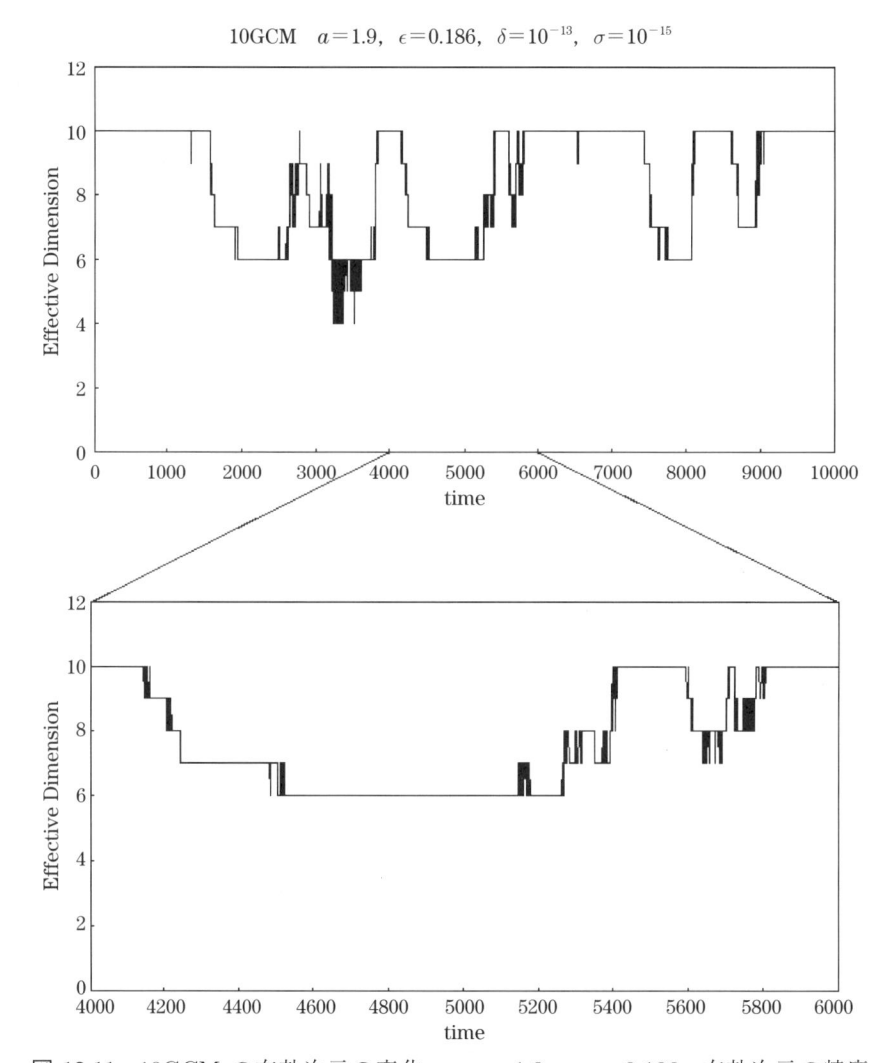

図 12.11 10GCM の有効次元の変化. $a = 1.9, \varepsilon = 0.186$, 有効次元の精度 $\delta = 10^{-13}$, ノイズの大きさ $\sigma = 10^{-15}$, 倍精度で計算. ランダムに与えた初期値 $x(0) \in \mathbb{R}^{10}$ の軌道を $x(t)$ とし, 点 $x(t)$ における有効次元 $ED(x(t), \delta)$ を各ステップ毎に 10000 回記録したもの.（下）は 4000 ステップから 6000 ステップまでの拡大.

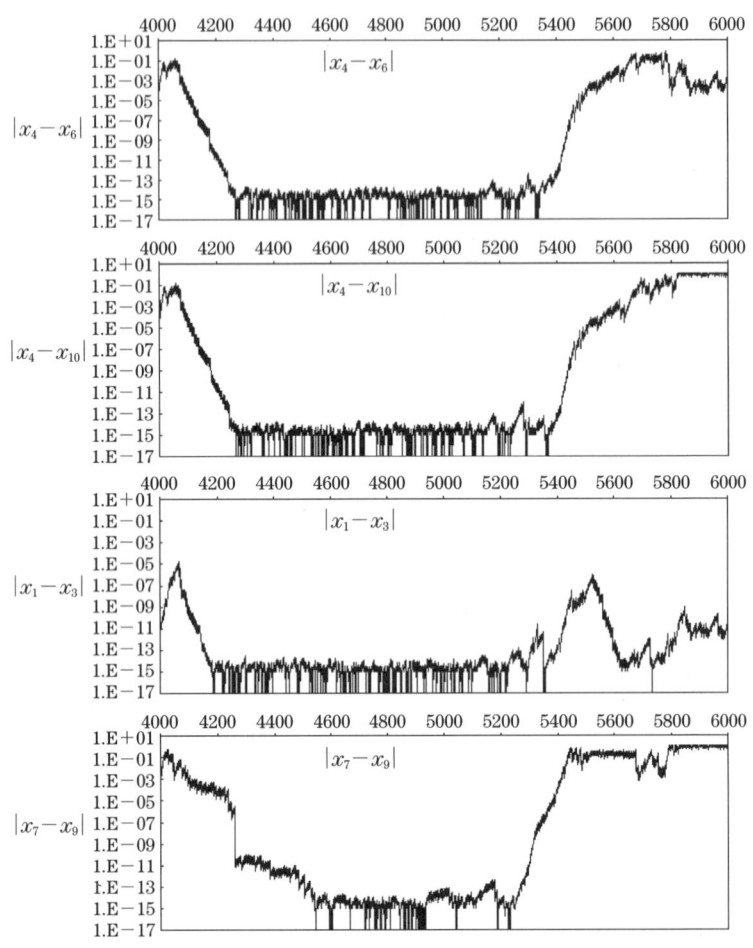

図 12.12 4000 ステップから 6000 ステップまでの，上から順に，$|x_4 - x_6|$, $|x_4 - x_{10}|$, $|x_1 - x_3|$, $|x_7 - x_9|$ の値の変化．縦軸は対数目盛，ただし，例えば，$|x_4 - x_6| = 0$ の場合には 1.0E‐17 とする．

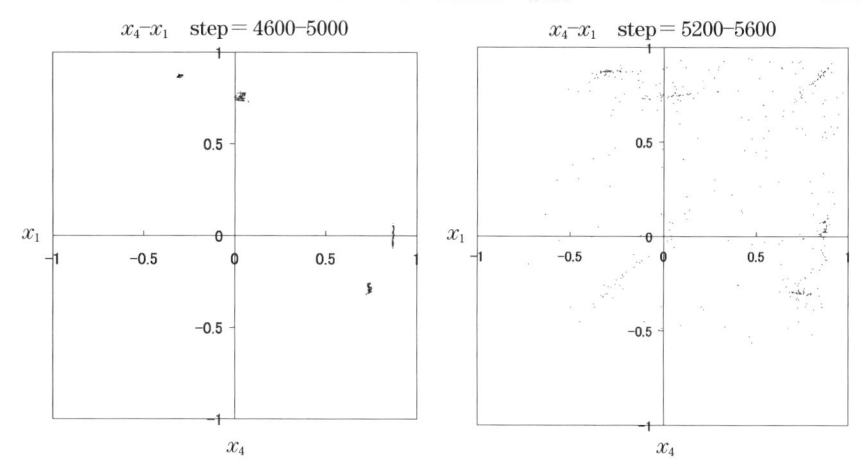

図 12.13 軌道の (x_4, x_1) 平面へ射影．(左) は 4600 ステップから 5000 ステップまで，(右) は 5200 ステップから 5600 ステップまで．

すなわち，x_4, x_6, x_{10} は 10^{-13} まで同期しており，x_1 と x_3，および x_7 と x_9 はそれぞれ 10^{-14} まで同期している．これらの同期により有効次元が 6 次元になっている．これらの同期がどのようにして実現し，どのようにして外れていくのかを見るため，$|x_4 - x_6|$, $|x_4 - x_{10}|$, $|x_1 - x_3|$, $|x_7 - x_9|$ の値の変化を 4000 ステップから 6000 ステップまで示したものが図 12.12 である．グラフの縦軸は対数目盛で，たとえば $|x_4 - x_6| = 0$ の場合には 1.0E‐17 をとるようにしている（1.0E-15 の精度で計算している）．

これらの図から，軌道は

$$H = \{x \in \mathbb{R}^{10} | x_4 = x_6 = x_{10},\ x_1 = x_3,\ x_7 = x_9\} \quad (12.58)$$

で定義される [322111] 型の 6 次元不変部分空間に接近し，しばらくその近くに滞在した後，離れていったことがわかる（[ ] 型の中の数字を区切るコンマは以下省略する）．図 12.13 は 4600 ステップから 5000 ステップまでの軌道と，5200 ステップから 5600 ステップまでの軌道をそれぞれ (x_4, x_1) 平面へ射影したものである．この図から，6 次元不変部分空間 H 上に図 12.13（左）のような吸引力のある集合（擬アトラクタ）があり，軌道はしばらくここに引き付けられているが，図 12.13（右）に見られるように，何らかの理由で吸引力を失い，軌

道は H から離れていったことが予想される．この吸引力を失った原因が H 上のアトラクタのクライシスによることを次の節で明らかにする．

12.7 カオス的遍歴のメカニズム

前節で述べた [322111] 型 6 次元不変部分空間 $H \subset \mathbb{R}^{10}$ に制限したシステムは，次の重み付き 6 次元 GCM と同値である．

$$G_{a,\varepsilon} : \mathbb{R}^6 \to \mathbb{R}^6, \ y = (y_1, \cdots, y_6)^T \mapsto z = (z_1, \cdots, z_6)^T, \tag{12.59}$$

$$z_i = (1-\varepsilon)g_a(y_i) + \frac{\varepsilon}{10}\sum_{j=1}^{6} c_j g_a(y_j), \quad (1 \leq i \leq 6), \tag{12.60}$$

$$(c_1, c_2, c_3, c_4, c_5, c_6) = (3, 2, 2, 1, 1, 1). \tag{12.61}$$

第 12.6 節の x_4, x_6, x_{10} は 10^{-13} まで一致していたことから，これらを代表させて $y_1 = -0.3057604271100$ と定める．同様に x_1 と x_3，および x_7 と x_9 はそれぞれ 10^{-14} まで一致していたことから，これらをそれぞれ代表させて $y_2 = 0.86801117174405, y_3 = -0.008862321848051$ と定める．x_2, x_5, x_8 は同期していないと判断して，そのままの値を y_4, y_5, y_6 とする．このようにして 6 次元空間の点 $y(0) = (y_1, \cdots, y_6) \in \mathbb{R}^6$ を次のように定める．

$$y_1 = -0.3057604271100 \quad y_2 = 0.86801117174405 \tag{12.62}$$

$$y_3 = -0.008862321848051 \quad y_4 = 0.7132627407502350 \tag{12.63}$$

$$y_5 = 0.7108613712018920 \quad y_6 = 0.7122016989087070 \tag{12.64}$$

点 $y(0)$ を初期値とし，ノイズの大きさ $\sigma = 10^{-15}$ で軌道を計算し，5000 ステップ分の軌道 $y(t)$ の座標をすべて記録する．この軌道データから，**瞬間横断リアプノフ（Lyapunov）数**

$$\mu_i(t) = \log|(1-\varepsilon)Dg_a(y_i(t))|, \quad i = 1, 2, 3 \tag{12.65}$$

を計算する．これは，第 12.5 節で述べたように，$\mathbb{R}^{10}$ における部分空間 H の

12.7 カオス的遍歴のメカニズム

直交補空間方向の拡大率を表す．$\mu_i(t)$ 自身は変動が激しく，特徴をとらえ難いので 128 ステップにわたる移動平均（**局所横断リアプノフ数**）

$$\bar{\mu}_i(t) = \frac{1}{128} \sum_{j=0}^{127} \mu_i(t-j) \tag{12.66}$$

をとったものが図 12.14 である．ステップ 128 からステップ 500 までは局所横断リアプノフ数は負であり，部分空間 H の直交補空間方向は安定であることがわかる．このとき対応する軌道（ステップ 0 からステップ 500 まで）の (y_1, y_2) 平面への射影は図 12.15（左上）のように局在化している．更に，ステップ 501

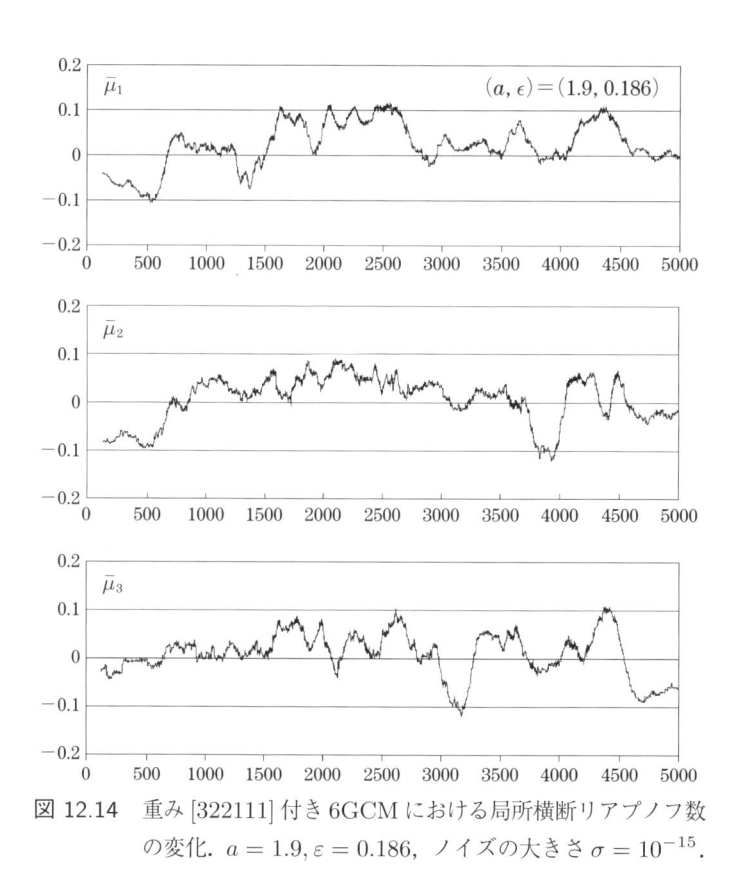

図 12.14　重み [322111] 付き 6GCM における局所横断リアプノフ数の変化．$a = 1.9, \varepsilon = 0.186$，ノイズの大きさ $\sigma = 10^{-15}$．

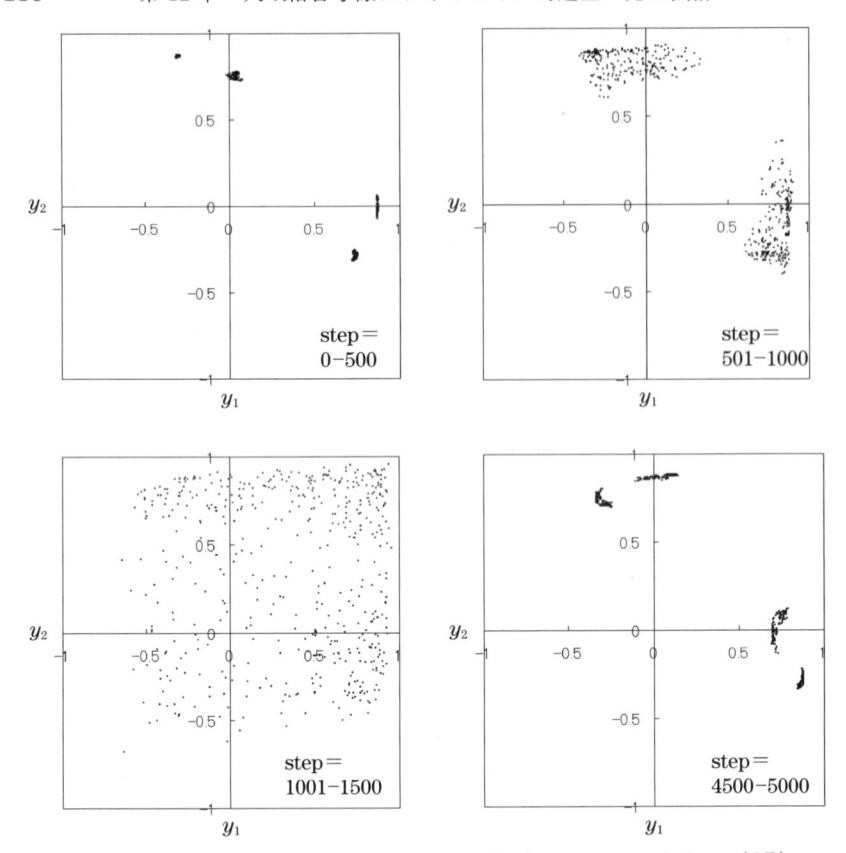

図 12.15 重み [322111] 付き 6GCM における軌道の (y_1, y_2) 平面への射影. $a = 1.9, \varepsilon = 0.186$, ノイズの大きさ $\sigma = 10^{-15}$. (左上) ステップ 0 からステップ 500 まで, (右上) ステップ 500 からステップ 1001 まで, (左下) ステップ 1001 からステップ 1500 まで, (右下) ステップ 4500 からステップ 5000 まで.

からステップ 1000 までの軌道, ステップ 1001 からステップ 1500 までの軌道のそれぞれ (y_1, y_2) 平面への射影は, 図 12.15 (右上), (左下) のようになり, 局在化していた軌道は, 次第に拡散していく様子がわかる. このときの対応する局所横断リアプノフ数は主に正の値をとり, 部分空間 H の直交補空間方向は不安定であることがわかる. 拡散した軌道は図 12.15 (右下) にあるように再び

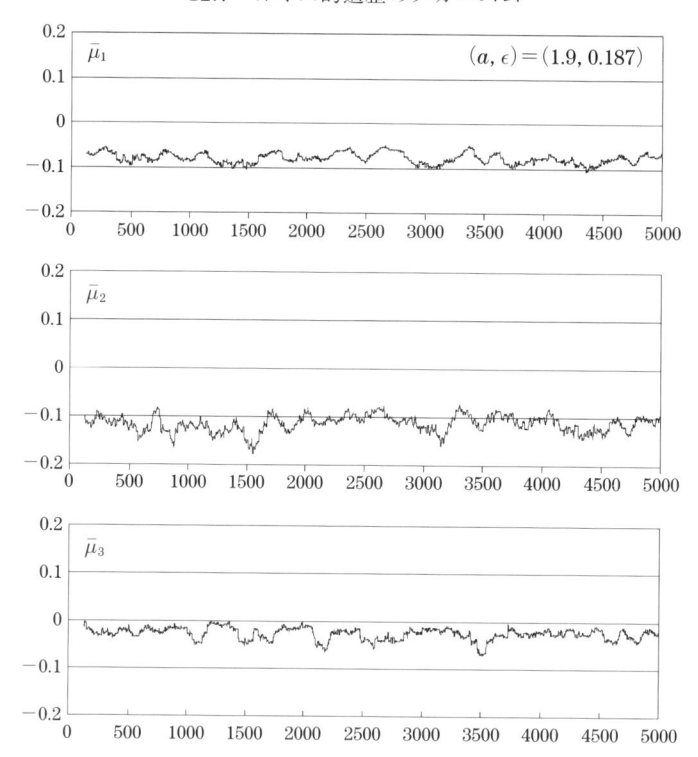

図 12.16 重み [322111] 付き 6GCM における局所横断リアプノフ数の変化. $a = 1.9, \varepsilon = 0.187$, ノイズの大きさ $\sigma = 10^{-15}$.

局在化することがある. このとき局所横断リアプノフ数が負になれば, H の直交補空間方向は吸引的性質を持つことになる. (今のデータではステップ 4500～5000 において $\mu_1(t)$ は 0 に近いが負であるとはいえないので, 吸引的性質を持つとはいえない.)

パラメータ ε を 0.187 に増加させ, 初期値 $y(0)$ の軌道を 5000 ステップ計算すると図 12.17 のように局在したままであり, 局所横断リアプノフ数は図 12.16 のようにすべて負である. 逆に ε を 0.15 に減少させ, 初期値 $y(0)$ の軌道を 5000 ステップ計算すると図 12.19 のように拡散したままであり, 局所横断リアプノフ数は図 12.18 のようにすべて正である.

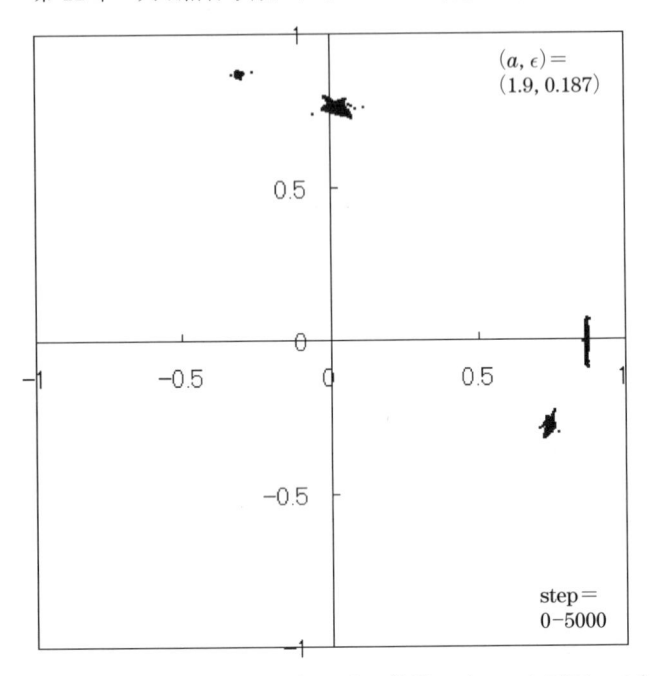

図 12.17 重み [322111] 付き 6GCM における軌道の (y_1, y_2) 平面への射影. $a = 1.9, \varepsilon = 0.187$, ノイズの大きさ $\sigma = 10^{-15}$. ステップ 0 からステップ 5000 まで.

以上から次のことが結論付けられる. すなわち, $\mathbb{R}^{10}$ における部分空間 H 上には, $\varepsilon = 0.187$ のときアトラクタ Λ_1 があり, これは H の直交補空間方向に安定で吸引的性質を持つ. $\varepsilon = 0.150$ のときには Λ_1 に比べて大きな (Λ_1 を含むような) アトラクタ Λ_2 があり, これは H の直交補空間方向には不安定で反発的性質を持っている. ε を 0.187 から減少させるとき, アトラクタ Λ_1 は $\varepsilon = 0.1865$ 付近でクライシスを起こす. クライシスによって Λ_1 には出口が生じ, Λ_1 は「擬アトラクタ」となる. $\varepsilon = 0.186$ では, Λ_1 内にいた軌道は出口を見つけて, やがて外に出るが, 外に出た軌道は Λ_2 の内部を動き回り, 時々, Λ_1 に帰って来たりもする.

H には含まれないが, H の近くにいる点 $x \in \mathbb{R}^{10}$ の動きは, H 上への射影点 y の動きと, 直交補空間 $H^\perp$ 方向の射影点 $y^\perp$ の動きとの合成で近似される.

図 12.18 重み [322111] 付き 6GCM における局所横断リアプノフ数の変化. $a = 1.9, \varepsilon = 0.150$, ノイズの大きさ $\sigma = 10^{-15}$.

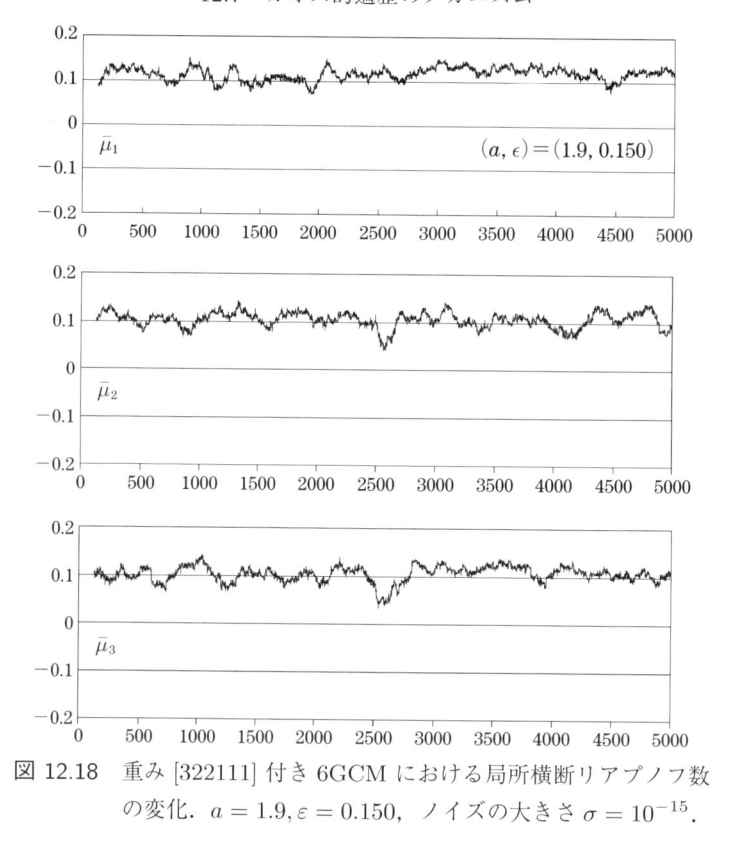

$\varepsilon = 0.186$ で射影点 y が「擬アトラクタ」Λ_1 の内部を動くとき, 直交補空間方向に安定であるから射影点 $y^\perp$ は 0 に収束していく. 射影点 y が Λ_1 の内部に滞在する時間が十分にあれば, x は H の δ 近傍に入り, 有効次元は 6 に低減する. しかし, 滞在時間が十分でなければ, 有効次元は 8 や 7 までしか低減しないであろう. やがて, 射影点 y が「擬アトラクタ」Λ_1 の出口を見つけ, 外に出て Λ_2 の内部を動き回るようになると, 直交補空間方向は不安定となり, 射影点 $y^\perp$ のノルムは拡大していき, x が H の δ 近傍の外に出れば, 有効次元は 6 から増大する (図 12.20).

一般に H と位相共役な不変部分空間は多数ある. $\mathbb{R}^{10}$ において [322111] 型の 6 次元不変部分空間の数は, ${}_{10}C_3 \times {}_7C_2 \times {}_5C_2 = 25200$ である. 一つの H

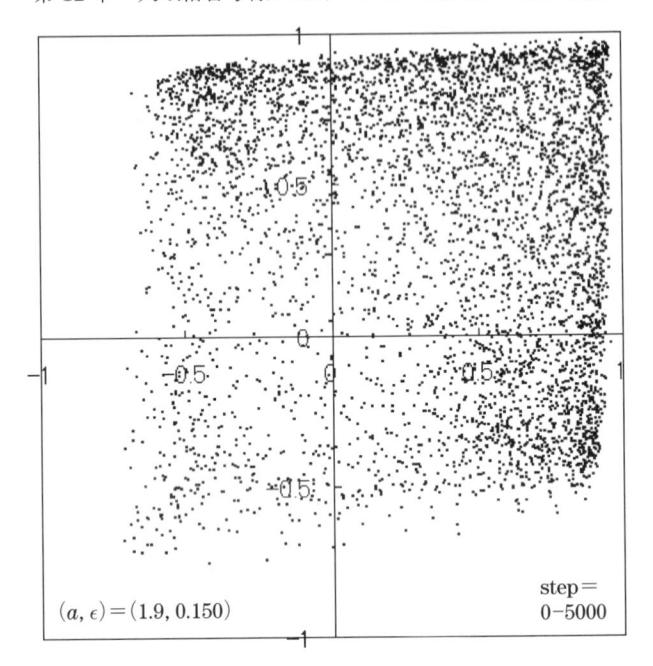

図 12.19　重み [322111] 付き 6GCM における軌道の (y_1, y_2) 平面への射影．$a = 1.9, \varepsilon = 0.150$，ノイズの大きさ $\sigma = 10^{-15}$．ステップ 0 からステップ 5000 まで．

に「擬アトラクタ」Λ_1 があるということは，他の位相共役な不変部分空間にも同様の「擬アトラクタ」があることを意味する．すなわち，$\varepsilon = 0.186$ では 25200 個の「擬アトラクタ」が共存しており，H の δ 近傍の外に出た x は $\mathbb{R}^{10}$ の内部を動き回るうちに，別の「擬アトラクタ」に引き寄せられ，しばらく滞在し，やがて離れる，という動きを永遠に繰り返すこととなる．これが大域結合写像におけるカオス的遍歴の基本的なメカニズムであると考えられる．

前述の議論では，クライシスによってアトラクタ Λ_1 に出口が生じ，Λ_1 は「擬アトラクタ」となることが重要な役割を果たした．クライシスの典型的な例は図 12.21 のような 1 次元写像である．区間 Λ_1 に滞在していた軌道は出口 E を見つけると外に出て区間 $\Lambda_2 = [0, 1]$ を動き回る．ときには，再び区間 Λ_1 に

12.7 カオス的遍歴のメカニズム

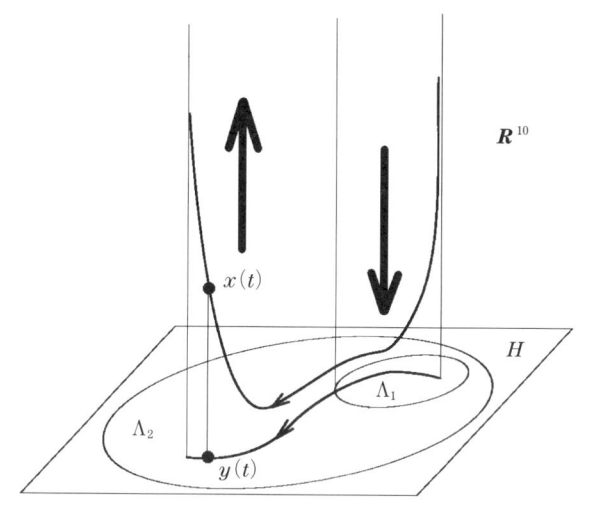

図 12.20 カオス遍歴のメカニズムの概念図．射影点 y が「擬アトラクタ」Λ_1 の内部を動くとき，直交補空間方向に安定であるから，x は H に接近する．射影点 y が「擬アトラクタ」Λ_1 の出口を見つけ，外に出て Λ_2 の内部を動き回るようになると，直交補空間方向は不安定となり，x は H から離れる．

帰ってきて，しばらく滞在する．このような振舞いは**クライシス誘導型間欠性** (crisis-induced intermittency) と呼ばれる[4],[5]．したがって，この章の主張は次のようにいうことができる．

> GCM におけるカオス的遍歴は，不変部分空間上でのクライシス誘導型間欠性と直交補空間方向の安定性の反転によって生じる．

ところで，図 12.21 のような 1 次元写像では，アトラクタ Λ_1 がサドル点 P に接触して，クライシスが生じていることは明瞭である．しかしながら，GCM のような高次元の不可逆写像のクライシスについては数値解析も，数学的術語の定式化も不十分の点が多く，今後の課題として残されている．

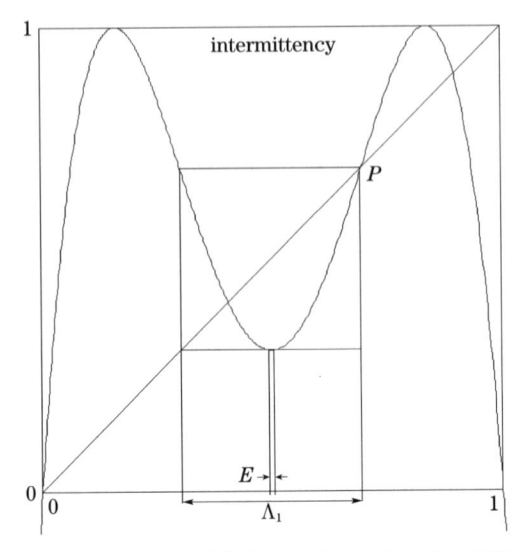

図 12.21 クライシス誘導型間欠性を示す 1 次元写像の例.
$$f(x) = 16(a-1)c(x-0.5)^2(c(x-0.5)^2 - 0.5) + a,$$
$c = 1 + 1/\sqrt{1-a}, \quad a = 0.3033.$

第 13 章
大域結合写像の分岐解析

　大域結合写像は多くの種類の不変部分空間を持ち，不変部分空間に制限した力学系は重み付き GCM で表現される．不変部分空間の補空間方向の安定性は重み付き GCM の軌道から定まる偏リアプノフ数と ε から定まる．したがって，不変部分空間上のアトラクタの分岐を知るためには，重み付き GCM を調べればよい．ここでは，1 次元と 2 次元の不変部分空間上の分岐を調べる．重み付き 2GCM の解析から，極大サドルノード分岐曲線の存在が分かり，これが，一般次元の GCM においてコヒーレント相と秩序相の境界を与える曲線であることが分かる．

13.1　1 次元不変部分空間上の分岐

　1 次元不変部分空間
$$H^1 = \{x \in \mathbb{R}^N | x_1 = x_2 = \cdots = x_N\} \tag{13.1}$$
に制限した力学系は単独の 1 次元写像
$$g_a(x) = 1 - ax^2 \tag{13.2}$$
と同値である．H^1 の直交補空間方向の安定性は横断リアプノフ数によって与えられるが，これは 1 次元写像のリアプノフ数
$$\lambda_1 = \lim_{n \to \infty} \frac{1}{n} \sum_{m=0}^{n-1} \log|Dg_a(g^m(x))|, \ x \in H^1$$

に $\log(1-\varepsilon)$ を加えた数に等しい（命題 12.2）．したがって，$\varepsilon > 0$ のとき $\log(1-\varepsilon) < 0$ であるから，H^1 の上で安定な周期点は補空間方向にも安定である．また，リアプノフ数 λ が正のカオスアトラクタであっても，λ が $\lambda + \log(1-\varepsilon) < 0$ を満たせば，補空間方向には安定である．

図 13.1 は H^1 の分岐図である．補空間方向に安定なパラメータ領域に色がつけられている．数字は周期点の周期を表す．1 次元写像で安定周期点を持つ a に対しては，ε の値によらず補空間方向にも安定である．1 次元写像ではカオスになる領域でも，ε が大きなところでは補空間方向にも安定である．

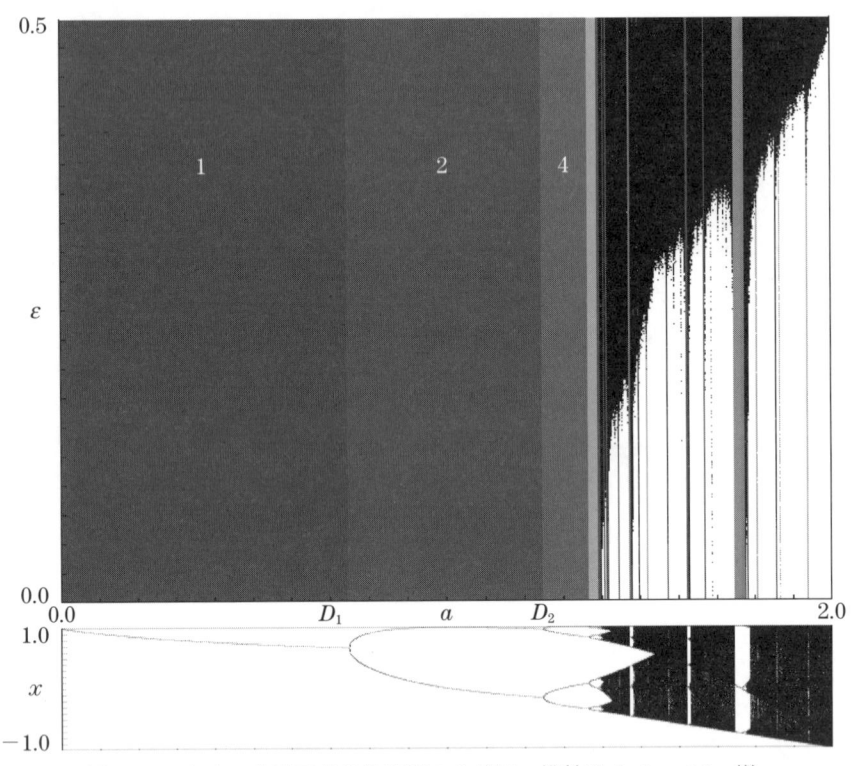

図 13.1 上は 1 次元不変部分空間の分岐図．横軸は $0 \leq a \leq 2$，縦軸は $0 \leq \varepsilon \leq 0.5$．補空間方向に安定なパラメータ領域に色がつけられている．数字は周期点の周期を表す．下は 1 次元写像の分岐図．横軸は $0 \leq a \leq 2$，縦軸は $-1 \leq x \leq 1$．

13.2 2次元不変部分空間上の分岐

重み $[s_1, s_2]$ 付き 2 次元 GCM を与える.

$$G_{a,\varepsilon} : \mathbb{R}^2 \to \mathbb{R}^2, \ y = (y_1, y_2)^T \mapsto z = (z_1, z_2)^T, \quad (13.3)$$

$$z_i = (1-\varepsilon)g_a(y_i) + \frac{\varepsilon}{2}\sum_{j=1}^{2} s_j g_a(y_j), \quad (1 \le i \le 2). \quad (13.4)$$

加重は $s_1 + s_2 = 1$ をみたすとする.そこで,$[s_1, s_2] = [s, 1-s]$ と表す.この上での分岐を調べることにより,一般次元の GCM における 2 次元不変部分空間上での分岐を知ることができる.たとえば,10GCM の [64] 型の 2 次元不変部分空間上の力学系は加重 $s_1 = 6/10, s_2 = 4/10$ のときの重み付き 2GCM に同値である.

1 次元写像が安定 1 周期点から 2 周期点に周期倍分岐を起こす a の値を a_1, 2 周期点から 4 周期点に周期倍分岐を起こす a の値を a_2 とする. (a, ε)−平面で a 軸上に点 $D_1(a_1, 0), D_2(a_2, 0)$ をとり,これらの点を通る分岐曲線について考察する.

$a_1 \le a \le a_2$ のとき,1 次元写像の安定 2 周期軌道を x_1^2, x_2^2 とする.

$$x_2^2 = g(a, x_1^2), \quad x_1^2 = g(a, x_2^2). \quad (13.5)$$

2GCM で $\varepsilon = 0$ のときは,直積力学系

$$G_{a,0} : \mathbb{R}^2 \to \mathbb{R}^2, \ y = (y_1, y_2)^T \mapsto z = (z_1, z_2)^T, \quad (13.6)$$

$$z_i = g_a(y_i), \quad (1 \le i \le 2) \quad (13.7)$$

である.直積力学系では,点 (x_1^2, x_1^2) は 1 次元不変部分空間に属する安定 2 周期点である.点 $P_{(a,0)}(x_1^2, x_2^2)$ は 1 次元不変部分空間に属さない安定 2 周期点である.この点は,安定 2 周期点であるから ε を正の方向に微少に変化させても安定 2 周期点として存在し続ける.この点が安定性を失うまで ε を増大させることにより,サドルノード分岐点を見つけることができる.この点を a の方向に延長して D_1 を通るサドルノード曲線 SN_1 を描くことができる.

1 次元写像が a が a_2 を超えたところで発生する安定 4 周期軌道を $x_1^4, x_2^4, x_3^4, x_4^4$ とする.

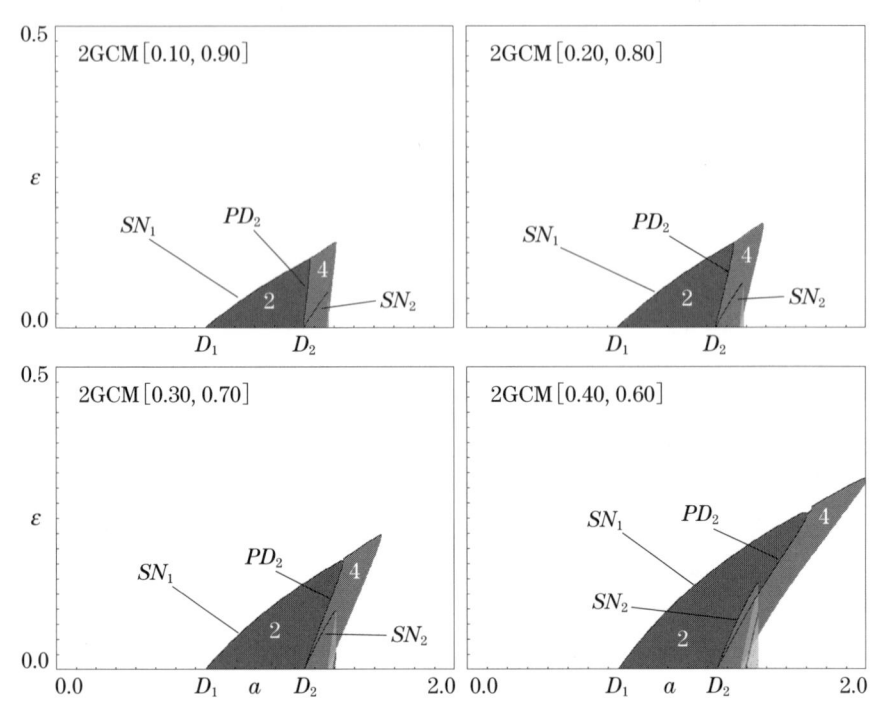

図 13.2 　重み $[s, 1-s]$ 付き 2GCM の分岐図 (1). 左上：$s = 0.1$, 右上：$s = 0.2$, 左下：$s = 0.3$, 右下：$s = 0.4$. 横軸は $0 \leq a \leq 2$, 縦軸は $0 \leq \varepsilon \leq 0.5$. 数字は周期点の周期を表す.

$$x_2^4 = g(a, x_1^4), \quad x_3^4 = g(a, x_2^4), \quad x_4^4 = g(a, x_3^4), \quad x_1^4 = g(a, x_4^4).$$
(13.8)

$\varepsilon = 0$ の 2GCM（直積力学系）で, 3 点 $(x_1^4, x_1^4), (x_1^4, x_2^4), (x_1^4, x_3^4)$ は異なる軌道上の安定 4 周期点である. 点 (x_1^4, x_1^4) は 1 次元不変部分空間に属する安定 4 周期点である. 点 (x_1^4, x_2^4) と点 (x_1^4, x_3^4) は 1 次元不変部分空間に属さない安定 4 周期点である. 点 (x_1^4, x_2^4) が安定性を失うまで ε を増大させることにより分岐点を見つけ, これを延長して分岐曲線を描く. この分岐曲線は安定 2 周期領域との境界をなし, D_2 を通る周期倍分岐曲線 PD_2 であることが分かる.（た

13.2 2次元不変部分空間上の分岐

図 13.3 重み $[s, 1-s]$ 付き 2GCM の分岐図 (2). 左上：$s = 0.42$, 右上：$s = 0.44$, 左下：$s = 0.46$, 右下：$s = 0.48$. 横軸は $0 \leq a \leq 2$, 縦軸は $0 \leq \varepsilon \leq 0.5$. 数字は周期点の周期を表す.

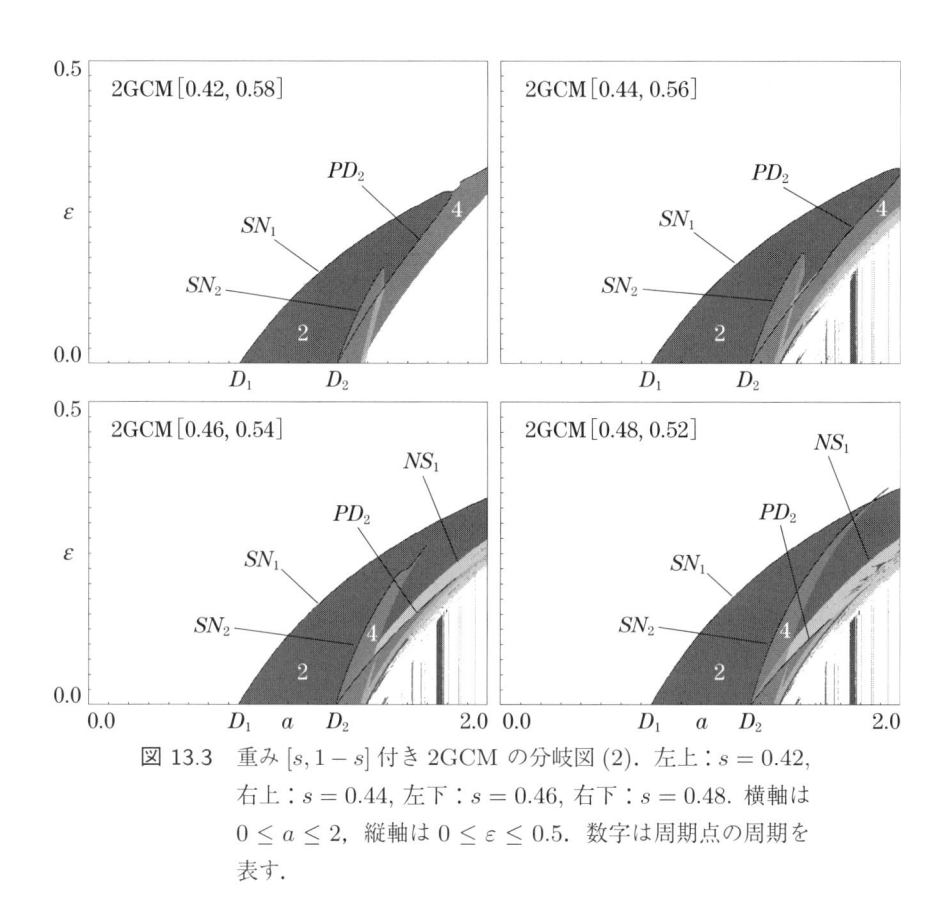

だし，加重 $[s, 1-s]$ が $0.44 \leq s \leq 0.56$ を満たすとき，安定 2 周期領域と安定 4 周期領域との間に，ナイマルク・サッカー分岐 NS_1 を経て発生する不変円が存在する領域が挿入される.）

同様に，点 (x_1^4, x_3^4) が安定性を失うまで ε を増大させることにより分岐点を見つけ，これを延長して分岐曲線を描く．この分岐曲線は，D_2 を通るサドルノード分岐曲線 SN_2 である.

図 13.2-13.4 は加重 $[s, 1-s]$ を変化させたときの分岐曲線 SN_1, PD_2, SN_2 の変化を追ったものである．サドルノード曲線 SN_1 は $[s, 1-s]$ のときと，$[1-s, s]$ のときとはシステムの対称性から同一である．曲線 SN_1 は $[s, 1-s] = [0.5, 0.5]$

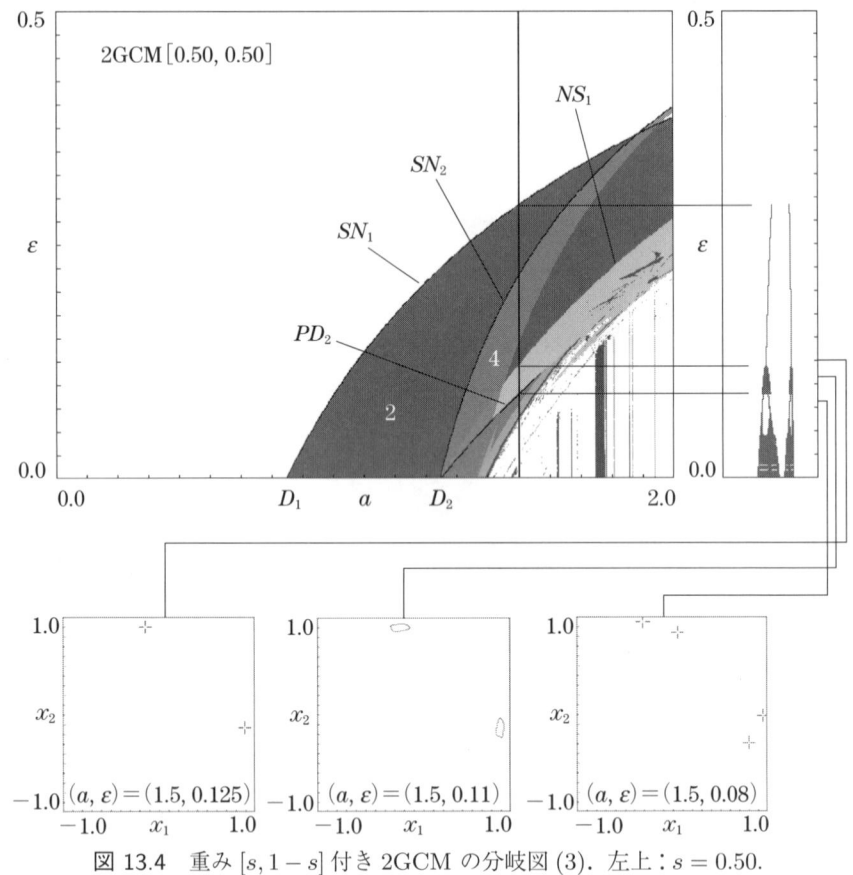

図 13.4 重み $[s, 1-s]$ 付き 2GCM の分岐図 (3). 左上：$s = 0.50$. 横軸は $0 \leq a \leq 2$, 縦軸は $0 \leq \varepsilon \leq 0.5$. 数字は周期点の周期を表す. 右上：$a = 1.5$. 横軸は $-2 \leq x_1 \leq 2$, 縦軸は $0 \leq \varepsilon \leq 0.5$. 左下：$\varepsilon = 0.125$, 安定 2 周期点. 中下：$\varepsilon = 0.11$, 不変円. 右下：$\varepsilon = 0.08$, 安定 4 周期点. 横軸は $-1 \leq x_1 \leq 1$, 縦軸は $-1 \leq x_2 \leq 1$. 十字の中央が周期点の位置を表す.

のときに，ε に関して最も上にある．これを重み付き 2GCM における**極大分岐曲線**という．1 次元写像の安定 2 周期軌道 x_1^2, x_2^2 から，直積系での安定 2 周期点の組み合わせを考えると，2 次元不変部分空間に属さない安定 2 周期点は存

13.2 2次元不変部分空間上の分岐

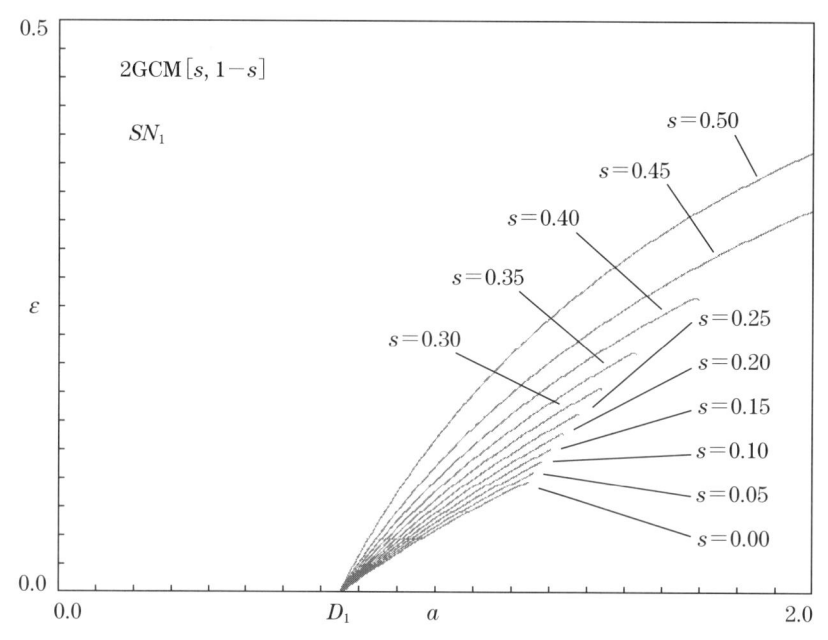

図 13.5 重み $[s, 1-s]$ 付き 2GCM のサドルノード岐曲線 SN_1. 横軸は $0 \leq a \leq 2$, 縦軸は $0 \leq \varepsilon \leq 0.5$. $s = 0.5$ のとき極大となる.

在しないことが分かる. 偶数 $2M$ 次元の GCM においては, $[M, M]$ 型の 2 次元不変部分空間 $H^2_{[M,M]}$ が存在し, $[s, 1-s] = [0.5, 0.5]$ の重み付き 2GCM に同値である. このことから, $[s, 1-s] = [0.5, 0.5]$ のときの極大サドルノード分岐曲線 SN_1 が全ての偶数次元の GCM において, コヒーレント相と秩序相の境界を与えることが分かる (図 13.5).

同様に, 重み付き 4GCM の安定 4 周期点について考察することにより, 直積系から連続に延長される安定周期点領域の境界となる分岐曲線の群れの中で, ε に関して最も上にある分岐曲線 (極大分岐曲線) や包絡線を見つけることができる. 極大分岐曲線は一般次元の GCM において, 4 クラスターが存在する領域の境界となる. このように, 種々の周期の周期点の極大分岐曲線を見つけることにより, 一般次元の GCM の振る舞いを理解することができるようになる.

第 14 章
カオス的遍歴のアニメーション観察

　第12章の考察から,「擬アトラクタ」の実態はクライシスによって崩壊させられたアトラクタであることが分かった．そこで，この章では,「擬アトラクタ」をアトラクタ残骸と呼ぶことにする．カオス的遍歴現象では，アトラクタ残骸の間を軌道が動き回るため，通常の不変集合の観察方法ではうまく観察できない．ここでは，アニメーションによって，アトラクタ残骸間を動き回る軌道の様子を観察する手法を説明する．また，有効次元が変化する様子や部分空間の間を軌道が移動する様子をアニメーションで表示する手法についても説明する．

14.1　はじめに

　コンピュータを使ってアトラクタを表示する場合，適当な初期値から出発させた軌道を計算し，トランジェントを切捨てた後，ディスプレイ上に点を次々に表示して行けばよい．点は，アトラクタの内部をくまなく動き回り，十分な時間の後にはアトラクタの形状を描き出すと考えられる．しかし，カオス的遍歴においては，通常の意味でのアトラクタは存在せず，アトラクタが崩壊したあとの残骸が多数存在して，軌道はこれらの集合に入ったり出たり，別の集合に移ったりを繰り返していると考えられる．したがって，従来のアトラクタの観察方法では，カオス的遍歴の様子を知ることはできない．そのために，アニメーションによって，アトラクタ残骸間を動き回る軌道の様子を観察する手法

を説明する．簡単に言えば，長さを定めた軌道の断片を表示し，時間とともにそれを移動させることである．断片の長さを適当に定めれば，アトラクタ残骸の形状を知ることができる．また，アトラクタ残骸を抜け出して，さまよう様子や，別のアトラクタ残骸に入り込む様子も観察できる．軌道の各点には付加情報として，その点の有効次元や不変部分空間の型を持たせることができる．有効次元は整数であり，離散的な値しかとらないが，長さを定めた軌道断片に対して平均を取ることにより，小数として数直線に埋め込むことができる．また，不変部分空間の型も小数展開して，軌道断片に対して平均を取ることにより，数直線に埋め込むことができる．したがって，軌道断片に対して，有効次元と部分空間型からなる2次元平面上の1点を対応させることができる．軌道断片を時間とともに移動させることにより，この2次元平面上で点が移動する．この点の動きから，軌道がどの次元のどの型の部分空間上のアトラクタ残骸に停滞し，また移動しているかを観察できる．ここでは，アニメーション観察の具体的な手法を説明する．実際のプログラムは付録 A.5 で与える．

14.2 アトラクタ残骸のアニメーション観察

話を具体的にするために，10 次元の GCM において，パラメータを $a = 1.9, \varepsilon = 0.186$ に固定した場合を考える．

$$F_{a,\varepsilon} : \mathbb{R}^{10} \to \mathbb{R}^{10}, x = (x_1, \cdots, x_{10})^T \mapsto y = (y_1, \cdots, y_{10})^T, \tag{14.1}$$

$$y_i = (1-\varepsilon)g_a(x_i) + \frac{\varepsilon}{10}\sum_{j=1}^{10} g_a(x_j) \quad (1 \leq i \leq 10). \tag{14.2}$$

[322111] 型の 6 次元不変部分空間 H 上に 4 つの島からなるアトラクタ残骸が存在し，この集合に入ったり出たりすることでカオス的遍歴を生じさせている．(カオス的遍歴に寄与するのは，この集合のみではないが，この集合の寄与は大きい．)

長さ L の軌道断片

$$\mathrm{seg}(t) = \{x(t-L+1), x(t-L+2), \cdots, x(t-1), x(t)\} \tag{14.3}$$

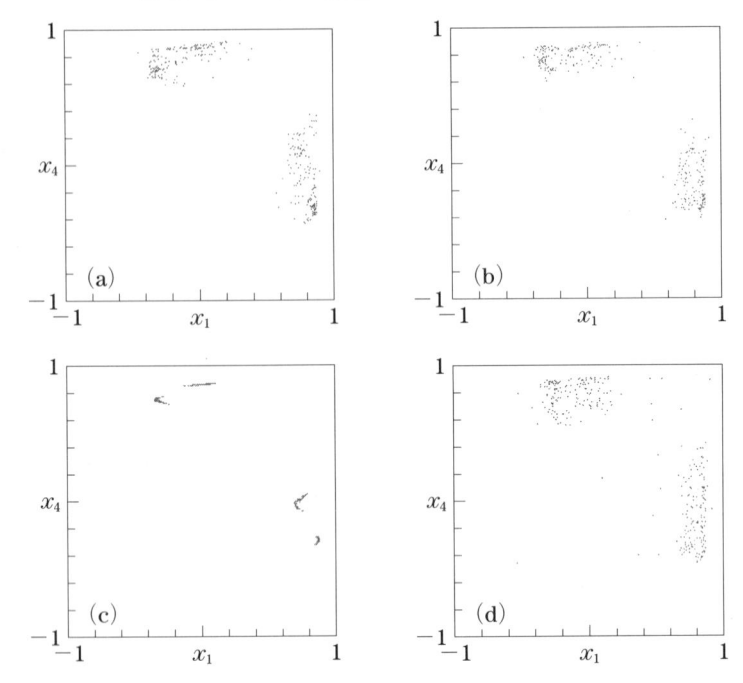

図 14.1 変化するアトラクタ残骸の様子. 横軸は $-1.0 \leq x_1 \leq 1.0$, 縦軸は $-1.0 \leq x_4 \leq 1.0$. 有効次元が, それぞれ, (a)10 のとき, (b)10 から 6 へ変化するとき, (c)6 のとき, (d)6 から 10 へ変化するとき.

を与える. アニメーションではグラフィックスを表示する 2 枚の画面 (裏画面, 表画面) を用意し, 裏画面を白で塗りつぶした後, 軌道断片 seg(t) を裏画面に描画する. 裏画面への描画完了後, 裏画面を表画面に転送しディスプレイに表示する. ディスプレイに軌道断片 seg(t) が表示されている間に, 再び裏画面を白で塗りつぶし, 軌道断片 seg($t+1$) を裏画面に描画する. 裏画面への描画完了後, 裏画面を表画面に転送しディスプレイに表示する. この過程を繰り返すことにより, 軌道断片の先頭は前進し, 最後尾は消去されるので, 軌道断片が時間とともに移動するアニメーションを得ることができる. 図 14.1 は $L = 300$ の軌道断片を $(x_1, x_4)-$ 平面に射影したときの, アニメーションの様子を表している. (a) は平均有効次元が 10 に近いときの軌道断片である. (b) は 6 次元

不変部分空間上のアトラクタ残骸に軌道断片が吸い込まれつつあるときの様子である．(c) は 6 次元不変部分空間上のアトラクタ残骸に軌道断片全体が吸い込まれてしまったときの様子である．(d) は，軌道断片がアトラクタ残骸の出口から抜け出しているときの様子である．これらの図からだけでは平均有効次元の変化は捉えられないが，次の節で述べる平均有効次元と部分空間型の変化を同時に観察することによって，軌道断片の形状の変化と平均有効次元の変化との関係を明瞭に知ることができる．

14.3 部分空間の間を移動する軌道のアニメーション観察

$\mathbb{R}^{10}$ の各点 x に対して，精度 δ を与えば有効次元 $ED(x,\delta)$ と部分空間型 $ST(x,\delta)$ を計算することができる（定義 12.1 参照）．部分空間型は大きさの順に並んだ自然数の列であるが，これを小数と同一視することにより，数直線に埋め込むことができる．たとえば，[64]=0.64, [322111]=0.322111 などとなる．長さ L の軌道断片が与えられたとき，この軌道断片に沿って有効次元 $ED(x,\delta)$ を平均することで平均有効次元 $MED(x,\delta,L)$ が求められた．同様に，小数と同一視した部分空間型 $ST(x,\delta)$ を軌道断片に沿って平均値を計算すれば軌道断片の平均部分空間型が求められる．

軌道断片の平均有効次元と部分空間型の変化をアニメーション表示する方法を説明する．前節同様に，長さ L の軌道断片

$$\mathrm{seg}(t) = \{x(t-L+1), x(t-L+2), \cdots, x(t-1), x(t)\} \quad (14.4)$$

を与える．この軌道断片から，長さ $M(<L)$ の部分軌道断片の列をとる．

$$\mathrm{subseg}(t,0) = \{x(t-M+1), x(t-M+2), \cdots, x(t-1), x(t)\},$$
$$\mathrm{subseg}(t,1) = \{x(t-M), x(t-M+1), \cdots, x(t-2), x(t-1)\},$$
$$\mathrm{subseg}(t,2) = \{x(t-M-1), x(t-M), \cdots, x(t-3), x(t-2)\},$$
$$\vdots$$
$$\mathrm{subseg}(t,L-M) = \{x(t-L+1), x(t-L+2), \cdots,$$
$$x(t-L+M-1), x(t-L+M)\}.$$

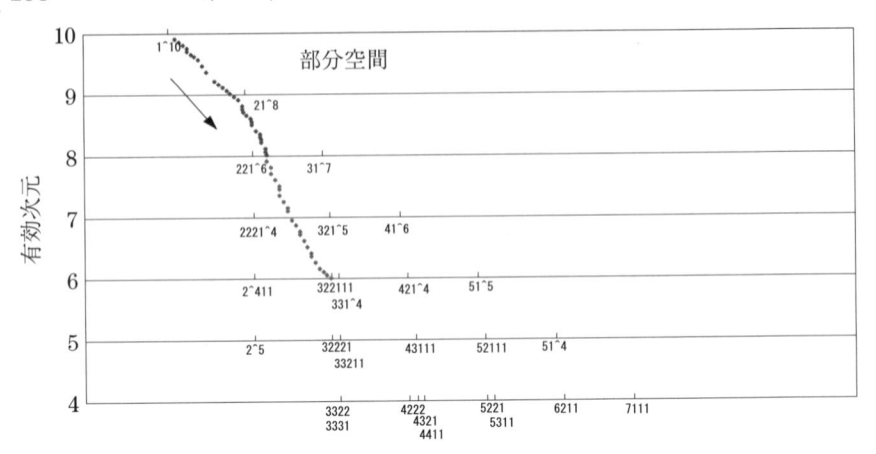

198　　　　　　第 14 章　カオス的遍歴のアニメーション観察

図 14.2　部分空間の間を移動する様子のアニメーション観察.

部分軌道断片 subseg(t,m) に対して，平均有効次元と平均部分空間型を計算し，それぞれ med(t,m), mst(t,m) とする．時刻 t を $t+1$ に更新し，med$(t+1,m)$, mst$(t+1,m)$ 　$(0 \leq m \leq L-M)$ を計算する．実際には，

$$\mathrm{med}(t+1,m) = \mathrm{med}(t,m-1), \quad \mathrm{mst}(t+1,m) = \mathrm{mst}(t,m-1)$$

が成り立つので，med$(t+1,0)$, mst$(t+1,0)$ の計算のみで十分である．縦軸に平均有効次元，横軸に平均部分空間型を配した 2 次元平面に点列 (med(t,m), mst(t,m)) 　$(0 \leq m \leq L-M)$ をプロットする．時刻 t の更新によってこの点列は，先頭に (med$(t+1,0)$, mst$(t+1,0)$) を新たにプロットし，最後尾の (med$(t,L-M)$, mst$(t,L-M)$) を消去しながら，ヘビのように動いていく．図 14.2 は $L=100, M=20$ の軌道断片を 2 次元平面上にプロットした図である．精度は $\delta = 10^{-13}$ である．平均有効次元は 4 以上 10 以下の範囲を表示している．部分空間型は簡略した記号で記されている．たとえば，
1^10=[1111111111]，21^8=[211111111]，2^411=[222211]
などである．

図 14.3-14.6 は，アトラクタ残骸の変化と部分空間の間を移動する軌道を同時に表示するアニメーションの様子である．左の直方体は $(x_1, x_4)-$ 平面を底面とし，平均有効次元を高さ方向の軸にとったものである．軌道断片がアトラ

14.3 部分空間の間を移動する軌道のアニメーション観察

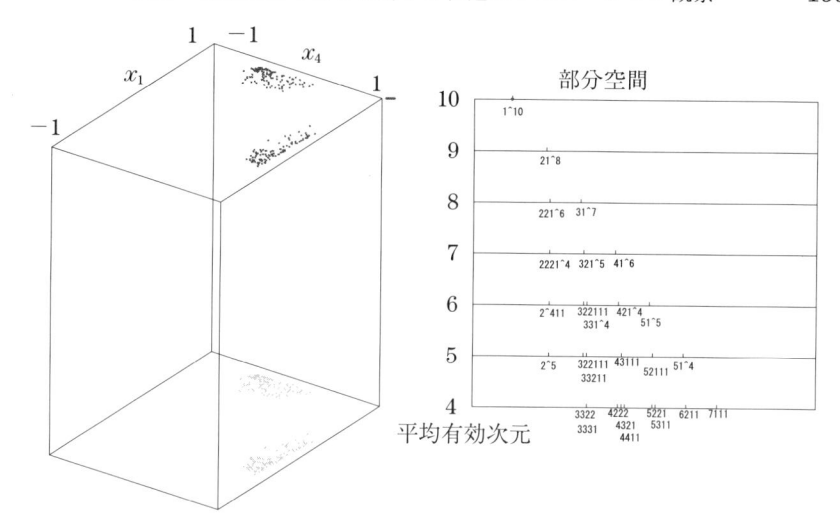

図 14.3 アトラクタ残骸の変化と部分空間の間を移動する様子のアニメーション (a)：有効次元 10 の空間にあるアトラクタ残骸.

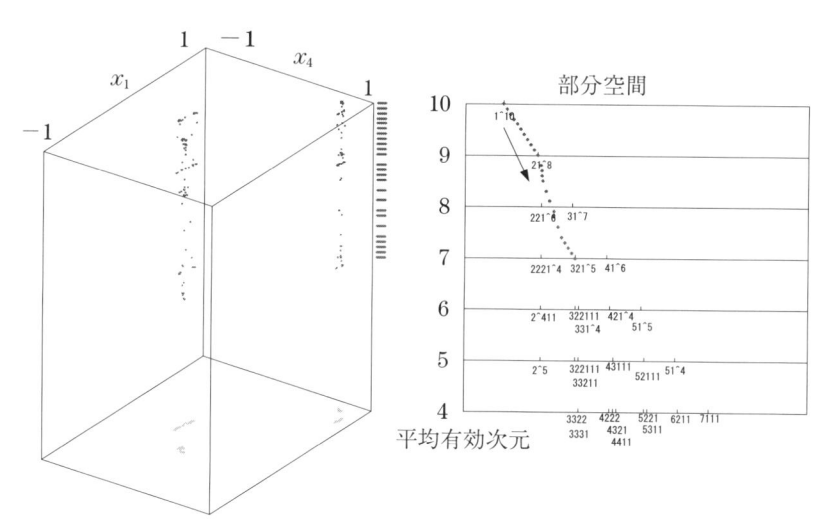

図 14.4 アトラクタ残骸の変化と部分空間の間を移動する様子のアニメーション (b)：[322111] 型の不変部分空間上のアトラクタ残骸に吸い込まれていく様子.

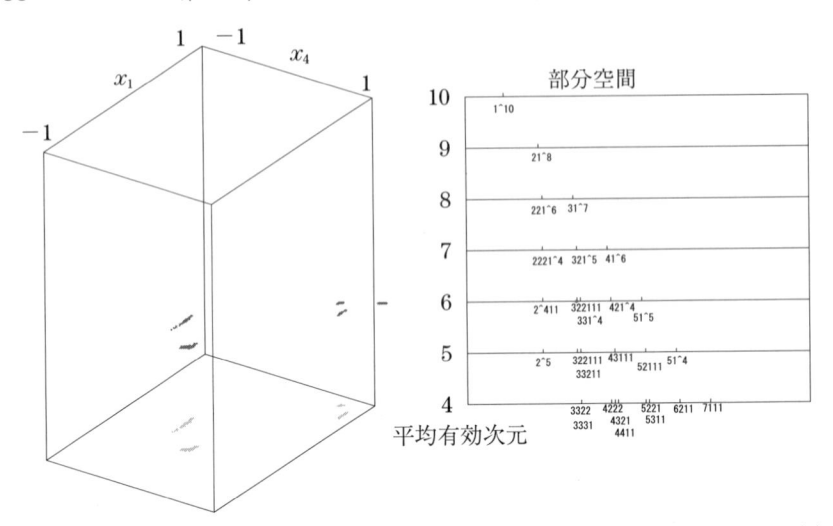

図 14.5 アトラクタ残骸の変化と部分空間の間を移動する様子のアニメーション (c)：[322111] 型の不変部分空間上のアトラクタ残骸に滞在している様子．

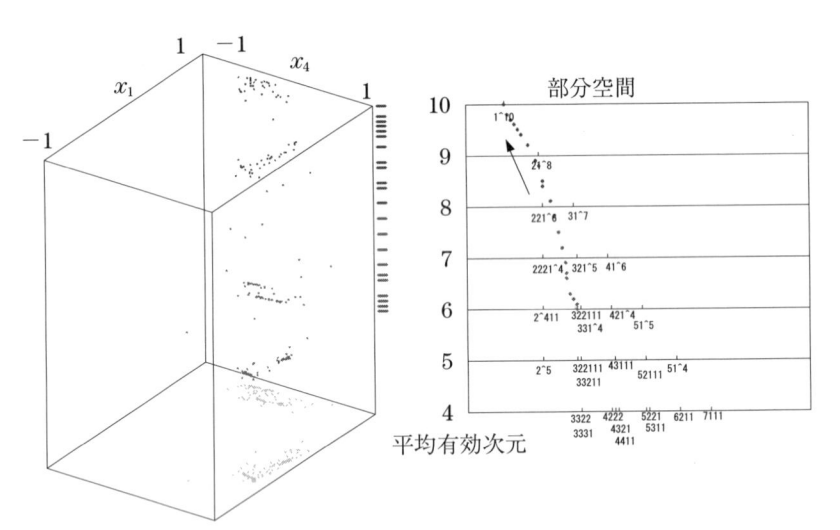

図 14.6 アトラクタ残骸の変化と部分空間の間を移動する様子のアニメーション (d)：アトラクタ残骸を抜け出したときの様子．

14.3 部分空間の間を移動する軌道のアニメーション観察

クタ残骸に入ったり出たりすることで平均有効次元の値が変化し，異なる高さに軌道断片がプロットされていく．直方体の底面には軌道断片の射影が描かれている．右側の長方形は縦軸に平均有効次元，横軸に平均部分空間型を配した2次元平面で，軌道断片の部分軌道断片列から計算された点列が表示される．$L = 100, M = 10$，精度は $\delta = 10^{-13}$ である．(a) は有効次元 10 の空間にあるアトラクタ残骸の様子である．(b) は軌道断片が [322111] 型の不変部分空間上のアトラクタ残骸に吸い込まれていく様子を表している．(c) は軌道断片が [322111] 型の不変部分空間上のアトラクタ残骸に滞在している様子である．(d) は軌道断片がアトラクタ残骸を抜け出したときの様子である．カオス的遍歴が，種々の次元，種々の型の不変部分空間上のアトラクタ残骸に軌道が入ったり出たりを繰り返す振る舞いであることが，アニメーション観察から明瞭に理解することができる．

付録 A
力学系を観察するプログラム

　力学系の動きをシミュレートするプログラムを作る．Windows アプリケーションを作るための統合開発環境として，ここでは米国 Borland Software Corporation 社の Borland C++Builder を使う[*1)]．2 次元のベクトル場を表示するプログラム，2 次元の流れを表示するプログラム，単振り子の動きをアニメーション表示するプログラム，および，500 次元までの大域結合写像において，カオス的遍歴現象を観察するプログラムを与える．

A.1　ベクトル場の観測

[Step 1]　**C++Builder の起動**
　C++Builder を起動する．すると，図 A.1 の画面が表示される．
　フォームの裏にコードエディタ画面が隠れている．フォーム／ユニット切り替えボタン，または F12 キーによって画面が切り替えられる（図 A.2）．

[Step 2]　**フォルダの新規作成**
　C++Builder でアプリケーションを開発すると，いろいろなファイルが自動的に作られるので，これらのファイルを保存するために，1 つのアプリケーショ

---

*1)　Borland C++Builder は米国 Borland Software Corporation 社の商標です．Windows は Microsoft Corporation の米国およびその他の国における登録商標です．本書では，® と ™ は明記しておりません．

A.1　ベクトル場の観測

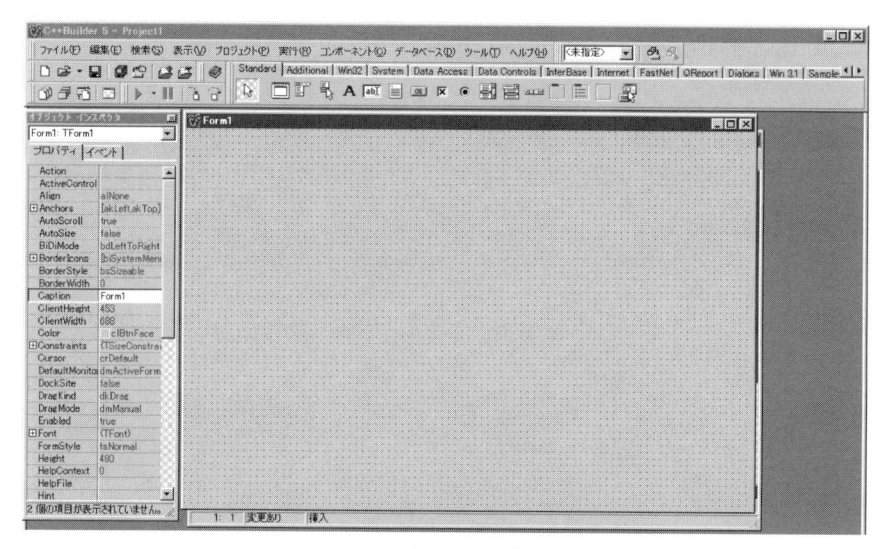

図 A.1　画面 1：起動画面．

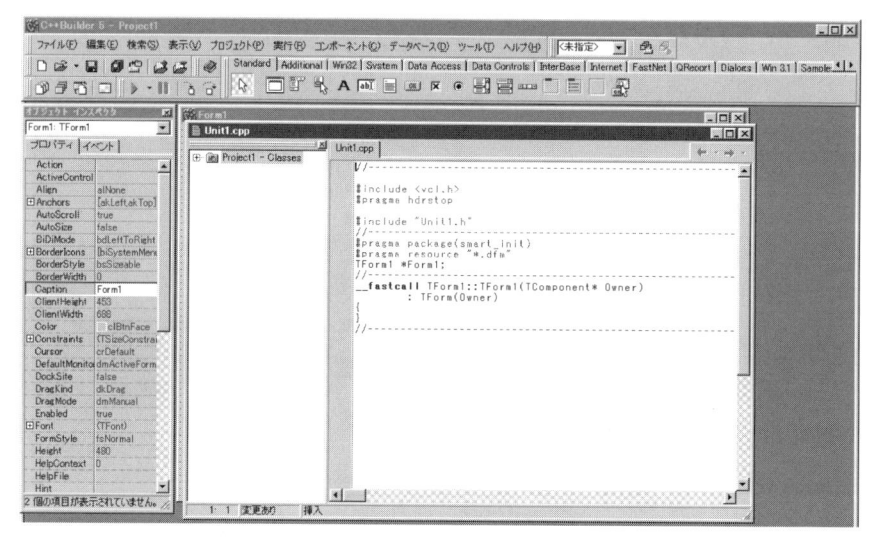

図 A.2　画面 2：コードエディタ画面．

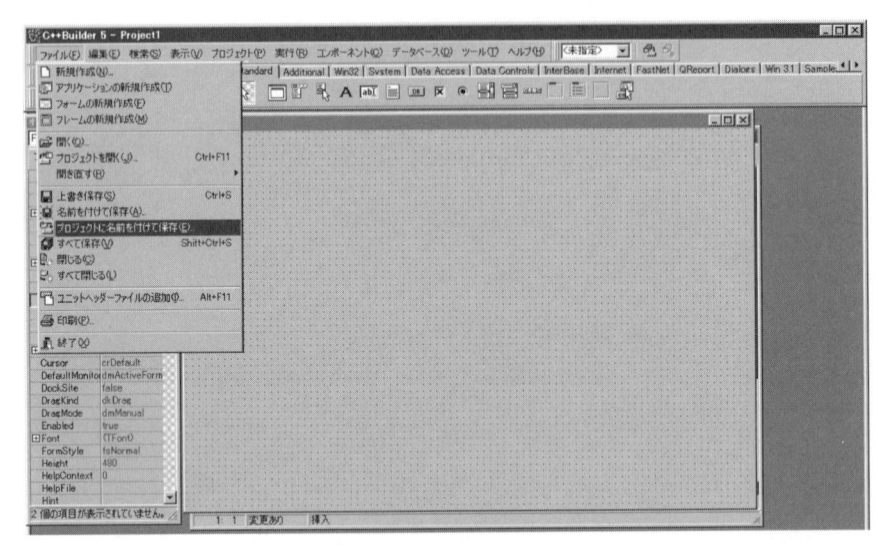

図 A.3　画面 1.

図 A.4　画面 2.

ンに対して1つのフォルダを作ることにする．

2.1 [ファイル] → [プロジェクトに名前を付けて保存] を選択（図 A.3）

2.2 ユニットに名前を付ける

ダイアログボックスが[Unit1に名前を付けて保存]に変わる．フォルダの新規作成ボタンをクリックして，[新しいフォルダ]に「VField」と入力し，[Enter]キーを押す（図 A.4）．

ファイル名はデフォルトでUnit1.cppと付いているので，その先頭にvfieldと付けてvfieldUnit1.cppという名前にする．本書では以後このような名前の付け方をする（図 A.5）．

2.3 プロジェクトに名前を付ける

次に[Project1に名前を付けて保存]のダイアログボックスに変わる．ファイル名はデフォルトでProject1.bprとなっているので，先頭にvfieldを付けてvfieldProject1.bprという名前で保存する（図 A.6）．

この時点で，VFieldのフォルダの中を見ると，図 A.7のように7種類のファイルが作られている．このファイル群をC++Builderではプロジェクトと称し，管理の単位としている．それぞれのファイルについて表 A.1にまとめてある．

[**Step 3**] フォームのデザイン

フォームに配置するコンポーネントは，グラフィックスを表示するPaintBoxコンポーネントと，表示を開始するButtonコンポーネントである．

3.1 PaintBox の配置

コンポーネントパレットのSystemページにあるPaintBoxコンポーネントにマウスのポインタを置き，左ボタンでクリックする（図 A.8）．

フォーム上の配置したい位置でマウスの左ボタンを再度クリックすると，その位置にPaintBoxが配置される．サイズはデフォルトの大きさである．この大きさはコンポーネントごとにデフォルトの値が設定されている．フォーム上のPaintBoxをマウスでクリックすると，四隅と各辺の中央に黒い四角形が表示される．このグラブハンドルをマウスでドラッグすると，任意のサイズに変更することができる．正確な幅と高さは後で設定できるので，ここではおおよそ幅400，高さ400に近い大きさに設定しておく（図 A.9）．

3.2 ボタンの配置

コンポーネントパレットのStandardページにあるButtonコンポーネントに

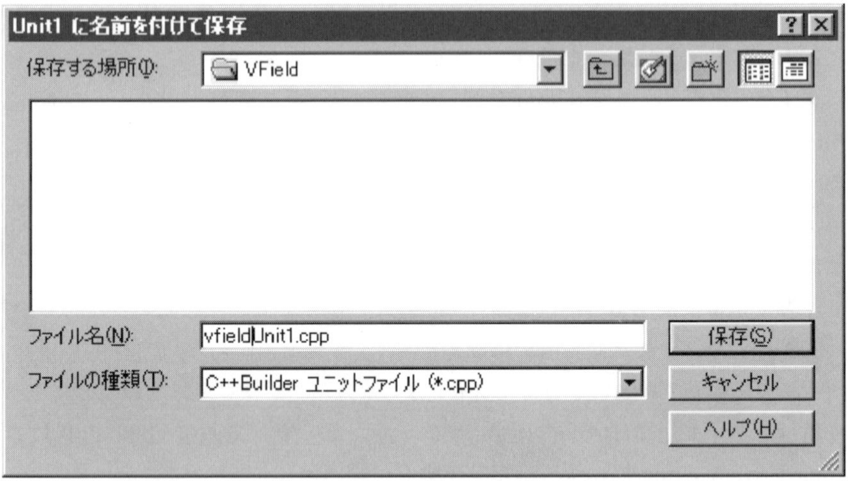

図 A.5　画面 3.

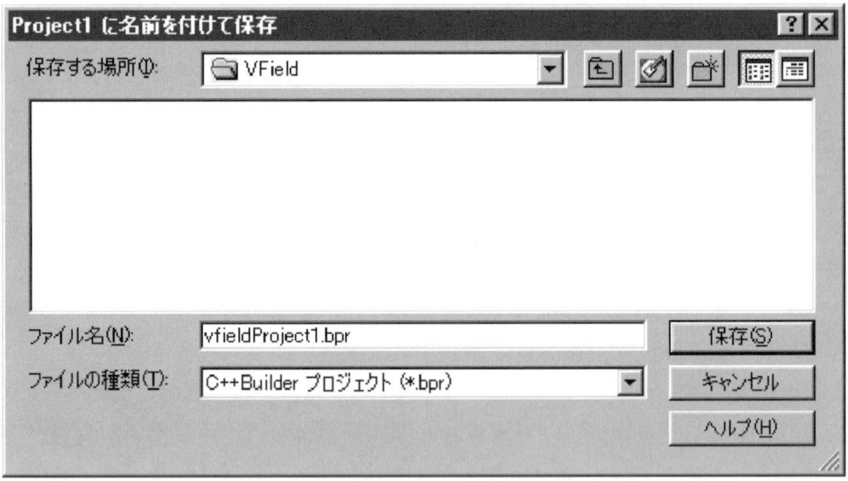

図 A.6　画面 4.

A.1　ベクトル場の観測

図 A.7　画面 5.

表 A.1　ファイルの種類.

ファイル名	説明
プロジェクト名.bpr	プロジェクトの管理用ファイル
プロジェクト名.cpp	プロジェクトソースファイル，プログラムを起動したときに最初に実行されるプログラムコードが記述されている．
ユニット名.cpp	フォームのソースファイル，フォームのイベントハンドラなどの実装が記述されている．
ユニット名.h	フォームのヘッダファイル．フォームのクラス定義が記述されている．
ユニット名.dfm	フォームやその上に配置されたコンポーネントのプロパティなどの設定が記述されている．
プロジェクト名.res	リソースファイル．このプロジェクトで使用する各種リソースが保存されている．

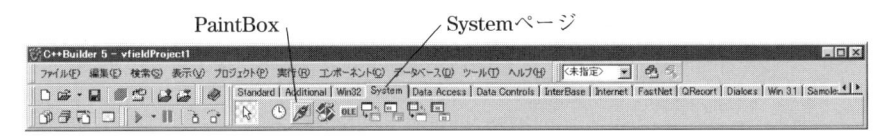

図 A.8　PaintBox コンポーネント．

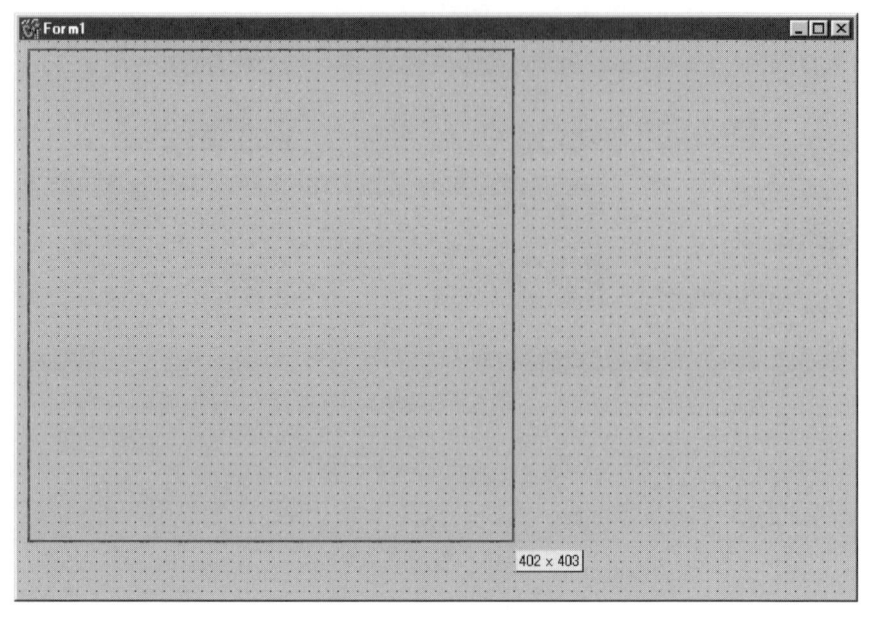

図 A.9 PaintBox を配置.

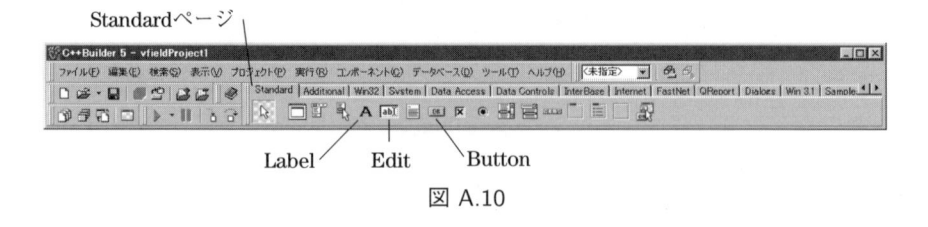

図 A.10

マウスのポインタを置き，左ボタンでクリックする（図 A.10）．

フォーム上の配置したい位置でマウスの左ボタンを再度クリックすると，その位置に Button が配置される（図 A.11）．

3.3 フォームのサイズの調整

フォームのコンポーネントが配置されていない場所をクリックして，フォームを選択する．フォームの四隅にマウスカーソルを持っていくとカーソルの形が矢印に変わる．この状態でマウスをドラッグするとフォームのサイズを変えることができる．図 A.12 のようなサイズに調整する．

A.1 ベクトル場の観測

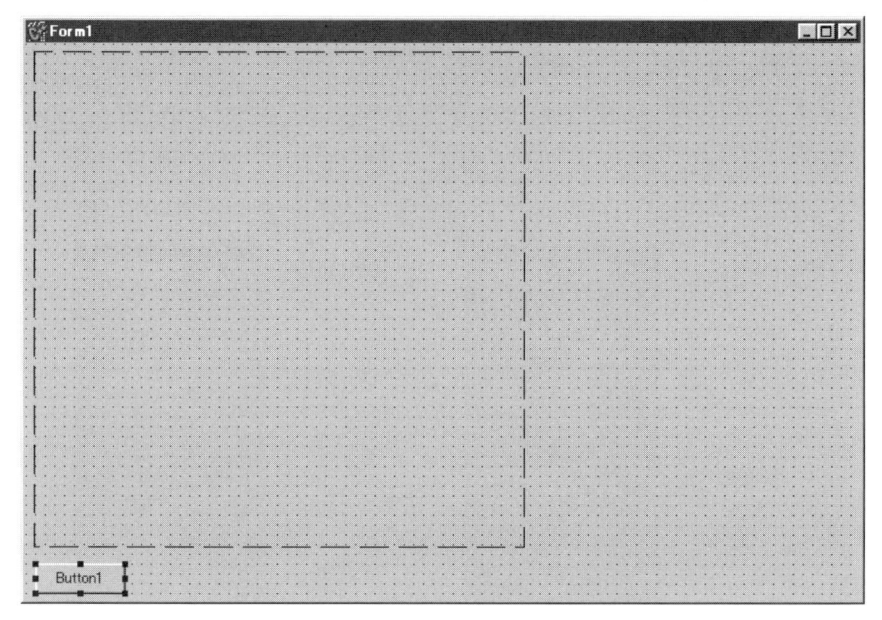

図 A.11

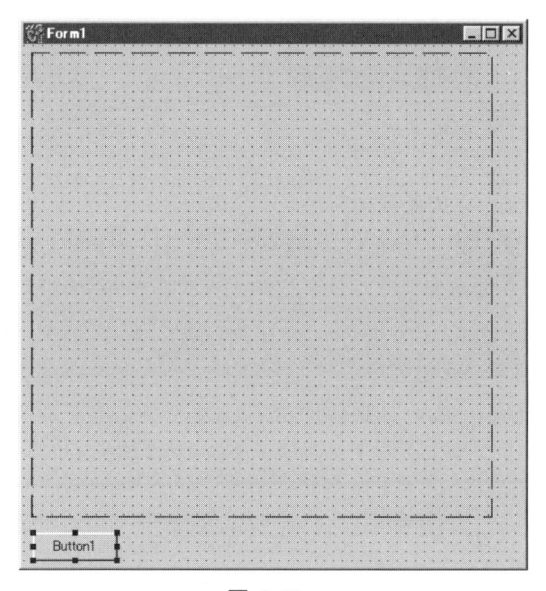

図 A.12

すべて保存

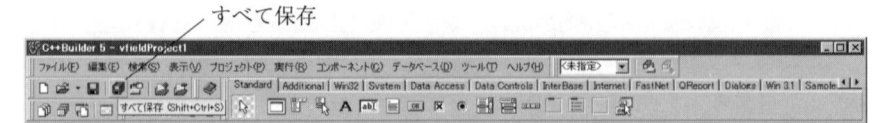

図 A.13

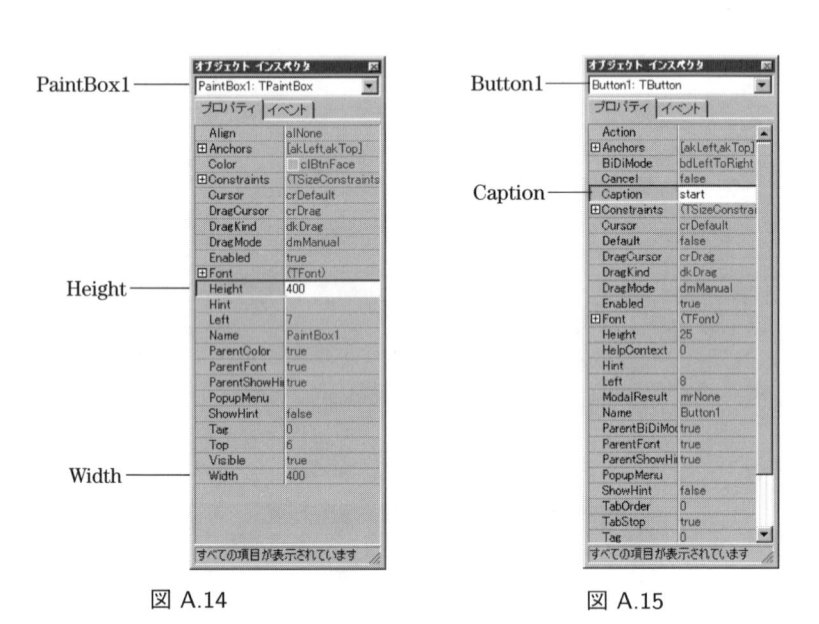

PaintBox1

Height

Width

図 A.14

Button1

Caption

図 A.15

3.4 プロジェクトの保存

フォームの配置ができたら，この時点でプロジェクトを上書き保存しておく．保存は随時行なう習慣をつけておくとよい．スピードバーの[すべて保存]アイコンをクリックすると，全てのファイルが上書き保存される（図 A.13）．

[Step 4] プロパティの設定

PaintBox コンポーネントや Button コンポーネントが持ついろいろな属性を設定するにはオブジェクトインスペクタの[プロパティ]ページで行う．

4.1 PaintBox のプロパティ設定

フォーム上で PaintBox をクリックして選択する．オブジェクトインスペクタの[プロパティ]ページで Height を 400，Width を 400 に設定する（図 A.14）．

A.1 ベクトル場の観測

表 A.2 プロパティの設定.

オブジェクト	プロパティ	設定値	説明
Form1	Caption	VectorField	タイトル表示
PaintBox1	Height	400	高さ
	Width	400	幅
Button1	Caption	start	描画開始

4.2 Button のプロパティ設定

フォーム上で Button1 をクリックして選択する．オブジェクトインスペクタの [プロパティ] ページで Caption を start に設定する（図 A.15）．同様に，Form1 を選択して，表 A.2 のようにプロパティを設定する．

[**Step 5**] ソースコードの記述

ボタンをクリックしたら，ピクチャーボックスにベクトル場を表示させるには，ボタンコンポーネントの OnClick イベントを使い，そのイベントハンドラに次のような手順でソースコードを記述する．フォーム上の Button1 ボタンコンポーネントをダブルクリックすると，vfieldUnit1.cpp ファイルの中に OnClick イベントハンドラが自動的に作成され，コードエディタが下記のように開かれる．

```
1: void __fastcall TForm1::Button1Click(TObject *Sender)
2: {
3: }
```

そのうえで，vfieldUnit1.cpp ファイルに以下の「 //ここから挿入//// 」と「 //ここまで挿入//// 」にはさまれた部分を 2 か所記入する．これ以外は，コンピュータが自動的に書いた部分である．

```
1:  //--------------------------------------------------------
2:
3:  #include <vcl.h>
4:  #pragma hdrstop
5:
6:  #include "vfildUnit1.h"
7:  //ここから挿入////////////////////////////////////////////
8:  #include <math.h>
```

```
 9: #define dim 2
10:
11: void func(double x1[dim],double dx1[dim]);
12: double leng(double x1[dim]);
13:
14: //----------------------------------------------------------
15:
16: void func(double x1[dim],double dx1[dim])
17: {
18:   double x,y;
19:   x=x1[0];y=x1[1];
20:
21:   dx1[0]=y;
22:
23:   dx1[1]=-sin(x);
24:
25: }
26:
27: double leng(double x[dim])
28: {
29:   int i;
30:   double tmp=0.0;
31:
32:   for(i=0;i<dim;i++)tmp+=x[i]*x[i];
33:
34:   return sqrt(tmp);
35: }
36: //ここまで挿入//////////////////////////////////////////
37: //----------------------------------------------------------
38: #pragma package(smart_init)
39: #pragma resource "*.dfm"
40: TForm1 *Form1;
41: //----------------------------------------------------------
42: __fastcall TForm1::TForm1(TComponent* Owner)
43:   : TForm(Owner)
44: {
45: }
46: //----------------------------------------------------------
47: void __fastcall TForm1::Button1Click(TObject *Sender)
48: {
49: //ここから挿入//////////////////////////////////////////
50:   int i,j,w,h,dx,dy,hei=PaintBox1->Height;
51:   double r,x1[dim],dx1[dim],len;
52:   double x_min=-5,x_max=5,y_min=-5,y_max=5,sn=sin(M_PI/4);
53: //M_PI は math.h のなかで定義されている円周率定数 $\pi$
54:
55: //ブラシの色を白に選択し，ペイントボックスの領域を塗りつぶす
```

A.1 ベクトル場の観測

```
56:   PaintBox1->Canvas->Brush->Color=clWhite;
57:   PaintBox1->Canvas->Rectangle(0,0,(PaintBox1->Width),
58:     (PaintBox1->Height));
59:   //Penの色を黒に選択
60:   PaintBox1->Canvas->Pen->Color=clBlack;
61:   w=(PaintBox1->Width)/(x_max-x_min);
62:   h=(PaintBox1->Height)/(y_max-y_min);
63:   r=(x_max-x_min)/50.;
64:
65:   for(i=0;i<=20;i++){for(j=0;j<=20;j++){
66:   x1[0]=x_min+i*(x_max-x_min)/20.;
67:   x1[1]=y_min+j*(y_max-y_min)/20.;
68:   func(x1,dx1);
69:   len=leng(dx1);
70:
71:   if(len<1.0e-10){ //ベクトル場の大きさが小さいときは点を打つ
72:   dx=(int)((x1[0]+dx1[0]-x_min)*w);
73:   dy=(int)((x1[1]+dx1[1]-y_min)*h);
74:   PaintBox1->Canvas->Pixels[dx][hei-dy]=clBlack;
75:   }else{ //ベクトル場を表す矢印を描く
76:   dx1[0]=dx1[0]/len*r;
77:   dx1[1]=dx1[1]/len*r;
78:
79:   dx=(int)((x1[0]-dx1[0]-x_min)*w);
80:   dy=(int)((x1[1]-dx1[1]-y_min)*h);
81:   PaintBox1->Canvas->MoveTo(dx,hei-dy);
82:
83:   dx=(int)((x1[0]+dx1[0]-x_min)*w);
84:   dy=(int)((x1[1]+dx1[1]-y_min)*h);
85:   PaintBox1->Canvas->LineTo(dx,hei-dy);
86:
87:   dx=(int)((x1[0]-0.3*(dx1[0]-dx1[1])*sn-x_min)*w);
88:   dy=(int)((x1[1]-0.3*(dx1[0]+dx1[1])*sn-y_min)*h);
89:   PaintBox1->Canvas->LineTo(dx,hei-dy);
90:
91:   dx=(int)((x1[0]+dx1[0]-x_min)*w);
92:   dy=(int)((x1[1]+dx1[1]-y_min)*h);
93:   PaintBox1->Canvas->MoveTo(dx,hei-dy);
94:
95:   dx=(int)((x1[0]-0.3*(dx1[0]+dx1[1])*sn-x_min)*w);
96:   dy=(int)((x1[1]-0.3*(-dx1[0]+dx1[1])*sn-y_min)*h);
97:   PaintBox1->Canvas->LineTo(dx,hei-dy);
98:   }
99:
100:  }}
101:  //ここまで挿入//////////////////////////////////////
102:  }
```

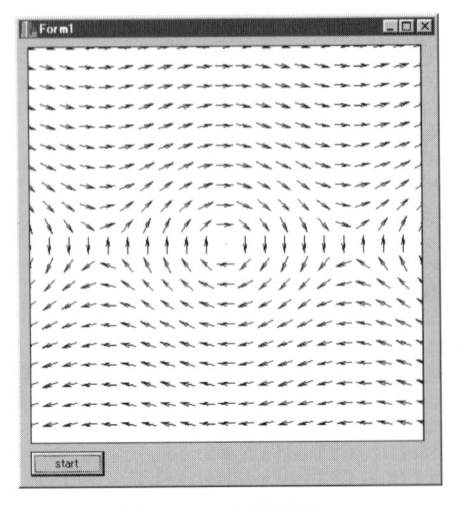

図 A.16 実行画面.

```
103:   //----------------------------------------------------
```

[**Step 6**] アプリケーションの実行

以上でアプリケーションが完成したので，プロジェクトを上書き保存してから，実行する．start ボタンをクリックすると図 A.16 のベクトル場が得られる．

[**Step 7**] 解説

2次元のベクトル場を表示するプログラムである．横は x 軸で -5.0 から 5.0 まで，縦は y 軸で -5.0 から 5.0 までである．50×50 の格子点を配置し，格子点にベクトルの中点が来るように表示した．零ベクトルを除いて，全てのベクトルは，同じ長さで表示している．vfieldUnit1.cpp ファイルの 16 行目から 25 行目までが微分方程式を定義している部分である．この部分を書き換えれば，いろいろな微分方程式のベクトル場を表示することができる．このプログラムでは次の微分方程式を使用した．

$$\begin{cases} \dfrac{dx}{dt} = y \\ \dfrac{dy}{dt} = -\sin(x) \end{cases} \quad (A.1)$$

A.2　流れの観測

[**Step 1**]　C++Builder の起動
第 A.1 節 [**Step 1**] と同様である．

[**Step 2**]　フォルダの新規作成
第 A.1 節 [**Step 2**] と同様である．ユニットファイルはデフォルトで Unit1.cpp と付いているので，その先頭に flow と付けて flowUnit1.cpp という名前にする．プロジェクトファイル名は flowProject1.bpr とする．

[**Step 3**]　フォームのデザイン
3.1　使用するコンポーネント
表 A.3 を参照．

表 A.3　使用するコンポーネント．

コンポーネント	数	コンポーネントパレット
Button1～2	2	Standard
Edit1～4	4	Standard
Label1～4	4	Standard
PaintBox1	1	System

3.2　フォームのデザイン
図 A.17 を参照．

[**Step 4**]　プロパティの設定
表 A.4 を参照．

[**Step 5**]　ソースコードの記述
Button1 をダブルクリックして，次のイベントハンドラを作る．

```
1: void __fastcall TForm1::Button1Click(TObject *Sender)
2: {
3: }
```

さらに，Button2 をダブルクリックして，次のイベントハンドラを作る．

```
1: void __fastcall TForm1::Button2Click(TObject *Sender)
2: {
3: }
```

付録 A 力学系を観察するプログラム

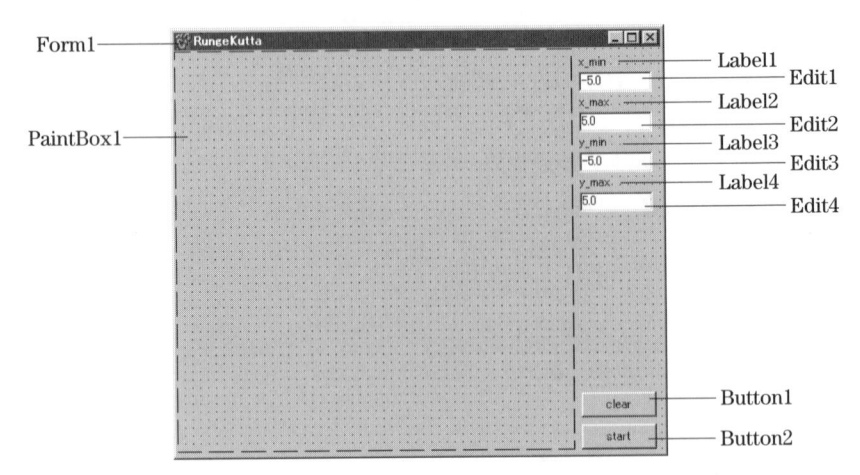

図 A.17

表 A.4 プロパティの設定.

オブジェクト	プロパティ	設定値	説明
Form1	Caption	RungeKutta	タイトル表示
PaintBox1	Height	400	高さ
	Width	400	幅
Label1	Caption	x_min	
Label2	Caption	x_max	
Label3	Caption	y_min	
Label4	Caption	y_max	
Edit1	Text	-5.0	x 軸の最小値
Edit2	Text	5.0	x 軸の最大値
Edit3	Text	-5.0	y 軸の最小値
Edit4	Text	5.0	y 軸の最大値
Button1	Caption	clear	画面消去
Button2	Caption	start	描画開始

A.2 流れの観測   **217**

そのうえで，以下の「 //ここから挿入//// 」と「 //ここまで挿入//// 」
にはさまれた部分を3か所記入する．

```
1:   //-------------------------------------------------------
2:
3:   #include <vcl.h>
4:   #pragma hdrstop
5:
6:   #include "flowUnit1.h"
7:   //ここから挿入/////////////////////////////////////////////
8:     #include <stdlib.h>
9:     #include <math.h>
10:  #define dim 2
11:  #define maxpts 20
12:
13:    void runge_kutta(double x1[dim],double *t,double h);
14:    void func(double x1[dim],double t,double dx1[dim]);
15:    double leng(double x1[dim]);
16:
17:  //微分方程式
18:    void func(double x1[dim],double t,double dx1[dim])
19:    {
20:    double x,y;
21:    x=x1[0];y=x1[1];
22:
23:    dx1[0]=y;
24:    dx1[1]=-sin(x);
25:    }
26:
27:  //ベクトルの大きさ
28:    double leng(double x[dim])
29:    {
30:    int i;
31:    double tmp=0.0;
32:
33:    for(i=0;i<dim;i++)tmp+=x[i]*x[i];
34:
35:    return sqrt(tmp);
36:    }
37:
38:  //ルンゲ・クッタ法
39:    void runge_kutta(double x1[dim],double *t,double h)
40:    {
41:    double y1[dim],k1[dim],k2[dim],k3[dim],k4[dim];
42:    int i;
43:
```

```
44:    for(i=0;i<dim;i++)y1[i]=x1[i];
45:    func(y1,*t,k1);
46:    for(i=0;i<dim;i++)y1[i]=x1[i]+0.5*k1[i]*h;
47:    func(y1,*t,k2);
48:    for(i=0;i<dim;i++)y1[i]=x1[i]+0.5*k2[i]*h;
49:    func(y1,*t,k3);
50:    for(i=0;i<dim;i++)y1[i]=x1[i]+k3[i]*h;
51:    func(y1,*t,k4);
52:    for(i=0;i<dim;i++)
53:    x1[i]+=(k1[i]+2.0*k2[i]+2.0*k3[i]+k4[i])*h/6.0;
54:    *t+=h;
55:   }
56:   //ここまで挿入//////////////////////////////////////
57:   //----------------------------------------------------------
58:   #pragma package(smart_init)
59:   #pragma resource "*.dfm"
60:   TForm1 *Form1;
61:   //----------------------------------------------------------
62:   __fastcall TForm1::TForm1(TComponent*Owner)
63:     :  TForm(Owner)
64:   {
65:   }
66:   //----------------------------------------------------------
67:   void __fastcall TForm1::Button1Click(TObject *Sender)
68:   {
69:   //ここから挿入//////////////////////////////////////
70:     PaintBox1->Canvas->Brush->Color=clWhite;
71:     PaintBox1->Canvas->Rectangle(0,0,
72:        (PaintBox1->Width),(PaintBox1->Height));
73:   //ここまで挿入//////////////////////////////////////
74:   }
75:   //----------------------------------------------------------
76:   void __fastcall TForm1::Button2Click(TObject *Sender)
77:   {
78:   //ここから挿入//////////////////////////////////////
79:     TColor mycolor[2]={clRed,clBlue};
80:     int dx[2],i,j,k,pbw,pbh;
81:     double w[maxpts][dim],w1[maxpts][dim],s[maxpts];
82:     double x_min,x_max,y_min,y_max,t;
83:     double timemax=10.0,h=0.001,h1[2]={h,-h};
84:     x_min=StrToFloat(Edit1->Text);
85:     x_max=StrToFloat(Edit2->Text);
86:     y_min=StrToFloat(Edit3->Text);
87:     y_max=StrToFloat(Edit4->Text);
88:     pbw=PaintBox1->Width; pbh=PaintBox1->Height;
89:     randomize();
90:     for(i=0;i<maxpts;i++){
```

```
 91:    w[i][0]=x_min+(x_max-x_min)*rand()/RAND_MAX;
 92:    w[i][1]=y_min+(y_max-y_min)*rand()/RAND_MAX;
 93:   }
 94:   for(k=0;k<2;k++){
 95:
 96:     for(i=0;i<maxpts;i++){
 97:       for(j=0;j<2;j++)w1[i][j]=w[i][j];
 98:     s[i]=0.0;
 99:     }
100:
101:    while(fabs(s[0])<timemax){
102:     for(i=0;i<maxpts;i++){
103:     if(leng(w1[i])<1e10){
104:     runge_kutta(w1[i],&s[i],h1[k]);
105:     dx[0]=(int)((w1[i][0]-x_min)/(x_max-x_min)*pbw);
106:     dx[1]=(int)((w1[i][1]-y_max)/(y_min-y_max)*pbh);
107:     PaintBox1->Canvas->Pixels[dx[0]][dx[1]]=mycolor[k];
108:     }
109:     }
110:   }
111:  }
112:  //ここまで挿入/////////////////////////////////////////
113:  }
114:  //---------------------------------------------------
115:
```

[Step 6] 実行

図 A.18～A.21 を参照.

[Step 7] 解説

2次元の微分方程式の流れ表示するプログラムである．横は x 軸で x_min から x_max まで，縦は y 軸で y_min から y_max までである．ランダムに与えられた20個の初期値から時刻 10.0 までの正の軌道を赤で，時刻 -10.0 までの負の軌道を青で描く.

flowUnit1.cpp ファイルの10行目の #define dim 2 は微分方程式の次元を定義している．18行目から25行目までが微分方程式を定義している部分である．このプログラムでは次の微分方程式を使用した.

$$\begin{cases} \dfrac{dx}{dt} = y \\[6pt] \dfrac{dy}{dt} = -\sin(x) \end{cases} \quad (A.2)$$

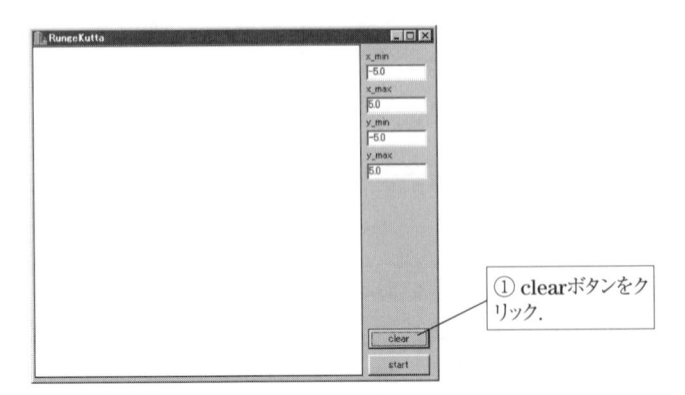

図 A.18　実行画面 1.

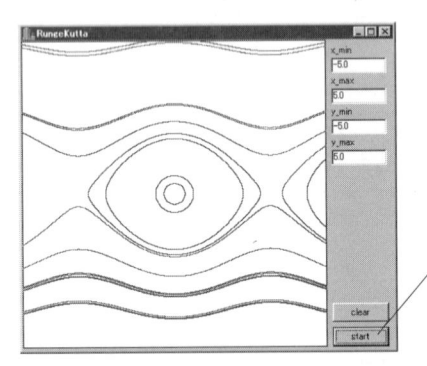

① clearボタンをクリック．

図 A.19　実行画面 2.

② startボタンをクリックする．ランダムに与えられた20個の初期値から時刻10.0までの正の軌道を赤で，時刻−10.0までの負の軌道を青で描く．

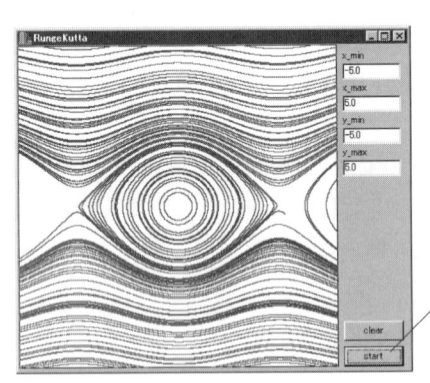

図 A.20　実行画面 3.

③ startボタンをクリックすると軌道が重ね書きされて増えていく．

A.3 アニメーションによる観測　　　221

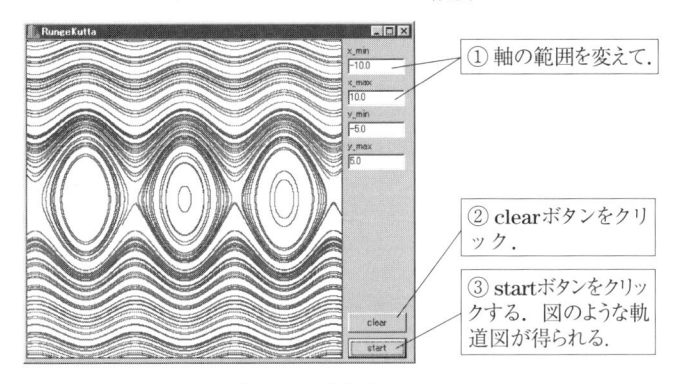

図 A.21　実行画面 4.

①軸の範囲を変えて．
②clearボタンをクリック．
③startボタンをクリックする．図のような軌道図が得られる．

この部分を書き換えれば，いろいろな微分方程式の流れを表示することができる．

A.3　アニメーションによる観測

[**Step 1**]　**C++Builder** の起動
第 A.1 節 [**Step 1**] と同様である．

[**Step 2**]　フォルダの新規作成
第 A.1 節 [**Step 2**] と同様である．ユニットファイルはデフォルトで Unit1.cpp と付いているので，その先頭に anima と付けて animaUnit1.cpp という名前にする．プロジェクトファイル名は animaProject1.bpr とする．

[**Step 3**]　フォームのデザイン
3.1　使用するコンポーネント
表 A.5 を参照．
3.2　フォームのデザイン
図 A.22 を参照．

[**Step 4**]　プロパティの設定
表 A.6 を参照．

[**Step 5**]　ソースコードの記述
Button1 をダブルクリックして，次のイベントハンドラを作る．

付録A　力学系を観察するプログラム

表 A.5　使用するコンポーネント.

コンポーネント	数	コンポーネントパレット
Button1〜4	4	Standard
Edit1〜6	6	Standard
Label1〜12	12	Standard
PaintBox1〜2	2	System

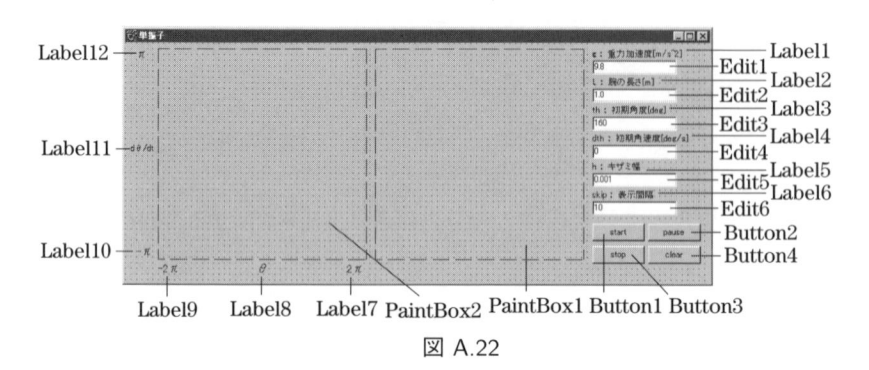

図 A.22

```
1: void __fastcall TForm1::Button1Click(TObject *Sender)
2: {
3: }
```

同様に Button2〜4 をダブルクリックして，次のイベントハンドラを作る．

```
1: void __fastcall TForm1::Button2Click(TObject *Sender)
2: {
3: }
4: void __fastcall TForm1::Button3Click(TObject *Sender)
5: {
6: }
7: void __fastcall TForm1::Button4Click(TObject *Sender)
8: {
9: }
```

A.3 アニメーションによる観測

表 A.6 プロパティの設定.

オブジェクト	プロパティ	設定値	説明
Form1	Caption	単振り子	タイトル表示
PaintBox1	Height	300	高さ
	Width	300	幅
PaintBox2	Height	300	高さ
	Width	300	幅
Label1	Caption	g:重力加速度 [m/s^2]	
Label2	Caption	L:腕の長さ [m]	
Label3	Caption	th:初期角度 [deg]	
Label4	Caption	dth:初期角速度 [deg/s]	
Label5	Caption	h:キザミ幅	
Label6	Caption	skip :表示間隔	
Label7	Caption	2π	
Label8	Caption	θ	
Label9	Caption	-2π	
Label10	Caption	$-\pi$	
Label11	Caption	$d\theta/dt$	
Label12	Caption	π	
Edit1	Text	9.8	重力加速度
Edit2	Text	1.0	腕の長さ
Edit3	Text	160	初期角度
Edit4	Text	0	初期角速度
Edit5	Text	0.001	刻み幅
Edit6	Text	10	表示間隔
Button1	Caption	start	描画開始
Button2	Caption	pause	一時停止
Button3	Caption	stop	停止
Button4	Caption	clear	画面消去

そのうえで，以下の「 //ここから挿入//// 」と「 //ここまで挿入//// 」
にはさまれた部分を 5 か所記入する．

```
 1: //-----------------------------------------------------
 2:
 3: #include <vcl.h>
 4: #pragma hdrstop
 5:
 6: #include "animaUnit1.h"
 7:
 8: //ここから挿入///////////////////////////////////////////
 9: #include <stdlib.h>
10: #include <math.h>
11: #define dim 2
12:
13: double g,l;
14: bool pause,stop;
15:
16:
17: void runge_kutta(double x1[dim],double *t,double h);
18: void func(double x1[dim],double t,double dx1[dim]);
19: double leng(double x1[dim]);
20:
21: //微分方程式
22: void func(double x1[dim],double t,double dx1[dim])
23: {
24: double x,y;
25: x=x1[0];y=x1[1];
26:
27: dx1[0]=y;
28: dx1[1]=-l/g*sin(x);
29: }
30:
31: //ベクトルの大きさ
32: double leng(double x[dim])
33: {
34: int i;
35: double tmp=0.0;
36:
37: for(i=0;i<dim;i++) tmp+=x[i]*x[i];
38:
39: return sqrt(tmp);
40: }
41:
42: //ルンゲ・クッタ法
43: void runge_kutta(double x1[dim],double *t,double h)
```

A.3 アニメーションによる観測

```
44: {
45:   double y1[dim],k1[dim],k2[dim],k3[dim],k4[dim];
46:   int i;
47:
48:   for(i=0;i<dim;i++) y1[i]=x1[i];
49:   func(y1,*t,k1);
50:   for(i=0;i<dim;i++) y1[i]=x1[i]+0.5*k1[i]*h;
51:   func(y1,*t,k2);
52:   for(i=0;i<dim;i++) y1[i]=x1[i]+0.5*k2[i]*h;
53:   func(y1,*t,k3);
54:   for(i=0;i<dim;i++) y1[i]=x1[i]+k3[i]*h;
55:   func(y1,*t,k4);
56:
57:   for(i=0;i<dim;i++)
58:   x1[i]+=(k1[i]+2.0*k2[i]+2.0*k3[i]+k4[i])*h/6.0;
59:   *t+=h;
60: }
61: //ここまで挿入//////////////////////////////////////////
62: //---------------------------------------------------
63: #pragma package(smart_init)
64: #pragma resource *.dfm
65: TForm1 *Form1;
66: //---------------------------------------------------
67: __fastcall TForm1::TForm1(TComponent* Owner)
68:     : TForm(Owner)
69: {
70: }
71: //---------------------------------------------------
72:
73: void __fastcall TForm1::Button1Click(TObject *Sender)
74: {
75: //ここから挿入//////////////////////////////////////////
76:   int dx[2],i,j,k,skip;
77:   double w[dim],x[dim],w1,th,dth;
78:   double h,t;
79:   double x_min=-2.0,x_max=2.0,y_min=-2.0,y_max=2.0;
80:
81:   g=StrToFloat(Edit1->Text);
82:   l=StrToFloat(Edit2->Text);
83:   th=StrToFloat(Edit3->Text);
84:   w[0]=th/180*M_PI;
85:   dth=StrToFloat(Edit4->Text);
86:   w[1]=dth/180*M_PI;
87:   t=0.0;
88:   h=StrToFloat(Edit5->Text);
89:   skip=StrToInt(Edit6->Text);
90:
```

```
 91: PaintBox2->Canvas->Brush->Color=clWhite;
 92: PaintBox2->Canvas->Rectangle(0,0,
 93: (PaintBox2->Width),(PaintBox2->Height));
 94:
 95:
 96: Graphics::TBitmap *MyB; //Bitmap オブジェクトへのポインタ
 97: MyB=new Graphics::TBitmap; //メモリを確保
 98: MyB->Width=PaintBox1->Width; //Bitmap の大きさを指定
 99: MyB->Height=PaintBox1->Height;
100:
101: stop=false;
102: pause=false;
103:
104: while(stop==false){
105: Application->ProcessMessages();
106: if(pause==true) continue;
107:
108: for(i=0;i<skip;i++){
109: runge_kutta(w,&t,h);
110: Application->ProcessMessages();
111:
112: if(w[0]>=0.0)
113: w1=fmod(w[0]+2*M_PI,4*M_PI)-2*M_PI;
114: else
115: w1=-fmod(-w[0]+2*M_PI,4*M_PI)+2*M_PI;
116:
117: dx[0]=(int)((w1+2*M_PI)/(4*M_PI)*(PaintBox2->Width));
118: dx[1]=(int)((w[1]-M_PI)/(-2*M_PI)*(PaintBox2->Height));
119: PaintBox2->Canvas->Pixels[dx[0]][dx[1]]=clRed;
120:
121: }
122:
123: MyB->Canvas->Brush->Color=clWhite;
124: MyB->Canvas->Pen->Color=clBlack;
125: MyB->Canvas->Rectangle(0,0,MyB->Width,MyB->Height);
126:
127: MyB->Canvas->Pen->Color=clBlue;
128: MyB->Canvas->Pen->Width=2;
129:
130: dx[0]=(int)((0-x_min)/(x_max-x_min)*(MyB->Width));
131: dx[1]=(int)((0-y_max)/(y_min-y_max)*(MyB->Height));
132: MyB->Canvas->MoveTo(dx[0],dx[1]);
133:
134: x[0]=l*sin(w[0]);
135: x[1]=-l*cos(w[0]);
136:
137: dx[0]=(int)((x[0]-x_min)/(x_max-x_min)*(MyB->Width));
```

A.3 アニメーションによる観測

```
138:   dx[1]=(int)((x[1]-y_max)/(y_min-y_max)*(MyB->Height));
139:   MyB->Canvas->LineTo(dx[0],dx[1]);
140:
141:   MyB->Canvas->Pen->Color=clBlue;
142:   MyB->Canvas->Pen->Width=1;
143:   MyB->Canvas->Brush->Color=clRed;
144:   MyB->Canvas->Ellipse(dx[0]-5,dx[1]-5,dx[0]+5,dx[1]+5);
145:
146:   PaintBox1->Canvas->CopyRect(Rect(0,0,
147:   PaintBox1->Width,PaintBox1->Height),MyB->Canvas,
148:   Rect(0,0,MyB->Width,MyB->Height));
149:
150: }
151: //ここまで挿入/////////////////////////////////////
152: }
153: //---------------------------------------------------------
154:
155: void __fastcall TForm1::Button3Click(TObject *Sender)
156: {
157: //ここから挿入/////////////////////////////////////
158:   stop=true;
159: //ここまで挿入/////////////////////////////////////
160: }
161: //---------------------------------------------------------
162: void __fastcall TForm1::Button2Click(TObject  *Sender)
163: {
164: //ここから挿入/////////////////////////////////////
165:   pause=!pause;
166: //ここまで挿入/////////////////////////////////////
167: }
168: //---------------------------------------------------------
169: void __fastcall TForm1::Button4Click(TObject *Sender)
170: {
171: //ここから挿入/////////////////////////////////////
172:   PaintBox2->Canvas->Brush->Color=clWhite;
173:   PaintBox2->Canvas->Rectangle(0,0,
174:   (PaintBox2->Width),(PaintBox2->Height));
175: //ここまで挿入/////////////////////////////////////
176: }
177: //---------------------------------------------------------
```

[Step 6] 実行

図 A.23 を参照.

[Step 7] 解説

単振り子の動きをアニメーションで観察するプログラムである．右画面に振

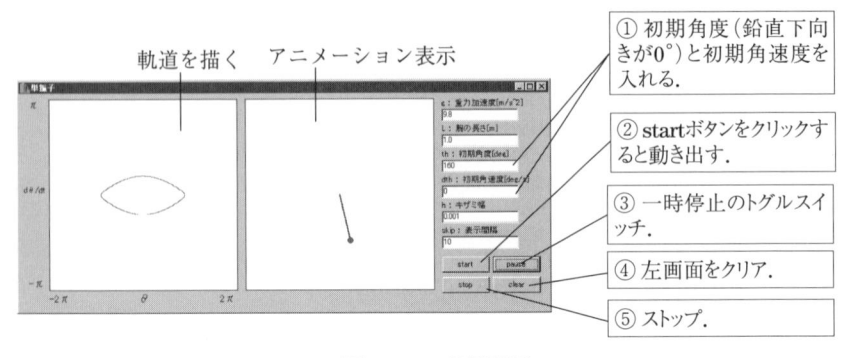

図 A.23 実行画面.

（図中ラベル）
- 軌道を描く
- アニメーション表示
- ① 初期角度（鉛直下向きが0°）と初期角速度を入れる．
- ② **start** ボタンをクリックすると動き出す．
- ③ 一時停止のトグルスイッチ．
- ④ 左画面をクリア．
- ⑤ ストップ．

り子が表示され，横は x 軸で -2.0 から 2.0 まで，縦は y 軸で -2.0 から 2.0 までである．左画面には軌道が描かれ，横は θ 軸で -2π から 2π まで，縦は $d\theta/dt$ 軸で $-\pi$ から π までである．

animaUnit1.cpp ファイルの 11 行目の `#define dim 2` は微分方程式の次元を定義している．22 行目から 29 行目までが微分方程式を定義している部分である．このプログラムでは次の微分方程式を使用した．

$$\begin{cases} \dfrac{dx}{dt} = y \\[6pt] \dfrac{dy}{dt} = -\sin(x) \end{cases} \tag{A.3}$$

123 行目から 144 行目までが振り子を表示している部分である．この 3 つの部分を書き換えれば，いろいろな微分方程式の動きをアニメーション表示することができる．

刻み幅 h はルンゲ–クッタ法の刻み幅を表す．初期設定では h=0.001 に設定してある．表示間隔 skip とはアニメーションの表示間隔を表し，skip=10 とは，ルンゲ–クッタ法を 10 回適用するごとに，1 回のアニメーション表示をすることを意味する．表示間隔を小さくするとゆっくり動く．

A.4 カオス的遍歴の観測

[**Step 1**]　C++Builder の起動

第 A.1 節 [**Step 1**] と同様である.

[**Step 2**]　フォルダの新規作成

第 A.1 節 [**Step 2**] と同様である. ユニットファイルはデフォルトで Unit1.cpp と付いているので, その先頭に ci と付けて ciUnit1.cpp という名前にする. プロジェクトファイル名は ciProject1.bpr とする.

[**Step 3**]　フォームのデザイン

3.1　使用するコンポーネント

表 A.7 を参照.

表 A.7　使用するコンポーネント.

コンポーネント	数	コンポーネントパレット
Button1〜3	3	Standard
BitBtn1	1	Additional
Edit1〜5	5	Standard
Label1〜9	9	Standard
PaintBox1	1	System

3.2　フォームのデザイン

図 A.24 を参照.

[**Step 4**]　プロパティの設定

表 A.8 を参照.

[**Step 5**]　ソースコードの記述

Form1 をダブルクリックして, 次のイベントハンドラを作る.

```
1: void __fastcall TForm1::FormCreate(TObject *Sender)
2: {
3: }
```

Button1 をダブルクリックして, 次のイベントハンドラを作る.

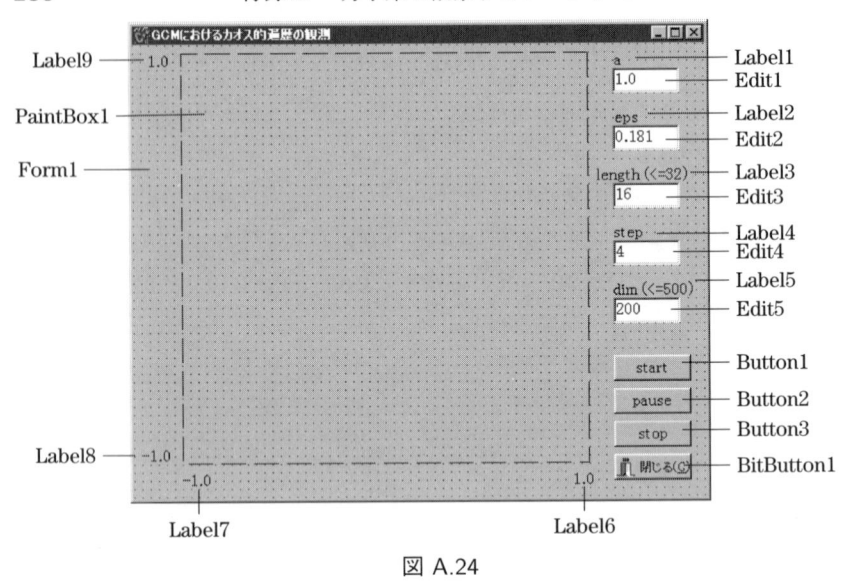

付録 A　力学系を観察するプログラム

図 A.24

```
1: void __fastcall TForm1::Button1Click(TObject *Sender)
2: {
3: }
```

同様に，Button2, Button3 をダブルクリックして，次のイベントハンドラを作る．

```
1: void __fastcall TForm1::Button2Click(TObject *Sender)
2: {
3: }
4: void __fastcall TForm1::Button3Click(TObject *Sender)
5: {
6: }
```

そのうえで，以下の「 //ここから挿入//// 」と「 //ここまで挿入//// 」にはさまれた部分を 6 か所記入する．

```
1: //--------------------------------------------------------
2: #include <vcl.h>
3: #pragma hdrstop
4:
5: #include "ciUnit1.h"
6:
```

A.4 カオス的遍歴の観測

表 A.8 プロパティの設定.

オブジェクト	プロパティ	設定値	説明
Form1	Caption	カオス的遍歴	タイトル表示
PaintBox1	Height	300	高さ
	Width	300	幅
Label1	Caption	a	a
Label2	Caption	eps	ε
Label3	Caption	length (<=32)	
Label4	Caption	step	
Label5	Caption	dim (<-500)	
Label6	Caption	1.0	x 軸の最大値
Label7	Caption	-1.0	x 軸の最小値
Label8	Caption	-1.0	y 軸の最小値
Label9	Caption	1.0	y 軸の最大値
Edit1	Text	1.0	a の値
Edit2	Text	0.181	ε の値
Edit3	Text	16	length の値
Edit4	Text	4	step の値
Edit5	Text	200	dim の値
Button1	Caption	start	開始
Button2	Caption	pause	一時停止
Button3	Caption	stop	終了
BitBtn1	Kind	bkClose	閉じる

```
7: //ここから挿入/////////////////////////////////////
8: #include <stdlib.h>
9: #include <math.h>
10: #include <stdio.h>
11:
12: #define Ndim 500
13: #define Leng 32
14: //ここまで挿入/////////////////////////////////////
15:
16: //---------------------------------------------------
17: #pragma package(smart_init)
18: #pragma resource *.dfm
19:
```

```
20: //ここから挿入//////////////////////////////////////////
21: double x0[Ndim];
22: bool draw_stop,draw_pause;
23:
24: double g1(double a,double e);
25: void func(double a,double eps,int dim,double x[Ndim]);
26:
27: //------------------------
28: double g1(double a,double x)
29: {
30: return 1.0-a*x*x;
31: }
32: //------------------------
33: void func(double a,double eps,int dim,double x[Ndim])
34: {
35: double z;
36: int i;
37:
38: z=0.0;
39: for(i=0;i<dim;i++) z+=g1(a,x[i]);
40: z*=eps/dim;
41: for(i=0;i<dim;i++) x[i]=(1.0-eps)*g1(a,x[i])+z;
42:
43: }
44: //ここまで挿入//////////////////////////////////////////
45:
46: TForm1 *Form1;
47: //---------------------------------------------------
48: __fastcall TForm1::TForm1(TComponent* Owner)
49:  : TForm(Owner)
50: {
51: }
52:
53: //---------------------------------------------------
54: void __fastcall TForm1::FormCreate(TObject *Sender)
55: {
56: //ここから挿入//////////////////////////////////////////
57: Edit1->Text=FloatToStr(1.9);
58: Edit2->Text=FloatToStr(0.181);
59: Edit3->Text=IntToStr(16);
60: Edit4->Text=IntToStr(4);
61: Edit5->Text=IntToStr(200);
62: //ここまで挿入//////////////////////////////////////////
63: }
64: //---------------------------------------------------
65:
66: void __fastcall TForm1::Button1Click(TObject *Sender)
```

```
 67: {
 68: //ここから挿入////////////////////////////////////////
 69: int i,j,k,dx[2],len,step,dim;
 70: double a,eps,y[2],wx_s,wx_e,wy_s,wy_e;
 71: double x[Ndim],z[Leng][Ndim];
 72:
 73: TColor MyColor[Ndim];
 74:
 75: a= StrToFloat(Edit1->Text);
 76: eps= StrToFloat(Edit2->Text);
 77: len= StrToInt(Edit3->Text);if(len>Leng)len=Leng;
 78: step= StrToInt(Edit4->Text);
 79: dim= StrToInt(Edit5->Text);
 80:   if(dim%2==1)dim+=1;if(dim>Ndim)dim=Ndim;
 81: wx_s=-1.0;
 82: wx_e=1.0;
 83: wy_s=-1.0;
 84: wy_e=1.0;
 85:
 86: randomize();
 87:
 88: for(j=0;j<dim;j++){
 89: x0[j]=2.0*((double)rand()/RAND_MAX-0.5);
 90: MyColor[j]=(TColor)random(256*256*256);
 91: }
 92:
 93: Graphics::TBitmap *MyB; //Bitmap オブジェクトへのポインタ
 94: MyB=new Graphics::TBitmap; //メモリを確保
 95: MyB->Width=PaintBox1->Width; //Bitmapの大きさを指定
 96: MyB->Height=PaintBox1->Height;
 97:
 98: PaintBox1->Canvas->Brush->Color=clWhite;
 99: PaintBox1->Canvas->Rectangle(0,0,
100: PaintBox1->Width,PaintBox1->Height);
101: for(j=0;j<dim;j++) x[j]=x0[j];
102: for(k=0;k<len;k++){
103:   for(j=0;j<dim;j++)
104:     x[j]+=2.0*((double)rand()/RAND_MAX-0.5)*1.0e-15;
105: for(i=0;i<step;i++)func(a,eps,dim,x);
106: for(j=0;j<dim;j++) z[k][j]=x[j];
107: }
108:
109: draw_stop=false;draw_pause=false;
110:
111: while(draw_stop==false){
112:
113: while(draw_pause==true)Application->ProcessMessages();
```

```
114: Application->ProcessMessages();
115:
116: MyB->Canvas->Brush->Color=clWhite;
117: MyB->Canvas->Pen->Color=clBlack;
118: MyB->Canvas->Rectangle(0,0,MyB->Width,MyB->Height);
119:
120: for(j=0;j<dim;j++)
121:   x[j]+=2.0*((double)rand()/RAND_MAX-0.5)*1.0e-15;
122: for(i=0;i<step;i++)func(a,eps,dim,x);
123: for(k=1;k<len;k++)for(j=0;j<dim;j++)
124:   z[len-k][j]=z[len-1-k][j];
125: for(j=0;j<dim;j++)z[0][j]=x[j];
126:
127: for(j=0;j<dim/2;j++){
128:
129: for(i=0;i<2;i++){
130: y[i]=0.0;
131: for(k=0;k<len;k++)y[i]+=z[k][2*j+i];
132: y[i]/=len;
133: }
134:
135: dx[0]=(int)((y[0]-wx_s)/(wx_e-wx_s)*(MyB->Width));
136: dx[1]=(int)((y[1]-wy_e)/(wy_s-wy_e)*(MyB->Height));
137:
138: MyB->Canvas->Pen->Color=MyColor[2*j];
139: MyB->Canvas->Brush->Color=MyColor[2*j+1];
140: MyB->Canvas->Ellipse(dx[0]-3,dx[1]-3,dx[0]+3,dx[1]+3);
141: }
142:
143: PaintBox1->Canvas->CopyRect(Rect(0,0,PaintBox1->Width,
144:   PaintBox1->Height),MyB->Canvas,
145:   Rect(0,0,MyB->Width,MyB->Height));
146: } //while
147:
148: for(j=0;j<dim;j++) x0[j]=x[j];
149: //ここまで挿入//////////////////////////////////////
150: }
151:
152: //---------------------------------------------------
153: void __fastcall TForm1::Button2Click(TObject *Sender)
154: {
155: //ここから挿入//////////////////////////////////////
156: if(draw_pause==true)draw_pause=false;
157: else draw_pause=true;
158: //ここまで挿入//////////////////////////////////////
159: }
160:
```

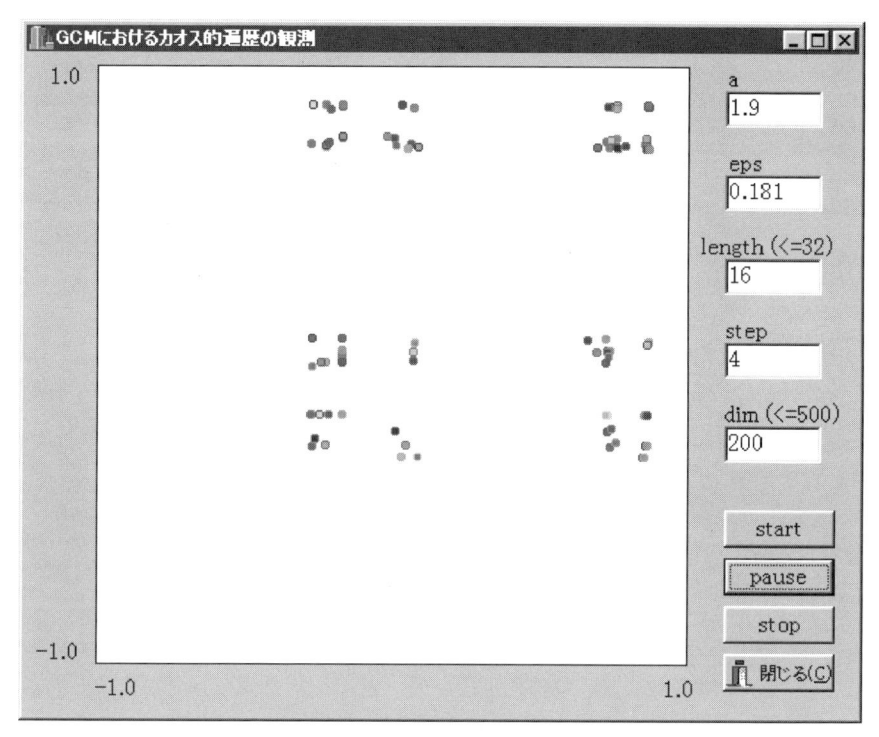

図 A.25　実行画面.

表 A.9　GCM のいろいろな相.

相	a	ε
コヒーレント相	1.6	0.35
秩序相 (2)	1.9	0.28
秩序相 (2,3)	1.9	0.21
部分秩序相 I	1.9	0.181
部分秩序相 II	1.7	0.30
非同期相	1.9	0.10

```
161: //--------------------------------------------------------
162: void __fastcall TForm1::Button3Click(TObject *Sender)
163: {
164: //ここから挿入//////////////////////////////////////////
165: draw_stop=true;
166: //ここまで挿入//////////////////////////////////////////
167: }
168:
169: //--------------------------------------------------------
```

[Step 6]　実行

図 A.25 を参照.

[Step 7]　解説

200 次元の GCM の動きを 100 個のボールの動きとしてアニメーション表示するプログラムである. 200 個の変数 $x_1, x_2, \cdots, x_{200}$ を 2 個ずつ組にして, 100 組の座標 $(x_1, x_2), (x_3, x_4), \cdots, (x_{199}, x_{200})$ にボールを表示する.

変数 x_i をそのまま表示するのでは, 特徴が捉えにくい. そこで, 2 つの工夫をしている. 第 1 の工夫は step 回に 1 回, 変数 x_i を採用することである. 初期設定では step=4 に設定してある. これは, $a = 1.9, \varepsilon = 0.181$ のときにカオス的遍歴を発生させているアトラクタ残骸が 4 つの島に分かれていることによる. 第 2 の工夫は変数の移動平均を使ってボールを表示していることである. 移動平均の長さが length である. 初期設定では length=16 に設定してある.

a と ε の値を変えることにより, いろいろな相の GCM の動きを観察することができる (表 A.9 参照).

A.5　カオス的遍歴のアニメーション観察

[Step 1]　C++Builder の起動

第 A.1 節 [Step 1] と同様である.

[Step 2]　フォルダの新規作成

第 A.1 節 [Step 2] と同様である. ユニットファイルはデフォルトで Unit1.cpp と付いているので, その先頭に ani と付けて aniUnit1.cpp という名前にする. プロジェクトファイル名は aniProject1.bpr とする.

A.5 カオス的遍歴のアニメーション観察

[**Step 3**] フォームのデザイン

3.1 使用するコンポーネント

表 A.10 を参照.

表 A.10 使用するコンポーネント

コンポーネント	数	コンポーネントパレット
Button1〜3	3	Standard
BitBtn1	1	Additional
Edit1〜2	2	Standard
Label1〜2	2	Standard
CheckBox1	1	Standard
PaintBox1	1	System
Image1	1	Additional

3.2 フォームのデザイン

図 A.26 を参照.

[**Step 4**] プロパティの設定

表 A.11 を参照.

[**Step 5**] ソースコードの記述

Form1 をダブルクリックして,次のイベントハンドラをつくる.

```
1: void __fastcall TForm1::FormCreate(TObject *Sender)
2: {
3: }
```

Button1 をダブルクリックして,次のイベントハンドラをつくる.

```
1: void __fastcall TForm1::Button1Click(TObject *Sender)
2: {
3: }
```

同様に,Button2, Button3 をダブルクリックして,次のイベントハンドラをつくる.

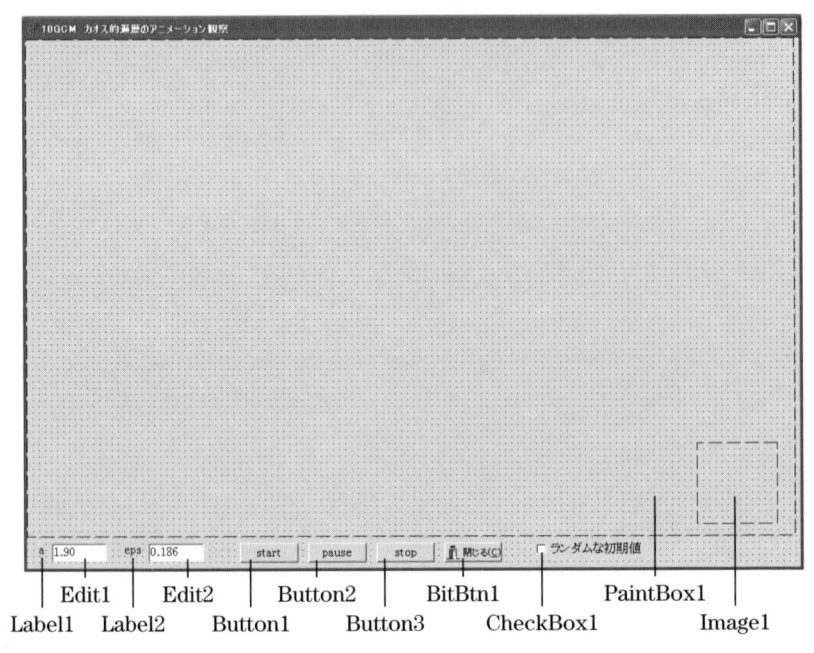

付録 A 力学系を観察するプログラム

図 A.26

表 A.11 プロパティの設定

オブジェクト	プロパティ	設定値	説明
Form1	Caption	アニメーション観察	タイトル表示
PaintBox1	Height	640	高さ
	Width	1000	幅
Label1	Caption	a	
Label2	Caption	eps	
Edit1	Text	1.9	a の値
Edit2	Text	0.186	eps の値
Button1	Caption	start	開始
Button2	Caption	pause	一時停止
Button3	Caption	stop	終了
BitBtn1	Kind	bkClose	閉じる
CheckBox1	Caption	ランダムな初期値	
Image1	Visible	false	

A.5 カオス的遍歴のアニメーション観察

```
1: void __fastcall TForm1::Button2Click(TObject *Sender)
2: {
3: }
4: void __fastcall TForm1::Button3Click(TObject *Sender)
5: {
6: }
```

そのうえで，以下の「 //ここから挿入//// 」と「 //ここまで挿入//// 」
にはさまれた部分を6か所記入する．

```
 1: //------------------------------------------------------
 2: #include <vcl.h>
 3: #pragma hdrstop
 4: #include "aniUnit1.h"
 5:
 6: //ここから挿入//////////////////////////////////////////
 7: //#include  <stdlib.h>
 8: #include <math.h>
 9: #include <stdio.h>
10: #define Ndim 10
11: #define Leng 200
12: #define Mean 10
13: #define MyWidth 1000
14: #define MyHeight 640
15: //ここまで挿入//////////////////////////////////////////
16: //------------------------------------------------------
17: #pragma package(smart_init)
18: #pragma resource "*.dfm"
19: //ここから挿入//////////////////////////////////////////
20: bool    draw_stop,draw_pause;
21: static double x_se[3][2]={{1.0,-1.0},{-1.0,1.0},{4,10}};
22: static double wx_s=-2.5,wx_e=7.5,wy_s=-1.8,wy_e=1.8;
23: //----------------------
24: double g1(double a,double x){return 1.0-a*x*x;}
25: //----------------------
26: void func(double a, double eps,double x[Ndim])
27: {double z=0.0;
28:   for(int i=0;i<Ndim;i++) z+=g1(a,x[i]);
29:   z*=eps/Ndim;
30:   for(int i=0;i<Ndim;i++) x[i]=(1.0-eps)*g1(a,x[i])+z;}
31: //有効次元を返す関数 ------------------------
32: int effdim(double sync_eps,    //精度
33:     double x[Ndim],      //点
34:     int dimcount[Ndim]   //部分空間型 subspace() に渡す配列
35:     ){int flg,ii,kk,jj,difcount,dif[Ndim];
```

```
36:   //dimcount に 0,1,...,Ndim-1 を代入
37:   for(ii=0;ii<Ndim;ii++) dimcount[ii]=ii;
38:   //fabs(x[ii]-x[kk])<sync_eps ならば dimcount[kk]=dimcount
      [ii]
39:   for(ii=0;ii<Ndim-1;ii++){for(kk=ii+1;kk<Ndim;kk++){
40:     if(fabs(x[ii]-x[kk])<sync_eps) dimcount[kk]=dimcount[ii
      ];}}
41:   //たとえば dimcount[]={0,0,0,3,3,3,6,6,8,8}などのようになる
42:   //次に dimcount[] の中の異なる数字の個数を数える
43:   for(ii=0;ii<Ndim;ii++) dif[ii]=dimcount[0];
44:   difcount=1;
45:   for(ii=1;ii<Ndim;ii++){flg=0;
46:     for(jj=0;jj<Ndim;jj++){if(dif[jj]!=dimcount[ii]) flg=f
      lg+1;}
47:     if(flg==Ndim){dif[difcount]=dimcount[ii];difcount++;}}
48:   return difcount;
49: }
50:
51: //部分空間型を与える関数 -------------------------
52: void subspace(
53:   int dimcount[Ndim],  //有効次元を返す関数 effdim() から貰う配列
54:   int subsp[Ndim]       //部分空間型が与えられる配列
55: ){int i,j,k;
56:   //たとえば dimcount[]={0,0,0,3,3,3,6,6,8,8}をもらったとする。
57:   for(i=0;i<Ndim;i++) subsp[i]=0;
58:   for(i=0;i<Ndim;i++) subsp[dimcount[i]]=subsp[dimcount[i]]
      +1;
59:   //subsp[]={3,0,0,3,0,0,2,0,2,0}となる。
60:   for(j=1;j<Ndim;j++) {k=subsp[j];i=j-1;
61:     while((i>=0) && (subsp[i]<k)){subsp[i+1]=subsp[i];i=i-1;}
62:     subsp[i+1]=k;}
63:   //ソートし、subsp[]={3,3,2,2,0,0,0,0,0,0}となる。
64: }
65:
66: //部分空間型を小数に変換する関数 -------------------------
67: double vsubsp(int subsp[Ndim]){double tmp=0.0;
68: for(int i=0;i<Ndim;i++)tmp+=subsp[i]*pow10(-i-1);return tm
    p;}
69:
70: //配列の成分の和 -------------------------
71: double sum(double edims[Mean]){double tmp=0.0;
72:   for(int i=0;i<Mean;i++) tmp+=edims[i];return tmp;}
73:
74: //射影変換 -------------------------
75: void trans3(double xx[3],int dx[2]){double y[2],x0[3];
76:   static double c0=0.939692620785908,c1=0.984807753012208;
77:   static double s0=0.342020143325668,s1=0.173648177666930;
```

A.5 カオス的遍歴のアニメーション観察

```
 78:   for(int i=0;i<3;i++)
 79:    x0[i]=2*(xx[i]-x_se[i][0])/(x_se[i][1]-x_se[i][0])-1.0;
 80:   y[0]=-x0[0]*c0+x0[1]*c1;y[1]=-x0[0]*s0-x0[1]*s1+x0[2];
 81:   dx[0]=(int)((y[0]-wx_s)/(wx_e-wx_s)*(MyWidth));
 82:   dx[1]=(int)((y[1]-wy_e)/(wy_s-wy_e)*(MyHeight));}
 83: //ここまで挿入/////////////////////////////////////////
 84: TForm1 *Form1;
 85: //---------------------------------------------------------
 86: __fastcall TForm1::TForm1(TComponent* Owner)
 87:         : TForm(Owner)
 88: {
 89: }
 90: //---------------------------------------------------------
 91: void __fastcall TForm1::FormCreate(TObject *Sender)
 92: {
 93: //ここから挿入/////////////////////////////////////////
 94: Edit1->Text=FloatToStr(1.9);Edit2->Text=FloatToStr(0.186);
 95: PaintBox1->Width=MyWidth;    PaintBox1->Height=MyHeight;
 96: Image1->Visible=false;
 97: //ここまで挿入/////////////////////////////////////////
 98: }
 99: //---------------------------------------------------------
100: void __fastcall TForm1::Button1Click(TObject *Sender)
101: {
102: //ここから挿入/////////////////////////////////////////
103: int i,j,k,kk,dx[2],y0=0,y1=3,subsp[Ndim],dimcount[Ndim];
104: double a,eps,sync_eps=1.0e-13,x[Ndim],x0[Ndim],xx[3],y[2]
    ,wdim[Leng];
105: double z[Leng][Ndim],wsub[Leng],edim,enddim,edims[Mean],e
    sub[Mean];
106: char DataForm[256];
107: TColor MyColor;
108: Graphics::TBitmap *MyB;//Bitmapオブジェクトへのポインタ
109: MyB=new Graphics::TBitmap;//メモリを確保
110: MyB->Width=MyWidth;MyB->Height=MyHeight;
111: MyB->Canvas->Font->Size=30;
112: //枠のビットマップ(サイエンス社HPにある)を読み込む
113: Image1->Picture->LoadFromFile("frame.bmp");
114:
115: a= StrToFloat(Edit1->Text);//1.9;
116: eps=StrToFloat(Edit2->Text);//0.186;
117: //初期値
118: randomize();
119: if(CheckBox1->Checked){
120: for(j=0;j<Ndim;j++)x0[j]=1.0*(random(1000)/1000.0-0.5);
121: }else{
122: x0[0]=x0[1]=x0[2]=-0.2954917926691550;
```

```
123:    x0[3]=x0[4]=x0[5]=0.7453606626575051;
124:    x0[6]=x0[7]=0.8684305567083825; x0[8]=x0[9]=0.0363246637
        038304;}
125:    //初期化
126:    for(k=0;k<Ndim;k++) x[k]=x0[k];
127:    for(kk=0;kk<Mean;kk++){edims[kk]=0.0; esub[kk]=0.0;}
128:    for(kk=0;kk<2*Leng;kk++){
129:        func(a,eps,x);for(j=0;j<Ndim;j++)z[kk%Leng][j]=x[j];
130:        edims[kk%Mean]=effdim(sync_eps,x,dimcount);
131:        wdim[kk%Leng]=sum(edims)/Mean;//平均有効次元
132:        subspace(dimcount,subsp);esub[kk%Mean]=vsubsp(subsp);
133:        wsub[kk%Leng]=sum(esub)/Mean;//平均部分空間型
134:    }
135:    kk=0;draw_stop=false; draw_pause=false;
136://メインループ
137:    while(draw_stop==false){kk++;
138:        while(draw_pause==true){Application->ProcessMessages
        ();}
139:        Application->ProcessMessages();
140:
141:        MyB->Canvas->Pen->Width=3;MyB->Canvas->Pen->Color=cl
        White;
142:        MyB->Canvas->Rectangle(0,0,MyWidth,MyHeight);
143:        MyB->Canvas->CopyRect(Rect(0,0,MyWidth,MyHeight),
144:        Image1->Picture->Bitmap->Canvas,Rect(0,0,MyWidth,MyH
        eight));
145:        sprintf(DataForm,"a=%-.4f  eps=%-.4f",a,eps);
146:        MyB->Canvas->TextOut(500,30,DataForm);//数値表示
147:
148:        for(j=0;j<Ndim;j++)x[j]+=2.0*(random(1e5)/1e5-0.5)*1
        e-15;
149:        func(a,eps,x);for(j=0;j<Ndim;j++)z[kk%Leng][j]=x[j];
150:        edims[kk%Mean]=effdim(sync_eps,x,dimcount);
151:        wdim[kk%Leng]=sum(edims)/Mean;//平均有効次元
152:        subspace(dimcount,subsp);esub[kk%Mean]=vsubsp(subsp);
153:        wsub[kk%Leng]=sum(esub)/Mean;//平均部分空間型
154:
155:        for(k=0;k<Leng;k++){
156:            xx[0]=z[k][y0];xx[1]=z[k][y1];xx[2]=x_se[2][0];tra
        ns3(xx,dx);
157:            MyB->Canvas->Pixels[dx[0]][dx[1]]=clSilver;
158:            xx[0]=z[k][y0];xx[1]=z[k][y1];xx[2]=wdim[k];trans3
        (xx,dx);
159:            if(xx[2]>=8)MyColor=clBlue;else if(xx[2]>=6)MyColo
        r=clRed;
160:            else if(xx[2]>=4)MyColor=clGreen;else MyColor=clPu
        rple;
```

A.5 カオス的遍歴のアニメーション観察

```
161:        MyB->Canvas->Pixels[dx[0]][dx[1]]=MyColor;
162:        xx[0]=x_se[0][0];xx[1]=x_se[1][1];xx[2]=wdim[k];trans3(xx,dx);
163:        MyB->Canvas->Pen->Color=MyColor;
164:        MyB->Canvas->MoveTo(dx[0]+5,dx[1]);
165:        MyB->Canvas->LineTo(dx[0]+15,dx[1]);//レベルライン
166:        dx[0]=(int)((3+wsub[k]*(7-3)-wx_s)/(wx_e-wx_s)*(MyWidth));
167:        MyB->Canvas->Ellipse(dx[0]-2,dx[1]-2,dx[0]+2,dx[1]+2);
168:      }
169: PaintBox1->Canvas->CopyRect(Rect(0,0,MyWidth,MyHeight),MyB->Canvas,
170:      Rect(0,0,MyWidth,MyHeight));//表画面に転送
171: } //while
172: //ここまで挿入//////////////////////////////////////
173: }
174: //-----------------------------------------------------
175: void __fastcall TForm1::Button2Click(TObject *Sender)
176: {
177: //ここから挿入//////////////////////////////////////
178: if(draw_pause==true)draw_pause=false;else draw_pause=true;
179: //ここまで挿入//////////////////////////////////////
180: }
181: //-----------------------------------------------------
182: void __fastcall TForm1::Button3Click(TObject *Sender)
183: {
184: //ここから挿入//////////////////////////////////////
185: draw_stop=true;
186: //ここまで挿入//////////////////////////////////////
187: }
```

[Step 6] 実行

図 A.27 を参照．パラメータ a, eps の値を入力し，start ボタンを押す．パラメータはデフォルトで $a = 1.9, eps = 0.186$ に設定してある．pause ボタンで一時停止／再開をする．stop ボタンで停止する．初期値はデフォルトでは 4 次元不変部分空間上の点に設定してある。初期値をランダムにするには、チェックボックスをチェックする。

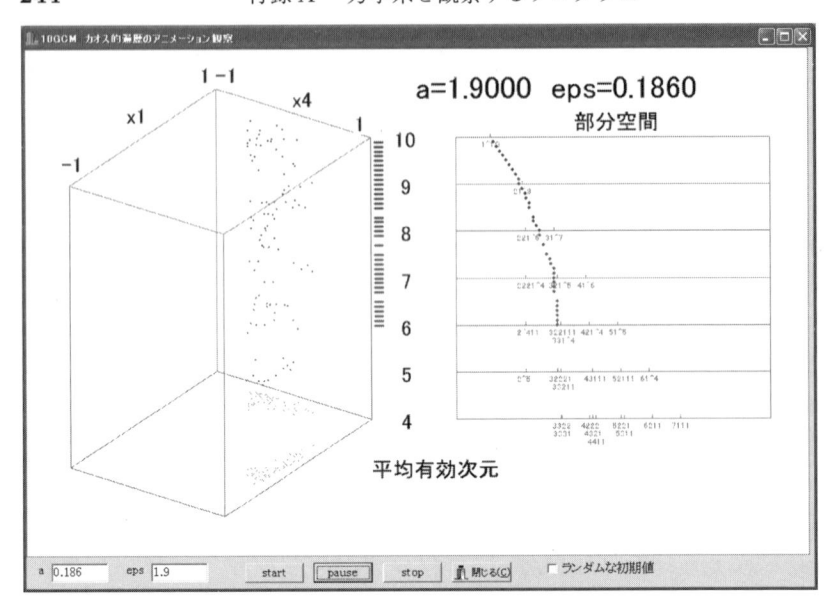

図 A.27　実行画面

[Step 7]　解説

カオス的遍歴が起きているときに、軌道断片をアニメーション表示することにより、アトラクタ残骸の変化と部分空間の間の移動の様子を同時に観察するプログラムである。左の直方体は $(x_1, x_4)-$ 平面を底面とし，平均有効次元を高さ方向の軸にとったものである．軌道断片がアトラクタ残骸に入ったり出たりすることで平均有効次元の値が変化し，異なる高さに軌道断片がプロットされていく．直方体の底面には軌道断片の射影が描かれている．右側の長方形は縦軸に平均有効次元，横軸に平均部分空間型を配した 2 次元平面で，軌道断片の部分軌道断片列から計算された点列が表示される．$L = 200, M = 10$，精度は $\delta = 10^{-13}$ である．詳しくは、第 14 章を参考にしてほしい．

参考文献

[1] Jorge Buescu, Exotic Attractors - From Liapunov Stability to Riddled Basins-, Progress in Mathematics, Vol. **153**, Birkhauser Verlag (1997). この本の p.86 の Proposition 3.3.20 および関連する定義を参照.

[2] L.O.Chua, M.Komuro, and T.Matsumoto, The Double Scroll Family, Part I and II, *IEEE Trans. Circuits and Systems* CAS33, 1072–1118 (1986).

[3] G.Duffing, *Erzwungene Schwingungen bei Veränderlicher Eigenfrequenz*. Braunschweig (1918).

[4] C.Grebogi, E.Ott, and J.A.York, *Phys. Rev. Lett.* **48**, 1507 (1982).

[5] C.Grebogi, E.Ott, F.J.Romeiras, and J.A.York, *Phys. Rev. A* **36**, 5365 (1987).

[6] M.A.Hénon, A two-dimensional mapping with a strange attractor, *Comm. Math. Phys.* **50**, 69–77 (1976).

[7] K.Ikeda, K.Otsuka, and K.Matsumoto, Maxell-Bloch turbulence, *Prog. Theor. Phys. Suppl.* **99**, 295 (1989).

[8] K.Kaneko, *Physica D* **41**, 137 (1990).

[9] 金子邦彦・津田一郎著「複雑系のカオス的シナリオ」複雑系双書1，朝倉書店 (1996).

[10] K.Kaneko, *Phisica D* **77**, 456 (1994).

[11] M.Komuro, Normal forms of continuous piecewise-linear vector fields and chaotic attractors, Part I, *Japan J. Appl. Math.* **5**, 257–304 (1988).

[12] M.Komuro, Normal forms of continuous piecewise-linear vector fields and chaotic attractors, Part II, *Japan J. Appl. Math.* **5**, 503–549 (1988).

[13] M.Komuro, Bifurcation equations of continuous piecewise-linear vector fields, *Japan J. Ind. Appl. Math.* **9**, 269–312 (1992).

[14] E.Lorenz, Deterministic nonperiodic flow, *J.Atmos. Sci.* **20**, 130–141 (1963).

[15] T.Matsumoto, L.O.Chua, and M.Komuro, The Double Scroll. *IEEE Trans. Circuits and Systems* CAS32, 797–818 (1985).

[16] T.Matsumoto, L.O.Chua, and M.Komuro, The Double Scroll bifurcations, *Int. J. Circuit Theory Appl.* **14**, 117–146 (1986).

[17] T.Matsumoto, M.Komuro, H.Kokubu, and R.Tokunaga, *Bifurcations*, Springer-Verlag Tokyo (1993).

[18] F.C. Moon, Experiments on Chaotic Motions of a forced Nonlinear Oscillator, Strange Attractors, *J. Applied Mechanics* **47**, 638–644 (1980).

[19] O.E.Rössler, Continuous chaos – Four prototype equations. In *Bifurcation Theory and Applications in Scientific Disciplines* (Eds. H.W.Broer and F.Takens), Ann. New York Acad. Sci., Vol.**316**, 376–392 (1979).

[20] T.Shinbrot, C.Grebogi, J.Wisdom, and J.A.Yorke, Chaos in a double pendulum, *Am. J. Phys.* **60** (6), 491–499 (1992).

[21] C.T.Sparrow, Chaos in a three-dimensional single loop feedback system with a piecewise-linear feedback function, *J. Math. Appl.* **83**, 275–291 (1981).

[22] I.Tsuda, Possible biological and cognitive functions of neural networks probabilistically driven by an influence of probabilistic release of synaptic vesicles, Proc. of the 12th Annl. Int. Conf. IEEE/EMBS (1990) 1772.

[23] I.Tsuda, Chaotic neural networks and thesaurus, Neurocomputers and Attention (Manchester University Press, 1991) 430.

[24] I.Tsuda, Chaotic itinerancy as a dynamical basis of Hermeneutics in brain and mind, *World Futures* **32**, 167 (1991).

[25] S.Wiggins, *Global Bifurcations and Chaos*, Springer-Verlag New York (1988).

[26] S. ウィギンス著 丹羽敏雄監訳「非線形の力学系とカオス」シュプリンガー・フェアラーク東京 (2000).

- [27] C. ベルジュ著　野崎昭弘訳「組合せ論の基礎」サイエンスライブラリ数学 9，サイエンス社 (1973) p.46 の命題を参照.
- [28] 津田一郎著「カオス的脳観」サイエンス社 (1990).
- [29] 森本光生著「パソコンによる微分方程式」朝倉書店 (1987).
- [30] 矢野健太郎・石原繁共著「基礎解析学　改訂版」裳華房 (1993).
- [31] 丹羽敏雄著「微分方程式と力学系の理論入門　―非線形現象の解析にむけて―」遊星社 (1988).
- [32] 丹羽敏雄著「数学は世界を解明できるか」中公新書 1475，中央公論新社 (1999).
- [33] 國府寛司著「力学系の基礎」カオス全書 2，朝倉書店 (2000).
- [34] 中村隆一・山住直政著「学生のための基礎 C++Builder」東京電機大学出版局 (2000).
- [35] 長谷川洋介著「学生のための応用 C++Builder」東京電機大学出版局 (2001).
- [36] 小室元政「大域結合写像におけるカオス的遍歴の発生機構」物性研究 Vol.78, no.4 (2002 年 7 月) pp.397–411.

  本書の第 12 章はこの論文に一部加筆を施したものである.

索　引

ア

安定　81, 92
安定性交替型分岐　83, 96
運動方程式　4
エノン写像　123

カ

カオス的遍歴　156, 160
可逆系　23
拡大相空間　12
軌道　7, 18, 23
境界　149
境界クライシス　122, 126
局所横断リアプノフ数　179
極大分岐曲線　192
熊手型分岐　85, 97
クライシス　122
クライシス誘導型間欠性　185
コヒーレント相　159
固有　150
固有多項式　52
固有値　52
固有ベクトル　52
固有方程式　52

サ

再帰時間座標　152

サドル・ノード分岐　81, 93, 119, 126, 139
写像　23
周期倍分岐　99, 117, 125, 139
周期倍分岐列　118
瞬間横断リアプノフ数　178
常微分方程式系　17
自律系　18
ストロボ写像　25
スパイラルアトラクタ　48
正規形の n 階常微分方程式　16
正の半軌道　23
接線分岐　93
線形写像　71
線形ベクトル場　51
双曲型　80, 92
相空間　8
相点　8

タ

大域結合写像　157
ダフィング　34
ダブルスクロール　50
単振動　29
単振り子　4
秩序相　159
トランスクリティカル分岐　83, 96, 115

ナ

内部クライシス　122, 126, 139
ナイマルク–サッカー分岐　105
流れ　7, 18, 21
二重振り子　35

ハ

非可逆系　23
非自律系　12, 20
ピッチフォーク分岐　85, 97
非同期相　159
不安定　81, 92
フィッシュフック窓　130, 143
複素固有ベクトル　52
部分秩序相　160
分岐　13
分岐現象　79
平均有効次元　164
ベクトル場　6

ポアンカレ–アンドロノフ–ホップ分岐　89
ポアンカレ写像　24, 25
ポアンカレ断面　24

ラ

離散時間力学系　23
レスラーアトラクタ　46
レスラー方程式　137
連続区分線形ベクトル場　144, 149
ローレンツアトラクタ　46

欧字

1階連立常微分方程式　17
1パラメータ分岐図　114
ED　164
MED　164
n階常微分方程式　16
ST　164

著者略歴

小 室 元 政
（こむろ もとまさ）

1979年　東京都立大学理学部数学科卒業
1985年　東京都立大学大学院理学研究科数学専攻博士課程修了
　　　　米国カリフォルニア大学バークレイ校客員研究員，
　　　　沼津工業高等専門学校一般科目助教授を経て
1990年　西東京科学大学理工学部電子・情報科学科助教授
現　在　帝京科学大学理工学部メディア情報システム学科教授
　　　　（大学名・学科名変更による）
　　　　理学博士
　　　専門　力学系理論，分岐理論，カオス，コンピュータグラフィックス

主要著書

カオス–カオス理論の基礎と応用（合原一幸 編著，サイエンス社，1990 年）
応用カオス–カオス そして複雑系へ挑む（合原一幸 編著，サイエンス社，1994 年）
カオス時系列解析の基礎と応用（合原一幸 編，産業図書，2000 年）
Bifurcations–Sights, Sounds, and Mathematics（共著，Springer-Verlag, 1993）

SGC Books–M1
新版 基礎からの力学系
— 分岐解析からカオス的遍歴へ —

2002 年 9 月 25 日 ©　　　　　初 版 発 行
2005 年 12 月 25 日 ©　　　　　新版第 1 刷発行

著　者　小室元政　　　　　発行者　森平勇三
　　　　　　　　　　　　　印刷者　山岡景仁
　　　　　　　　　　　　　製本者　小高祥弘

発行所　　株式会社　サイエンス社

〒151–0051　東京都渋谷区千駄ヶ谷 1 丁目 3 番 25 号
営業　☎ (03) 5474–8500（代）　振替 00170-7-2387
編集　☎ (03) 5474–8600（代）
FAX　☎ (03) 5474–8900

印刷　三美印刷（株）　　　製本　小高製本工業（株）

《検印省略》

本書の内容を無断で複写複製することは，著作者および
出版者の権利を侵害することがありますので，その場合
にはあらかじめ小社あて許諾をお求め下さい．

サイエンス社のホームページのご案内
http://www.saiensu.co.jp
ご意見・ご要望は
rikei@saiensu.co.jp まで．

ISBN4-7819-1118-8

PRINTED IN JAPAN

臨時別冊・数理科学 SGC ライブラリ
for Senior & Graduate Courses

マクスウェル方程式
電磁気学のよりよい理解のために
　　　　　　　　　　　北野正雄著　　Ｂ５・本体1876円

制御理論講義
体系的理解のために
　　　　　　　　　　　木村英紀著　　Ｂ５・本体1886円

バイオインフォマティクスの基礎
ゲノム解析プログラミングを中心に
　　　冨田　勝監修・斎藤輪太郎著　　Ｂ５・本体1857円

トポロジー入門
　　　　　　　　田中・村上共著　　Ｂ５・本体1886円

アルゴリズムと計算量
Lectures on Computational Complexity
　　　　　　　　　　　谷 聖一著　　Ｂ５・本体1857円

ゲーム理論のフロンティア
その思想と展望をひらく
　　　　　　　　池上・松田共編著　　Ｂ５・本体1829円

＊表示価格は全て税抜きです．

サイエンス社